国家电网公司
电力科技著作出版项目

智能电网关键技术丛书

智能配用电技术

中国电力科学研究院 组 编

盛万兴 主 编

梁 英 王 利 副主编

中国电力出版社

CHINA ELECTRIC POWER PRESS

内 容 提 要

针对目前智能配电与用电技术快速发展的趋势，以及我国在配电自愈控制、用电服务互动化、配用电信息交互等方面取得的重要进展，并结合作者自身研究成果及实践案例，特编写了本书。

全书共七章，主要内容包括智能配电与用电技术概述、智能配电网规划、智能配电模式与自愈控制、智能用电模式与服务互动化、配用电一体化通信、分布式发电与微电网技术、智能配用电实践与展望。

本书适合学习、研究及应用智能配电与用电技术的相关人员及关心配电与用电技术发展的人们参考。

图书在版编目（CIP）数据

智能配用电技术 / 盛万兴主编；中国电力科学研究院组编. —北京：中国电力出版社，2014.12（2021.12重印）
（智能电网关键技术丛书）
ISBN 978-7-5123-7683-0

Ⅰ. ①智… Ⅱ. ①盛… ②中… Ⅲ. ①智能控制–配电系统 Ⅳ. ①TM727

中国版本图书馆 CIP 数据核字（2015）第 093314 号

中国电力出版社出版、发行
（北京市东城区北京站西街 19 号 100005 http://www.cepp.sgcc.com.cn）
北京九州迅驰传媒文化有限公司印刷
各地新华书店经售
＊
2014 年 12 月第一版 2021 年 12 月北京第六次印刷
710 毫米×980 毫米 16 开本 18 印张 314 千字
印数 3251—3450 册 定价 69.00 元

编　委　会

主　　编　盛万兴

副 主 编　梁　英　王　利

编写人员　刘　伟　史常凯　寇凌峰　刘海涛

　　　　　吴　鸣　梁惠施　李建芳　宋祺鹏

　　　　　张　波　李二霞　段　青　刘科研

序

进入 21 世纪后,大规模开发利用化石能源带来的能源危机、环境危机凸显,建立在化石能源基础上的电力工业面临重大挑战,新一轮能源变革正在世界范围内蓬勃兴起。世界范围内电力系统面临如下问题:一是应对大型风能、太阳能等可再生能源发电快速增长对电网的挑战;二是适应小容量分布式电源、电动汽车等对用电结构产生变化的影响;三是适应政府节能减排管制和低碳经济发展的需要;四是网络技术向以能源体系为代表的实体经济渗透和新产业革命的推动。欧美发达国家从应对气候变化、保障能源供应安全、促进经济增长的需要出发,相继提出和建设智能电网。实际上,智能电网正是应对这些重大需求而产生的,是世界电力工业发展的新趋势。

我国高度重视智能电网研究和建设,国务院总理李克强 2014 年主持召开节能减排及应对气候变化工作会议时指出"控制能源消费总量,提高使用效率,调整优化能源结构,积极发展风电、核电、水电、光伏发电等清洁能源和节能环保产业,开工一批新项目,大力推广分布式能源,发展智能电网。"国家科学技术部 2012 年适时启动智能电网重大专题研究,大力推动智能电网关键技术研究和应用示范。国家电网公司 2009 年根据电网建设的整体需要和智能电网顶层设计,率先启动了智能电网的研究、应用示范与工程建设;开展了智能变电站的持续实践,研制完成了智能电网调度控制系统、输电线路状态监测系统并得到广泛应用;构建了规模大、数据处理能力强的用电信息采集系统及电动汽车充换电服务网络;建成了中新天津生态城、张北风光储输等一批智能电网综合示范工程。

实施智能电网发展战略不仅能使用户获得高安全性、高可靠性、高质量、高效率和价格合理的电力供应,还能提高国家的能源安全、改善环境、推动可持续发展，同时能够激励市场不断创新，从而提高国家的经济竞争力。智能电网是新一轮能源革命的基础平台，对能源革命具有全局性和根本性的推动作用。未来的智能电网，适应大型风电、光伏发电及分布式电源大规模接入，形成广泛覆盖、清洁高效的电力资源配置体系，具有强大的电力资源配置能力；电力网、互联网、物联网等相互融合，构成功能灵活互动的社会公共服务平台，广泛支持配置社会公共服务资源；汇集和分析电力系统广域数据和知识，自动预判、识别电网典型故障和风险，保障电网安全可靠运行；促进用户与各类用电设备广泛交互、与电网双向互动，支撑智能家庭、智能楼宇、智能小区、智慧城市建设，推动生产、生活智慧化。

中国电力科学研究院在智能电网关键技术研究、国际国内标准制定、试验检测能力建设等方面开展了卓有成效的科研工作，为了总结相关技术成果和实践经验，推动我国智能电网技术进步，为我国智能电网建设提供有益的参考，特组织专家编写了本套丛书。

本套丛书的编撰出版，凝聚了电网一线科研工作者的汗水和心血。通过本套丛书的出版，希望更多的人士关注、关心智能电网并投身于智能电网的研究和建设中来，共同打造一个安全高效、清洁环保、友好互动的智能电网，并推动构建智能便捷的生产生活新模式。

2014 年 11 月

前　言

我国自 2009 年正式启动智能电网技术研究和试点示范工作以来，在智能电网关键技术研究、国际国内标准制定、应用示范工程及试验检测能力建设等方面取得了一系列重大成果。为总结智能电网技术研究与应用成果，分析我国智能电网技术发展趋势，与电力科技教育、电力企业及产业公司分享研究成果，中国电力科学研究院组织专家编写了本套丛书。

本套丛书在编写原则上，突出以智能电网诸环节关键技术为核心，优选丛书选题；在内容定位上，突出技术先进性、前瞻性和实用性，并涵盖了智能电网相关技术领域的新知识、新方法、新技术、新设备（系统）；在写作方式上，做到深入浅出，既有深入的理论分析和技术解剖，也有典型案例介绍和效果分析。

本套丛书涵盖输变电、配用电及储能等智能电网技术，按照专业技术领域分成 7 个分册。即《输电线路建设技术》《智能高压设备》《智能配用电技术》《智能电网用电技术》《智能电网与电动汽车》《智能电网广域监测分析与控制技术》《大规模储能技术及其在电力系统中的应用》。既可作为电力企业运行管理专业员工系统学习智能电网技术的专业书籍，也可作为高等院校电气自动化专业师生的教学、学习用书，同时还可供智能电网产品研发工程师参考，实现一书多用。

本分册是《智能配用电技术》，主要内容：第一章智能配电与用电技术概述，介绍了国内外智能电网的发展情况、智能配用电系统的构成及特点、智能配用电技术的发展趋势。第二章智能配电网规划，简要介绍了传统配电网规划的特点、内容、方法、技术手段，并在此基础上详细介绍了基于供电可靠性的配电网规划、含分布式电源的配电网优化规划、考虑大规模充放电设施接入的配电网规划等智能配电网规划方法和关键技术。第三章智能配电模式与自愈控制，简要介绍了智能配电的定义、功能和构成，详细介绍了由供电单元层、网络层、通信层、信息平台层及高级分析与控制层构成的智能配电模式，阐述了 110kV、

35（66）kV 智能变电站技术、配电自动化技术、智能配电台区技术及智能配电网自愈控制技术。第四章智能用电模式与服务互动化，从分析智能用电发展需求与内涵出发，论述智能用电的业务模式与技术实现模式，在此基础上对用户用电信息采集、智能小区与智能楼宇、智能用电服务互动化等方面支撑技术进行了介绍。第五章配用电一体化通信，在概述配用电一体化通信体系的基础上，详细介绍了适用于智能配用电的主要有线、无线通信技术。第六章分布式发电与微电网技术，其中分布式发电与并网部分主要介绍了分布式发电的技术类型、典型并网方式、对配电网运行的影响及关键技术，微电网技术主要介绍了微电网的定义、基本结构和功能、微电网的仿真分析及运行控制等关键技术。第七章智能配用电实践与展望，简要介绍了国内外智能配用电建设的典型案例，从直流配电、能源互联网、大数据技术三方面探讨了智能配用电技术的发展方向。

由于编写时间仓促，书中难免存在疏漏之处，恳请各位专家和读者提出宝贵意见，使之不断完善。

编　者

2015 年 7 月

目　录

序
前言

第一章

智能配电与用电技术概述

2009 年以来，智能电网技术成为国际电力发展的热点，在我国以及欧美一些国家，发展智能电网已上升至国家战略层面，成为能源供应安全、新一轮能源变革和应对气候变化的重要载体，也成为增加国家需求、推动经济发展的重要手段之一。

第一节 智 能 电 网

一、国外智能电网发展

1. 国外智能电网实践

国外电力企业智能电网的应用实践工作主要集中在配电和用户侧。世界著名的国际商用机器公司（IBM）、谷歌（Google）、英特尔（Intel）、西门子（Siemens）等公司都提出了自己的技术解决方案。在配用电领域，国外电力公司开展了大量的智能化实践，包括智能表计、用户电压控制、动态储能等。例如：意大利电力公司（ENEL）和法国电力公司（EDF）通过安装智能双向电能表，使用户跟踪自己的用电情况，并能进行远程控制。2005 年美国 EPRI 发布的分布式自治实时架构（DART）自动化系统架构研究成果也大部分在配电和用户侧实施。

《欧洲未来电网发展策略》提出了欧洲智能电网的发展重点和路线图。其优先关注的重点领域包括：① 优化电网的运行和使用；② 优化电网基础设施；③ 大规模间歇性电源集成；④ 信息和通信技术；⑤ 主动的配电网；⑥ 新电力市场的地区、用户和能效。

澳大利亚由国家电力委员会从 2007 年开始在全国范围内推行 AMI 项目，引入分时电价，使用户能够更好地管理电能消耗。为实现低碳社会，日本政府于 2009 年 3 月公布了包括推动普及可再生资源以及次时代汽车等政策在内的政府发展战略方案。目前，日本东京电力公司的电网被认为是世界上唯一接近于智能电网的系统。通过光纤通信网络，它正在逐步实现对系统范围的 6kV 中压馈线（已呈网络拓扑）的实时量测和自动控制（采样率每分钟一次）。韩国政府于 2009 年 3 月 27 日宣布，韩国计划在 2011 年前建立一个智能电网综合性试点项目。届时能提高韩国利用环保能源的能力。韩国知识经济部决定，从 2009～2012 年，投入 2547 亿韩元开发商用化技术，并将名称定为"绿色电力 IT"。西班牙电力公司（ENDESA）开展智能城市和自动抄表工作，主要是为了满足太阳能等分布式能源的接入，共投资 3150 万欧元，当地政府出资 25%，于 2009 年 4 月启动，用 4 年的时间完成了智能城市建设。2009 年 6 月 8 日，荷兰首都阿姆斯特丹（Amsterdam）宣布选择埃森哲（Accenture）公司帮助其完成第一个欧洲"智能城市（Smart City）"计划。美国 Xcel Energy 公司从 2008 年起在科罗拉多州的一个 9 万人的小镇波尔得（Boulder）建设全美第一个"智能电网"城市。

SMB Smart Grid Strategic Group（SG3）正在起草智能电网标准体系框架和中长期行动路线图，SG3 按照通用技术领域和专业技术领域描述了智能电网标准体系框架，确定了核心标准，并制定了行动路线图。其中，通用技术领域包括通信、安全和规划；专业技术领域包括输电网管理、配电网管理/微电网、智能变电站自动化、分布式能源、高级量测、智能家居、商业/工业/分布式电源用户能量管理、能量存储、电力传输、资产管理、大规模发电、电力交易。就微电网技术领域，SG3 智能电网路线图描述了微电网的特征、并网和离网状态下应具备的功能，列举了通过变电站自动化可实现的包括功率平衡和黑启动在内的微电网典型用例，梳理了与微电网相关的通信和信息方面的在编标准，提出了在需求侧响应、CIM 与 IEC 61850 融合、Web 服务以及分布式能源并网方面急需通过制定标准进行规范的内容。

智能电网是世界各国专家公认的现代电力供应系统，不同的国家对于智能电网研究的侧重有所不同，不过都对电力通信有较高的要求。智能电网是全球能源优化配置的重要战略规划，是电网发展的高级目标，欧美等国家都针对智能电网建设制订了相关规划。国外智能电网的研究主要侧重于配电和用电侧，美国电科院（EPRI）推动的 IntelliGrid 研究计划致力于开发智能电网架构，目标是为未来的电网建立一个全面、开放的技术体系，支持电网及其设备间的通信与信息交换。其主要研究对象为用户侧和电网直接的信息交换，因此其智能电网主要放在调度和电力市场业务的建设。2004 年，完成了综合能源及通信系统体系结构（IECSA）研究；2005 年发布的成果中包含了 EPRI 称为"分布式自治实时架构（DART）"的自动化系统架构。2006 年，美国 IBM 公司曾与全球电力专业研究机构、电力企业合作开发了智能电网解决方案。这一方案类似于电力系统的"中枢神经系统",电力公司通过大量传感器、计量装置和分析工具,自动监控优化电网性能,同时用户也可以及时地了解电网信息。意大利电力公司和法国电力公司(EDF)通过安装智能电能表,使用户及时了解电网供电信息和自己的用电情况,并能进行远程控制;美国诺福克应用了 ABB 公司的 SVC Light 动态能源储存系统,以提高风电使用率,减轻风电对电网的影响。

2. 智能电网有关国际组织动态

近几年,国际知名组织给予智能电网高度关注,分别成立工作组开展智能电网技术及标准的研究与制定,其中 IEC 智能电网研究工作组的具体情况如图 1-1 所示,CIGRE 智能电网研究工作组的具体情况如图 1-2 所示。

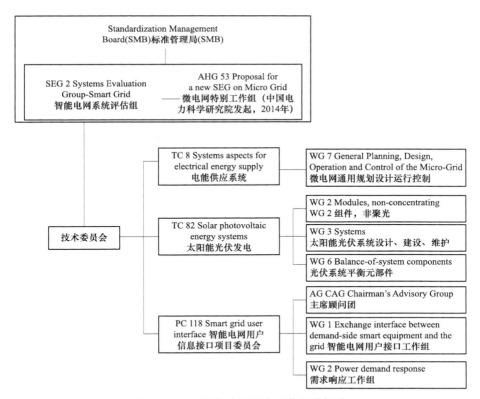

图 1-1 IEC 智能电网研究工作组的组成

二、中国坚强智能电网发展

2010 年，国家电网公司提出建设以特高压电网为骨干网架，各级电网协调发展，具有信息化、自动化、互动化特征的坚强智能电网为战略目标。经过近几年的发展，我国在智能电网的标准制定、关键技术研发、示范试点工程等方面取得了较大的进展，智能电网将承载和推动第三次工业革命，加速推进以清洁能源和坚强智能电网为标志的全球能源互联网发展。

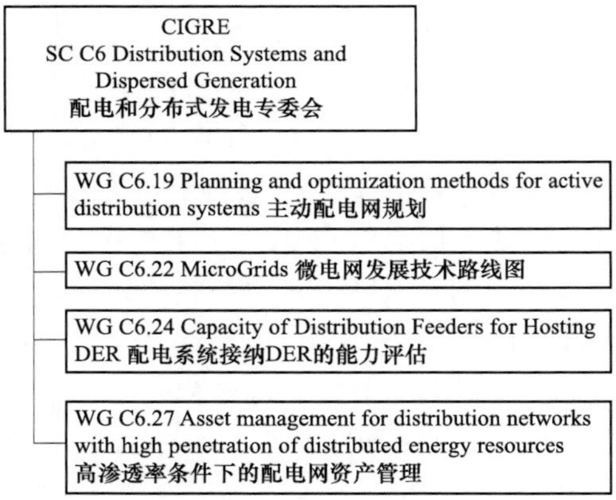

CIGRE
SC C6 Distribution Systems and
Dispersed Generation
配电和分布式发电专委会

WG C6.19 Planning and optimization methods for active distribution systems 主动配电网规划

WG C6.22 MicroGrids 微电网发展技术路线图

WG C6.24 Capacity of Distribution Feeders for Hosting DER 配电系统接纳DER的能力评估

WG C6.27 Asset management for distribution networks with high penetration of distributed energy resources 高渗透率条件下的配电网资产管理

图 1-2　CIGRE 智能电网研究工作组

我国发展智能电网与其他国家有所差别，国外智能电网主要侧重于配电领域，我国更加关注智能输电网，保证大电网的安全、可靠运行，提升大电网的抗灾能力。同时，我国还在积极开展智能变电站、智能台区、电动汽车站充换电站和智能电能表等方面的工作。

1. 智能电网标准制/修订

2010 年，国家电网公司发布《智能电网技术标准体系》，其构建原则是系统性、逻辑性、开放性。该标准体系包括 8 个专业分支、26 个技术领域、92 个标准系列和若干项具体标准、规范，内容涵盖综合与规划、发电、输电、变电、配电、用电、调度、通信信息等。

国家电网公司制定的配用电技术标准主要涵盖配电自动化、智能用电、分布式电源与微电网等技术领域。在配电自动化技术方面，发布了技术规范、功能规范、验收规范等方面的系列标准；在智能用电技术方面，发布了用户用电信息采集、智能电能表及电动汽车充电设施等方面的系列标准；在分布式电源并网标准方面，发布了分布式电源并网及其运行控制、储能系统接入电网及其运行控制等方面的标准。

2. 智能电网关键设备（系统）规划

为支撑智能电网建设，国家电网公司组织编制了《智能电网关键设备（系统）研制规划》，该规划对发电、输电、变电、配电、用电、调度、通信信息等 7 个环节，将所需关键设备分为 34 个技术专题，按研制进程分为已有、在研和待研三个类别，共梳理 186 项关键设备。

3. 智能电网工程建设

自 2009 年以来，国家电网公司开展了多个综合示范工程和专项示范工程建设，具有代表性的综合示范工程有天津中新生态城、上海世博园、江西共青城等智能电网工程，专项工程包括配电自动化工程、用户用电信息采集系统建设、分布式电源与微电网接入工程等。其中，60 余个大中城市开展了配电自动化工程建设，用户用电信息采集覆盖率达到 50%。

第二节　智能配用电系统

智能配用电系统是智能电网的重要组成部分，国外智能电网发展重点关注配电和用电环节。清洁能源的发展和用户多元化用电需求，对我国智能配用电技术提出新的挑战。

一、智能配用电系统构成

智能配用电系统是指利用先进的测量和传感技术、控制技术、计算机和网络技术、信息与通信等技术，构建安全可靠、节能高效、灵活互动的配用电网络，实现对配电网、用电侧的统一数据采集、监控、保护、控制及优化，实现分布式电源、电动汽车及多样性负荷的即插即用，在系统构成上具有网架坚强、灵活、装备智能可靠、信息双向互动、数据高度集成的特点，在功能实现上具有配电自愈控制、用电友好互动的特征。

智能配用电系统由网络结构层、设备层、信息通信层和分析控制层构成，如图 1-3 所示。

（1）智能配用电系统具有坚强灵活的网络结构。随着经济社会的发展，配电网规模不断扩大、结构日益复杂，大量分布式电源/储能装置/微电网、电动汽车等多样性负荷接入配电网，需要构建坚强灵活的配电网架；另外，随着大量可再生能源发电及储能装置接入配电网运行，改变了传统的配电系统辐射网络供电的单向潮流特点，配电网潮流将呈现多电源、双向潮流、环网供电等特征，因此对配电网网架结构规划及供电模式提出了更高的要求。

（2）智能配用电系统具有智能可靠的装备。配用电系统装备包括变电站、配电线路设备、配电台区设备、用电设备、分布式电源并网设备等，类型多，高可靠供电需求对配电设备的实用性、可靠性、智能化提出了更高的要求，配用电装备应具备较高的功能集成、标准化设计与升级支持能力，实现设备间的互联互通。

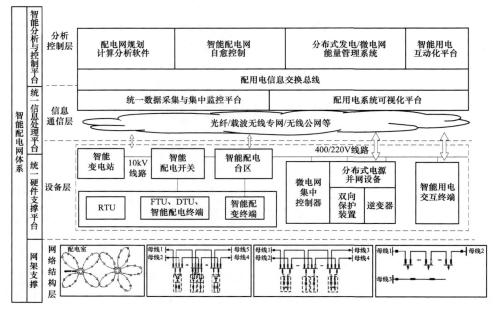

图 1-3　智能配用电系统

（3）智能配用电系统具有标准的信息交换功能。配用电系统的信息具有数据量大以及分布面广的特点，智能配电网运行、管理数据量大、业务杂，配电智能分析需要统一信息资源的支撑，消除信息孤岛，建立统一信息支撑平台，具备较强的海量数据处理能力和信息交互能力，以满足配电网调控一体化和智能配电应用等需求。

（4）智能配用电系统具有数据高度集成的智能分析功能。高可靠、高效的供用电需求要求实现配电网自愈控制、安全预警、智能调度、用电互动化等功能，因此需构建统一、实用的智能分析平台。配电网直接面对用户，易受到各种因素的影响，智能配电网应具备自愈、高效、优质的特征以保证较高的供电可靠性、供电质量和配电设备利用率，因此需要实用的智能决策支持手段，以满足大规模复杂配电网的运行优化分析需求。

二、智能配用电系统特点

配用电系统直接面向用户，担负着分配电能、服务客户的重要任务，具有点多面广、构成复杂等特点。智能配用电系统是智能电网的重要组成部分，以灵活、可靠、高效的配电网网架结构和高可靠性、高安全性的通信网络为基础，支持自适应的故障处理和自愈，可满足高渗透率的分布式电源和储能元件接入的要求，满足用户提高电能质量的要求。智能配电网的特征如下。

（1）兼容性好。智能配电网具有很好的兼容性，在大电源的集中接入和支持分布式发电方式的接入这两种接入模式下，都可以保持良好的运行状态。此外，智能配电网允许可再生能源的广泛应用，从而可以减少不可再生能源的使用，让电力能源更加清洁环保，有利于环境友好型社会的建设。

（2）自愈能力强。在故障出现时，智能配电网根据运行状态的监控情况，自动检测配电网故障，当找出发生故障的部位后，快速将其隔离并分析其故障原因，根据故障原因采取相应的应对措施，消除安全隐患，自动进行恢复。较强的自愈能力可以减少停电现象的发生。

（3）安全可靠。配电网不是独立存在的，因此必然会受到外界因素的扰动，这种扰动有可能是由雷电、风雨等自然现象造成的，也可能是人为因素造成的。智能配电网可以自动分析扰动的起因，并产生相应的动作，消除这些扰动，从而保障电网、人身和设备的安全。

（4）电能质量高。利用先进的电力电子技术、电能质量在线监测和补偿技术，实现电压、无功的优化控制，保证电压合格；实现对电能质量敏感设备的不间断、高质量、连续性供电。

（5）资产利用率高。实时、在线监测主要设备状态，实施状态检修，延长设备使用寿命；支持配电网快速仿真和模拟，合理控制潮流，降低损耗，充分利用系统容量；减少投资、减少设备折旧，使用户获得更廉价的电力。

（6）可实现与用户之间的良好互动。通过智能表计和用户通信网络，支持用户需求响应，积极创造条件，让拥有分布式发电单元的用户在用电高峰时向电网送电，为用户提供更多的附加服务，服务理念实现从以电力企业为中心向以用户为中心的转变。

三、智能配用电技术的发展趋势

国外智能电网的发展关注在配用电环节，注重分布式电源接入、智能电能表、用电互动化等技术研究与应用。我国智能配电技术发展趋势是攻克配用电系统建模与智能分析、自愈控制与智能调度、配用电通信及信息化等技术并进行系统集成；着重提高配电网技术的系统性、集成性及智能化水平；提高配电网供电可靠性、运行效率和资产利用率；提高供电能力和改善供电质量；进一步降低电能损耗；显著提高配电网安全预警及灾害应对能力。

1. 配电网规划

（1）分布式电源/储能元件/微电网接入配电网的规划理论方法已成为配电网规划的重要内容。在智能电网建设的背景下，考虑分布式电源接入以及自愈性的智能配电网供电模式、技术经济评价方法和优化规划方法将成为一大研究热点。

（2）多目标优化规划和不确定性规划是配电网优化规划方法的主要研究方向。科学的配电网规划应考虑提高供电可靠性、资产利用率和经济性等多方面的需求，并且计及负荷预测、建设时序等多方面的不确定性。

（3）城乡配电网灾害应对技术和协调规划技术是当前我国配电网规划的重要研究领域。分析配电网的灾害影响、评估配电网灾害应对能力、提出全方位的灾害应对措施，对配电网防灾减灾具有重要的现实意义。配电网与输电网发展相协调、配电网发展和地方发展相协调、城市与农村配电网发展相协调是当前我国配电网发展面临的重要问题。

（4）随着配电网信息化水平的不断提高，计算机辅助规划是配电网规划发展的必然趋势。通过与配电网集成的计算机辅助规划系统，包括数据平台，可以更好地收集规划基础数据，开展常态滚动的配电网负荷预测、综合评价和优化规划，大大提高配电网规划的效率、科学性和准确性。

2. 智能配电设备

（1）高可靠性、免维护、智能化、环保型、小型化、操作方便是智能配电开关的重要发展方向。为实现灵活的配电网运行方式，智能配电开关需满足频繁操作的要求，因此需要研制高性能的开关操动机构；固体绝缘制造工艺方法及检测技术不仅是提高智能配电设备绝缘水平和环境耐受能力的保证，也是减少 SF_6 排放，降低对环境污染的重要技术措施，是开关绝缘技术发展的必然趋势；智能配电网发展要求配电开关具备自诊断及状态监测功能，配电设备状态测量传感技术是实现对智能配电网设备在线状态检测和故障检修的基础；配电变压器的发展趋势是通过改善材料及结构，降低配电变压器的损耗；为适应配电自动化系统建设需要，将一次开关及二次终端集成为具备远动、在线监测、故障定位与隔离、自动转供等功能的智能配电开关的发展趋势。

（2）多功能、可扩展、易升级是智能配电终端的重要特征，建立统一硬件支撑平台、实现组件化、模块化成为配电装置技术发展的必然方向。总结以往智能终端设备的研制经验与教训，制定或修订相关标准，设计分类统一硬件平台，是避免重复开发、保证终端产品质量和水平的必要措施。

（3）配网保护和控制技术向广域信息、广域协调、自适应、可逻辑重组、支持动态在线整定、支持分布式电源接入关口控制等综合性、智能化方向发展。我国配电网大部分采用阶段式保护，由于近年来配电网规模扩大，阶段式保护难以配合的问题日益突出；分布电源、微电网将以即插即用方式接入，配电网的运行将更加复杂、更加难以预计，对传统的配电网继电保护与控制将产生重大影响。因此需要研究新的配电网继电保护与控制技术。配电网继电保护与控制技术将向广域信息、广域协调、自适应、可逻辑重组、支持动态在线整定等综合智能方向发展。

配电网的保护方式，将由单一的过电流过电压保护发展为短线纵差保护、故障状态纵差保护、过电流过电压保护并存、随时可选择的模式。

为实现预防控制，新型配电网、电力设备、电力电缆将普遍实现在线监测，配电网及电力设备将具备可感知、可监测特性。

智能电网必须容纳分布式电源、微电网和自然能源的接入，能做到即插即用、应对自如。为此，需要研究分布式电源接入配电网的关口控制理论和设备。

3. 系统分析与智能控制

（1）自愈控制是配电自动化与配电网运行控制的发展趋势之一。"自愈"是智能电网的重要特征，"自愈"需要连续不断地评估可能出现的问题，发现隐患后采取措施消除隐患，使设备"愈合"到健康状态；在发生故障后，切除故障元件并且在很少或不用人为干预的情况下迅速恢复受影响的健全区域供电。为了满足"自愈"的需要，配电自动化系统应具有安全预警和故障定位容错能力，并在供电恢复过程中对开关拒动等情况具有自适应能力。在自然灾害、严重事故或人为破坏发生时迅速做出反映，快速进行应急处理，最大限度地减轻受到的影响，避免长时间大面积断电。

（2）简化建模、降规模计算和不确定性分析是配电网网络分析技术的发展趋势。智能配电的基础是配电网在线快速分析。配电网具有点多面广、量测不全、负荷有不确定性强等特点，因此对大规模复杂配电网进行简化建模、降规模计算和不确定性分析成为配电自动化系统中网络分析技术的发展趋势。

（3）配电网智能调度与优化运行控制也是配电自动化与配电网运行控制的发展趋势之一。配电网智能调度与优化运行控制是实现高效配电的有效手段，通过优化运行控制可以扩大配电网的供电能力、提高配电设备的利用率、降低运行损耗和改善供电质量。随着分布式电源的大量分散接入，在配电网智能调度与优化运行控制中，还需要深入研究发挥分布式电源作用的有效方法。

4. 支撑技术

建立配电网公共信息模型、实现多系统间的信息交互、构建配电自动化统一平台是支撑技术的发展趋势。智能配电网支撑技术的研究涉及自愈配电、高效优质配电、海量信息处理、分布式电源以及电动汽车接入应用、智能用电和智能用户终端接入以及智能配电与用户端的互动化和一体化体系等诸多因素。其重要基础就是需要建立完整、严谨的配电网模型；同时需要建立一个支持多系统的高效信息集成、服务共享和业务流转的统一支撑平台。在此平台上，可实现配电网的实时监控、信息交换、可视化展现和相关功能扩展，以满足配电自动化和智能配电应用的需求。

IEC 61970 和 IEC 61968 标准的推出和贯彻实施，对配电自动化技术的发展起到很好的推动作用。国内市场出现的新一代的配电自动化系统普遍都提出系统架构遵循最新国际标准，配电网模型须遵循 CIM 建模，并针对中国配电网特点做出扩展。多系统间的接口应该采用基于 IEC 61968 标准的信息交换总线，这些都为配电自动化主站与各相关系统之间的应用集成和整合信息孤岛创造了条件。

基于一体化通信体系，综合利用多种通信方式，实现配电网有效可靠的数据传输是配电网通信技术的发展趋势。建立智能配电网全景实时、无缝交换的数据模型，实现分布式智能传感器网络数据的高可靠、实时性通信，保障设备之间的关联、配合和交互，支持智能终端的即插即用特性。实现配电网统一通信模型和互操作通信协议。配网中的变电站、馈线、配电台区、分布式能源、状态监测、资产管理等领域的通信模型和通信协议最终将统一到面向对象的通信协议 IEC 61850 扩展集，实现配电网统一数据模型的无缝交换，满足配电网互操作、柔性、扩展性的需求。

第二章

智能配电网规划

配电网是电力系统的重要组成部分，也是城乡基础设施建设的重要组成部分，其规划、建设与改造直接影响到整个电力系统的经济效益和对广大电力用户供电的安全可靠性。在智能电网建设进程中，新边界条件的出现也对配电网规划提出了更高的要求。本章在概述传统配电网规划技术的基础上，详细介绍了基于供电可靠性的配电网规划、含分布式电源的配电网优化规划、考虑大规模充放电设施接入的配电网规划等智能配电网规划方法和技术。

第一节　配电网规划基础

一、配电网规划概述

（一）配电网规划的特点

配电网是电力系统的重要组成部分，也是城乡基础设施建设的重要组成部分，其规划、建设与改造直接影响到整个电力系统的经济效益和对广大电力用户供电的安全可靠性。由于配电网规划工作的特殊性，使其具有如下一些特点：

1. 系统性

配电网涉及高压配电线路和变电站、中压配电线路和配电变压器、低压配电线路、用户和分布式电源四个紧密关联的层级。应将配电网作为一个整体系统规划，以满足各层级间的协调配合、空间上的优化布局和时间上的合理过渡。

2. 多目标性

配电网规划的主要任务是根据规划水平年的负荷预测结果和现有网络的基本状况来确定最优的系统建设方案，即在满足负荷增长和安全可靠性供电的前提下，使得配电网络升级改造建设和运行费用最小。配电网规划不仅要求投资省，还要求可靠性高、设施占地面积小、环境污染小等，这样就存在一个如何综合衡量多目标的优劣问题。

3. 多阶段性

配电网规划按照时间长短可分为近期、中期、远期和战略规划，在规划中为了避免短视行为和盲目性，应从长远角度来整体综合考虑电网布局。

4. 非线性

负荷增长、投资费用和可靠性等指标均是非线性的。

5. 不确定性

受国家政策调整、经济社会发展、人口变动及环境变化等因素的影响，配电网的发展条件（未来的负荷、发电量以及配电网投资等）也在变化，规划期越长，条件、参数也就越难以确定。

（二）配电网规划内容

配电网规划主要包括配电网现状分析、供电区域划分、电力需求预测、规划目标和原则、电力电量平衡、电网规划、建设规模、投资规模和经济评价等内容，具体构成如图 2-1 所示。

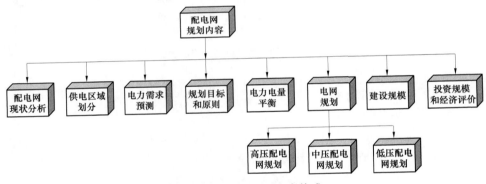

图 2-1 配电网规划内容构成

1. 配电网现状分析

配电网现状分析主要是对配电网的布局、负荷分布的现状及运营指标等进行分析，检验配电网建设改造的成效，并找出配电网存在的问题和薄弱环节，主要明确以下问题：

（1）供电能力能否满足现有负荷的需要，能否适应负荷的增长。

（2）供电可靠性能否满足用户的要求（主要考虑 $N-1$ 准则的供电可靠性，故障条件下转供负荷的能力），社会经济发展是否对电网提出了更高的可靠性要求。

（3）现有电网正常运行时的电压水平及主要线路的电压损失是否在规定的

范围之内。

（4）现有电网各电压等级电网的电能损失是否在规定的范围内。

（5）现有电网的网络结构和供电设备是否需要更新和改造。

2. 供电区域划分

供电区域划分主要依据行政级别以及负荷密度分布，并参考用户重要程度、用电水平、GDP等因素综合确定将供电区域分割成若干部分。

3. 电力需求预测

电力需求预测包括总量、分区和空间负荷预测。由于影响负荷需求的不确定性因素较多，负荷预测可采用多种方法进行。应该提出2～3个预测方案，并选定一个方案作为城市电网规划设计的基础。主要内容如下：

（1）历史数据分析。分析研究电量、负荷历史数据的特点，找出其变化发展的规律和趋势。

（2）电力需求预测。根据电量、负荷的变化发展规律和趋势，依据国民经济社会发展纲要和城市总体规划，综合考虑多方面因素采用多种方法进行电力需求预测。

（3）预测结果校验。从横向、纵向角度，对总量、负荷密度、人均占有量等指标进行校验。

4. 规划目标和原则

规划目标和原则主要是确定规划各分期的目标、电网结构的原则、供电设施的标准及技术原则，其中规划技术原则应具有一定的前瞻性、适应性、差异性。

规划目标主要包括：各类供电区域的供电可靠性规划目标（RS-3），综合电压合格率规划目标等电网运行指标。

规划技术原则包括电压等级的规范、各级电网协调性、电网结构、设备选型、供电安全水平、容载比、短路电流水平、无功补偿和电压调整、电压损失及其分配、中性点接地方式和继电保护及自动装置等多个方面。

5. 电力电量平衡

电力电量平衡主要进行有功（无功）电力和电量平衡，提出对城市电网供电电源点的建设要求。

6. 电网规划

电网规划是通过科学计算校核（如潮流计算、$N-1$ 校核、短路电流计算等，必要时还应进行稳定计算校核），进行多方案技术经济比较，提出新建变电站站点位置、线路路径方案，最终确定分期末及各规划水平年的目标网架，并给出电网现状及各分期末的城市电网规划地理接线图和潮流图。具体的编制内容如下：

（1）高压配电网规划。

1）编制远期初步规划。根据远期预测的负荷水平，按远期规划所应达到的目标（如供电可靠性等）和本地区已确定的技术原则（包括电压等级、供电可靠性和接线方式等）和供电设施标准，初步确定远期电网布局，包括以下内容：

a. 规划变电站的容量和位置。

b. 现有和规划变电站的供电区域。

c. 高压线路的路径和结构。

d. 所需的电源容量和布局（根据上一级电网的规划，提出对发电厂和电源变电站的要求）。

2）编制近期规划。从现有电网入手，将基准年和目标年的预测负荷分配到现有或规划的变电站和线路，进行电力潮流、短路容量、无功优化、故障分析、电网可靠性等各项验算，检查电网的适应度。针对电网出现的不适应问题，从远期电网的初步布局中选取初步确定的项目，确定电网的改进方案。

3）编制中期规划。做好近期规划后，在近期末年规划电网的基础上，将基准年和中期规划目标年的预测负荷分配到变电站上进行各项计算分析，检查电网的适应度。从远期电网的初步布局中选取初定的项目，确定必要的电网改进方案，做出中期规划。

4）编制远期规划。以中期规划的电网布局为基础，依据远期预测负荷，经各项计算后，编制远期规划。远期规划是近、中期规划的积累与发展，因受各种因素的影响，远期规划原定的初步布局必将会有所调整和修改。

（2）中压配电网规划。中压配电网应根据变电站布点、负荷分布、负荷密度和运行管理的需要制定近期规划。其步骤如下：

1）根据变电站布点、负荷密度、供电半径将城市分成若干个相对独立的分区，并确定变电站的供电范围。

2）根据分区负荷预测及负荷转供能力的需要，确定中压线路容量及电网结构。

3）为适应中压配电网安全可靠供电要求，应结合中压配电网的结构同步开展配网自动化规划。

（3）低压配电网规划。低压配电网规划直接受到小范围区域负荷变动的影响，而且可以在短期内建成，一般只需制定近期规划。

7. 建设规模

（1）确定变电站的站址、容量及无功补偿容量；确定线路的路径和线径；确定分期建设的工程项目及其建设规模。

（2）给出调度自动化、配电网自动化、营销系统、继电保护、通信网络等专项规划的规模和要求。

8. 投资规模和经济评价

（1）投资规模。根据建设规模估算相应项目的投资水平，确定各电压等级的投资规模，汇总各规划水平年需要的静态投资，得到城市电网规划总投资。

（2）经济评价。进行规划项目的财务评价和社会效益评价，分析规划项目的可行性。

二、配电网规划方法

（一）主要方法

目前的配电网规划方法处于传统的规划方法和数学方法并用状态。传统的配电网规划方法以方案比较为基础，通过技术经济比较选择出推荐的方案。一般情况下，参与比较的方案是由规划人员根据经验提出的，并不一定包括客观上的最优方案，因此最终推荐方案包含相当多的主观因素。

近年来，计算机的普及应用和系统工程、运筹学领域的成果促使电网规划的数学方法取得了很大的进展。优化理论的应用不仅使规划方案的技术经济评价更加精确、全面，也极大地减轻了规划人员的烦琐工作，加快了规划工作的进程。规划和决策人员有对各种潜在问题进行比较深入分析研究的能力，这为其制定各种应变规划、滚动规划创造了条件。

配电网规划根据数学方法进行分类，可分为启发式方法和数学优化方法。

1. 启发式方法

启发式方法以直观分析为依据，通常基于系统某一性能指标对可行路径上一些线路参数的灵敏度，根据一定的原则，逐步迭代直到满足要求为止。这种方法直观、灵活、计算时间短，便于人工参与决策且能给出符合工程实际的较优解；缺点是难以选择既容易计算，又能真正反映规划实质的性能指标，并且当网络规模大时，指标对于一组方案差别都不大，难以优化选择。常用的可分为基于线路性能指标（如线路过负荷）的启发式方法和基于系统性能指标（如系统年缺电量）的启发式方法。

现代启发式方法是模拟自然界中一些优化现象而研究出的一类比较新的优化求解算法，适合于求解组合优化问题及目标函数或某些约束条件不可微的非线性优化问题。它的一个重要特点是能够实现并行运算，并在得到最优解的同时可以得到次优解，便于规划人员研究比较。现代启发式方法主要包括遗传算法、模拟退火法、Tabu 搜索、粒子群优化法等。但应注意的是，现代启发式方法具有良好的全局寻优能力，但计算效率相对较低。特别是当电网节点较多时，现代启发式算法也不可避免地会出现"维数灾"的问题。

2. 数学优化方法

数学优化方法就是将电网规划的要求归纳为运筹学中的数学规划模型，然后通过一定的优化算法求解，从而获得满足约束条件的最优规划方案。电网规划数学优化模型主要包含变量、约束条件和目标函数三要素。

数学优化方法考虑了各变量之间的相互影响，因而在理论上比启发式方法更严格。但由于电网规划的变量数很多、约束条件复杂，现有的优化理论对于求解这样大规模的规划问题存在很大的难度，因此数学优化方法在建立模型时不得不对具体问题做大量简化。此外，有些规划决策因素难以用数学模型表达，因此数学上的最优解未必是符合工程实际的最优方案。对于电网优化规划的模型几乎可以运用运筹学中的各种优化理论求解。目前，已有线性规划、整数规划、动态规划、混合整数规划、非线性规划及图论等方法。为了提高电网规划技术的实用性，现在的发展趋势是将启发式方法和数学优化方法结合起来，充分发挥各自的优势。

（二）规划技术手段

为做好配电网规划，不仅需要系统、科学的流程和方法以及经验丰富的规划工程师，而且需要借助其他技术手段，主要指规划设计软件。规划设计软件功能强大，可完成人工难以完成的大量计算分析和数据处理工作，从而显著提高工作效率。

目前，国内外已有很多成熟的输配电系统建模、分析和规划软件，如国外的 CYMDIST、DPlan，国内的 PSD、PSASP 等，每个软件都有各自不同的特点和应用方向。

1. 国外软件述评

国际上特别是西方发达国家对电力系统运行分析数字化和计算机化的研究工作开展较早，各类针对输配电系统的建模、分析和规划软件已在工程实际中得到了普遍应用，对电网的运行和规划起到了显著的支撑作用。本节主要对国外应用比较广泛的配电网分析和规划相关软件进行总体概要介绍，主要包括CYMDIST、SINCAL、PSS/E、ETAP、DigSILENT、NEPLAN 和 DPlan 等，重点介绍软件功能和应用特点。

在这些软件产品中，有些能提供较为完善的网络规划功能，如 SINCAL、

NEPLAN、DPlan 等；有些则侧重于系统辅助分析，并为规划提供支持，如CYMDIST、PSS/E、DigSILENT 等。大多数软件都具备潮流计算分析、故障分析（短路分析）、暂态过程分析、谐波分析和某些形式的保护分析等模块，都能够对配电网规划工作起到重要的支撑和指导作用，是有力的辅助工具，在提高电网规划设计水平和效率、减轻规划人员劳动强度方面发挥了重要作用。下面重点介绍几种国外的分析软件。

（1）SINCAL。PSS/SINCAL（Siemens Network Calculation）是由西门子 PTI（西门子电力技术国际）开发的一种通用网络规划系统，它是一个专为各类不同领域供给网络规划和设计提供支持的高性能软件包，如电力网络、供气网络、供热和供水网络等。主要应用对象是地方电力公司、地区和国有公共事业单位、工厂、电站及工程咨询公司等。对于电力应用而言，该系统包含大量针对输配电网络规划的易于理解和使用的计算方法及分析模块，是一种先进的辅助工具。

（2）NEPLAN。NEPLAN 是由瑞士 BCP 公司开发的一款界面友好且完全集成的电力系统规划和分析软件，可用于输配电网络，具备最优潮流、暂态稳定分析、可靠性分析等功能。

NEPLAN 是紧跟技术发展的电力系统规划软件，是面向对象的、具有完整图形支持且完全集成的系统。提供英语、法语、德语、意大利语、西班牙语、匈牙利语、汉语和俄语用户界面及在线帮助文档。

NEPLAN 在世界上 80 多个国家的电力企业、工业、工程公司和大学等 600 多家单位得到应用。NEPLAN 可用于分析、规划、优化和电力网络管理，对任何电压等级、任意节点数的工业和客户供电网络都能够实现快速和交互式的输入、计算和评估。NEPLAN 的模块化概念使得网络规划人员可以按照他们自己的需求将规划系统进行特定组合。

（3）DPLAN。配电网规划软件（DPLAN）在葡萄牙电力公司（EDP）得到了应用。DPLAN 可用于运行规划和扩建规划，为电网的发展和运行选择优化的系统结构。

运行规划是为现有系统选择新的系统结构，以便使负荷曲线更可靠，而且损耗更小。该工作通常由具有丰富工程知识和系统优化经验的工程师来承担。城市配电系统的建设通常涉及许多可选择的线路和联络点，DPLAN 可从中选择最优解。它也能评估附加联络点或进行故障定位，并能降低系统故障后重新接线时发生误操作的可能性。

在扩建规划中，为了满足负荷增长的需求，需要充分考虑系统发展所涉及的新建线路、电缆走廊、配电变压器和联络点的选择问题。扩建规划所涵盖的范畴要比运行规划的范围广很多（因为每一种可能的扩建规划都存在相应的运行问题）。

DPLAN 在优化过程中同时考虑了电气分析、网络重构和投资规划；根据分支故障率、维修时间和恢复时间，通过故障仿真进行评估，允许用户设定参数；核对电缆超过温升极限的每种可能的校正操作，并给出相应的参考值；能够分析每个故障后可用的多种重构方式，及其电气和结构特性；提供多项待选规划方案，并通过专家干预确定最终方案；规划系统具有较高的整体运行效率。

（4）CYMDIST。CYME 系列软件是由加拿大 CYME 国际公司开发的电力系统分析软件，主要包括 CYMTCC、CYMGRD、CYMDIST、CYMCAP、PSAF 等软件或功能模块，分别涉及保护装置协调、变电站接地网设计、一次配电系统分析、电缆热特性仿真、电力系统综合分析等多个应用和研究方向。该系列软件在操作方式、分析能力和人机界面等方面具有其自身的优点，被许多电力公司、工业组织、咨询公司、研究机构及学校等选为电力系统仿真分析辅助软件。

该软件系列中的 CYMDIST 软件包主要用来分析包含多个电源的放射状或环状一次配电系统，对配电网络的规划、运行、优化起辅助支撑作用，是一种优秀的工程分析工具，能辅助进行基于"如果—怎么样"模式的研究工作，并能通过仿真计算对现状或规划网络进行评估。

CYMDIST 完全基于微软 Windows 操作系统，其交互式图形用户界面使该软件具有很高的使用效率。用户可以利用图形工具建立馈线模型、设定元件参数，或从第三方 AM/FM/GIS 软件导入系统数据，并可直接从单线图上修改各类参数及查看计算分析结果。还可以方便地设计和形成结果报告，允许用户自定义报告内容和格式，以满足不同的需求。

表 2-1 简单总结了与配电网仿真和分析相关的国外部分软件的特性。

表 2-1　　　　国外部分配电网仿真和分析相关软件一览表

软件名称	总体定位	主　要　功　能	应用范围
SINCAL	供给系统仿真、计算分析和规划软件	除了如潮流、短路和稳定计算等基本模块外，还具有许多其他网络规划功能，例如系统容量规划和优化、谐波分析以及电动机起动分析等	电力网络以及工业供电系统的分析、计算和规划
NEPLAN	电力系统规划软件	整合了输配电网最优潮流、暂态稳定、可靠性分析等电力系统分析软件的基本功能	主要用于电网的分析、规划、优化、管理领域

软件名称	总体定位	主　要　功　能	应用范围
DPLAN	配电网规划软件	投资决策、电压和电流分析、可靠性计算	运行规划和扩建规划
CYMDIST	配电网仿真、计算和分析软件	能够对辐射、环状或网格结构的平衡或不平衡三相、两相及单相配电系统进行仿真分析	配电网规划、设计、分析和管理

2. 国内软件述评

国内与配电网分析和规划相关的软件自 20 世纪 80 年代末 90 年代初开始出现以来，至今已经历了四代，见表 2-2。虽然整体起步较晚，但也获得了显著成果，在我国电力行业特别是电网运行规划领域得到了越来越广泛的应用，受到了工程和科研人员的普遍认可。

表 2-2　　　　我国城市电网分析规划软件的发展历程

阶段	典型硬件	典型软件操作系统	典型图形平台	用户数	数据库	深度	适用范围	易用性与使用人员
第一代	386	DOS	AutoCAD10	单机	专用数据文件	高压配网	中远期规划编制	较差，规划人员
第二代	奔腾	Windows 3.1	AutoCAD12	单机	专用数据文件	高、中压配网	中远期规划编制	较差，规划人员
第三代	奔腾二代	Windows 95/98	AutoCAD14	单机	小型通用关系数据库	高、中压配网	中远期规划编制	一般，规划人员
第四代	CORE-DUO	前台 Windows 2000/XP，后台 UNIX	GIS 组件	B/S，C/S 结构，多用户分布式	支持空间数据的大型关系数据库	高、中、低压配网	近中远期规划编制、滚动修编、发布、实施控制	较好，规划人员及其他相关人员

目前，国内应用相对较广的是第三代软件系统，不少城市都应用这一代软件工具进行过配电系统规划。第四代系统与我国城市电网发展规划的第四阶段的需求相对应，第四代规划系统一个明显的特征是发展成为城市电网规划信息平台，支持后台大型空间数据库，克服了以往规划软件的不足，其更符合国内城市电网规划的发展方向。

国内已有不少成熟的商业软件应用于电力系统规划领域。其中，一些以电网规划设计为目标，如清华大学研发的电力规划决策支持系统 GOPT、哈尔滨通力软件开发有限公司研发的新一代电网规划计算机辅助决策系统、天津大学求实电力新技术股份有限公司开发的城市电网规划辅助决策系统，以及中国电力科学研究院研发的配电网规划计算分析软件等。

（1）电力规划决策支持系统（GOPT4.0）。电力规划决策支持系统（GOPT）是清华大学研发的一个电力系统规划软件平台。该软件从 1985 年开始研究以来，经过三十多年的探索与改进，现已推出新一代软件系统 GOPT4.0。该软件实现了数据管理与科学计算的高度一体化，为电力系统各部门进行详尽的数据分析和高质量的规划计算提供了灵活的操作平台。

该软件主要包括电源电网优化规划以及在电力市场环境下的生产模拟，为电力规划部门提供了一个经济和安全评估的平台。该软件适用于网、省、市各级规划部门以及电力设计院。在三十多年的发展过程中，已在多个地区和部门得到应用，其中包括三峡水电站向华东送电容量最佳方案的研究等重大课题。

（2）新一代电网规划计算机辅助决策系统（V2.0）。电网规划计算机辅助决策系统是哈尔滨通力软件开发有限公司在电网规划专家的指导下成功研制开发的。V2.0 是其 2008 年发布的最新的软件版本，系统建立在自主研制的电力图形平台上，实现了电网规划中的负荷预测，变电站选址，负荷密度变化，经济评价等功能，使系统能够在统一的图形平台下顺利完成电网规划专业性工作，从而实现计算机辅助决策的目的，为电网规划科学决策提供支持数据。

该软件具有负荷预测、潮流与短路计算、经济评价及投资估算等电网规划的主要模块，并且能够快速编制电网规划书和项目建议书，在很大程度上减轻了电网规划工作者的劳动负担。该软件已成功应用于安徽、辽宁、黑龙江各省的多个市区供电公司的电网规划项目中。

（3）配电网规划计算分析软件（DPCAS 1.0）。中国电力科学研究院开发的配电网规划计算分析软件是一款专为配电网规划领域服务的计算分析软件，该软件引入了面向供电可靠性的配电网规划理念，采用基于标准公共信息模型（CIM）的电网数据交换、面向服务的架构设计技术、配电网信息交换总线等关键开发技术，并集成了配电网规划领域涉及的多种量化分析功能，如配电网潮流计算、短路电流计算、供电安全分析、供电可靠性计算、无功优化计算、网架分析以及配电网综合评估等功能模块。该软件能够适应不同条件或不同目标下的配电网规划计算分析需求，有效实现了对不同规划方案的供电可靠性量化分析及科学评估，为不同规划方案的优选提供了充分的量化依据，有效提升了配电网规划的科学性和精益性。该软件主要以图形平台作为依托，在调用所需的计算分析模块后，将计算结果在相应的接线图上进行标注和发布，同时还支持 B/S（浏览器模式）或 C/S（客户端模式）等多种应用模式，并已成功应用于多家省市供电公司的配电网规划工作，实现了对现状配电网薄弱点的准确把控以及对不同规划方案的优选，其计算分析结果不仅为各供电公司的配电网规划提供了科学的量化支撑，也为配电网规划领域提供了一种切实有效的量化分析工具，具有广阔的推广应用前景。

（4）城市电网规划辅助决策系统（CNP4.0）。天津大学求实电力新技术股份有限公司开发的规划软件城市电网规划辅助决策系统，已从 1994 年的 CNP1.0 发展到 CNP4.0，在国内的部分电力系统分析中进行了应用。该系统能够利用规划算法辅助完成选定区域和电压等级电网的远景、中远期、近期规划编制；在辅助决策方面，能够提供数据统计、计算、表格、图形和报告模板的生成等功能，充分考虑专家干预接口，供规划人员设计和修改方案、为领导提供决策干预空间。

3. 总体分析

目前，国外的软件主要侧重于电网的计算、分析和仿真等辅助设计领域，很多软件都经过了较长的发展和应用过程，功能和结构都比较完善，也都采用了科学、先进的电网分析算法，较好地解决了计算机辅助电网规划和人工干预之间的关系问题。但是，这些软件都不是专为配电网规划领域服务的，且在开发理念、应用习惯等方面与国内配电系统的需求尚存在较大的差别，因此，在国内配电网规划领域，国外软件尚未得到成熟应用。

国内开发的应用软件能为配电网规划提供服务，也用于电网调度、运行等分析，但都以单机版为主，不能实现多人协同工作，也未能实现与各类电网应用系统的接口，加之数据质量不好、商业化程度不高、软件功能的创新性不够、实用性差等因素，造成各软件在配电网规划领域均未实现实用化运行，应用效果都不理想。

第二节　智能配电网规划

一、智能配电网规划重点

在新一轮的能源革命影响下，我国能源结构调整进一步深化，预计"十二五"后的一段时间，依托坚强主网架的支撑，越来越多的分布式能源接入我国配电网将是一个不可逆转的发展趋势。以风能、太阳能等为代表的可再生能源，以燃气轮机、热电联产等为代表的分布式发电，电动汽车充换电设施、储能系统以及负荷侧集成的接入及并网运行，将对配电系统产生深刻的影响，使之成为与传统的单侧电源、辐射型配电网有着本质区别的智能配电网。为了适应这一重大转变，有必要研究针对智能配电网规划的技术和方法。

（一）智能配电网规划的关键问题

智能配电网的新特征使其规划具有特殊性，配电网的负荷预测、分析评估与传统配电网相比有着更大的不确定性。目前，智能配电网规划主要面临着以下几个关键问题：

1. 基于供电可靠性的配电网规划

需要以系统供电可靠性目标为基础，参照目标对配电网进行可靠性评估，识别影响既定目标实现的系统薄弱环节并分析其产生原因，按照主次、轻重原则对薄弱环节进行排序，最后确定解决问题的最佳方案，使供电可靠性达到既定目标并实现投资成本最小化。

2. 含分布式电源的智能配电网优化规划

需要综合运用接入配电网的分布式电源渗透率预测方法、含分布式电源的配电网空间负荷预测方法、含分布式电源的配电网优化规划方法以及分布式电源接入配电网分析评估指标与方法来实现优化规划，研发含分布式电源的配电网规划辅助设计软件。

（1）接入配电网的分布式能源渗透率预测与负荷预测。需要重点关注分布式能源接入配电网的最大允许渗透率、含分布式电源/储能、电动汽车充换电设施接入和需求侧响应实施的智能配电网空间负荷预测方法等关键要素。

（2）含分布式电源的配电网优化规划方法。针对分布式电源/储能、电动汽车充换电设施在配电系统中的布点问题，重点关注分布式能源容量与位置的优化规划方法；针对含分布式能源的配电网扩展问题，重点关注适应高渗透率分布式能源接入的配电网优化规划方法。

（3）分布式电源接入配电网分析评估指标体系与方法。在分析分布式能源接入配电网和需求侧响应实施的经济性及其在节能减排、削峰填谷、提高电能质量及可靠性、降低电能损耗等方面对配电网的影响后，重点关注智能配电网的综合评价指标体系与评估模型、方法。

（4）智能配电网规划辅助设计软件。针对上述关键技术问题，需要研发智能配电网规划辅助设计软件，实现不同类型分布式能源建模、智能配电网负荷预测、含分布式能源的配电网规划基本计算与分析、智能配电网的技术经济综合评估等功能。

3. 考虑大规模充放电设施接入的配电网规划

通过电动汽车规模预测，考虑电动汽车充换电设施对配电网产生的影响，依据电动汽车充换电站布局设置、电动汽车充电桩规划等，进行配电网空间负荷预测，建立优化模型，制定规划方案。

4. 智能配电网专项规划

智能配电网专项规划目前主要包括配电自动化规划、智能配用电通信规划、分布式电源与多元化负荷接入电网规划及相关综合示范工程，其中配电自动化规划研究配电自动化终端优化规划以及配电网与自动化之间的协调规划，智能配用电通信研究配用电通信网规划以及配电网与通信之间的协调规划，分布式电源与多元化负荷接入电网规划研究电网消纳能力及配套电网建设改造方案。

（二）智能配电网规划目标与原则

智能配电网规划的目标应与地区经济社会发展定位相匹配，各级电网协调发展，以信息化、自动化、互动化为特征的安全、可靠、优质、互动、和谐、友好的现代配电网。规划的智能配电网应具备强大的资源优化配置能力，良好的安全稳定运行水平，适应并促进清洁能源的发展，满足电动汽车等新型电力用户的电力服务要求，实现电网管理的信息化和精益化，实现电网用户与电网之间的便携互动，发挥电网基础设施的增值服务潜力。

智能配电网规划应遵循的主要原则包括：

1. 坚持统筹兼顾、协调发展

智能配电网规划必须以实体电网为基础，与地区发展规划、电网总体发展规划、配电自动化规划、通信规划等协调统一。坚持上级规划指导下级规划、以电网总体规划为指导，统筹配电与发电、输电、变电、用电和调度及通信信息各环节之间的关系，实现电网各环节之间的协调发展。

2. 坚持网架与智能高度融合

构建输配协调、强简有序、远近结合、标准统一的网络结构，能够抵御各类故障，满足用户可靠供电需求。坚持配电网智能化与配电网架发展相协调，提高调度、运行和控制能力，实现分布式电源和多元化负荷的即插即用，具备故障自动检测、隔离和恢复的自愈能力，供电可靠性和电能质量达到世界领先水平。

3. 坚持技术领先

采用集成、环保、低损耗的智能化设备，应用配电自动化和通信技术，提高信息交互能力，坚持以智能配电网的发展带动相关产业的发展，与经济、社会、环境相协调，以先进的规划理念引领配电网的发展。

4. 坚持经济高效

充分利用已有的电网发展成果，以需求为导向，适度超前，实现技术先进性和经济性的统一，避免产能过剩和重复建设。注重投入产出分析，注重企业效益与社会综合效益的统一，以电网基础设施的综合效益最大化为导向，实现资源优化配置和资产效率最优。

二、智能配电网规划方法

智能配电网规划方法是在传统配电网规划方法的基础上，充分考虑分布式电源、分布式储能、电动汽车充换电设施和需求侧响应等一系列新边界条件约束的一种优化规划方法。对于新边界条件的处理方式，目前主要有两种：一种方式是在负荷预测阶段考虑分布式电源、分布式储能、电动汽车充放电设施和需求侧响应等新边界条件带来的影响，再开展后续的配电网扩展规划；另一种方式是，将分布式电源、分布式储能、电动汽车充放电设施和需求侧响应等作为配电网扩展规划方案的一部分，作为可利用资源来考虑。两种方式有着其特定的适用范围。

智能配电网规划方法应充分考虑新边界条件下的各种不确定性因素，对不确定性信息进行建模分析，建立优化规划的目标函数，在此基础上，采用现代启发式算法进行求解，获取全局的最优解。智能配电网规划方法大多将现有的数学优化方法和启发式方法结合起来，充分发挥各自的优势。其中，传统的数学优化方法多采用确定性的方法，而在智能配电网规划中，需要计及各种不确定性因素对规划结果的影响，使得所选的规划方法在电力系统未来发展中具有最佳适应性，在总体上达到最优，为此多采用不确定性的规划方法。根据对不确定信息处理方法的不同，可分为两类：第一类为多场景分析法，第二类为基于不确定性信息数学建模的数学规划方法。

（1）多场景分析法。对未来出现的各种不确定性因素进行分析，得到一系列的可能取值，再将各种可能取值分别组合为一个个未来可能的环境（场景）。通过计算，找出一个具有最好适应性和灵活性的规划方案，则此方案即为综合最优方案。多场景规划大大降低了不确定性建模和求解的难度，其难点在于如何合理分析、预测出各种场景，以及如何判断规划方案的综合最优性。其缺陷是求解结果缺乏理论上的适应性，同时对于变量或场景过多的情况有可能造成求解上的困难。

（2）基于不确定性信息数学建模的数学规划方法。采用数学理论直接建模的方法，具有理论严密和对不确定性因素处理精确的优点，主要有随机规划方法、灰色规划方法和模糊规划方法。

1）随机规划方法。随机规划方法是电力系统中对于不确定性因素进行考虑和处理最早的方法之一，使用概率理论来描述和处理随机环境中不确定因素。该方法所需数据一般基于随机潮流计算，获取线路过载概率、节点电压越限概率和系统失去静态稳定的概率等指标。但随机规划方法需要分析大量的样本数据才能得到其随机分布规律，同时也有很多不确定性因素并不具备随机特性，这些都限制了随机方法在电网灵活规划中的广泛应用。

2）灰色规划方法。灰色规划方法基于灰色规划理论，核心是灰色动态建模。该方法的思想是直接将基于时间变化的一组数据转化为用微分方程来表示，建立基于系统发展变化的动态模型，对未来数据进行预测。目前，灰色方法在电网灵活规划中已得到初步应用，但由于灰色信息白化处理方法尚未完善，且缺乏严格的数学理论支持，还有待进一步地改进与完善。

3）模糊规划方法。模糊规划方法主要是用于处理主观因素较重和数据资料不完整等造成的不确定性因素最有效的方法之一，对于语言规则等定性资料的处理是模糊理论的一大优势。模糊方法已成为电网灵活规划中处理许多不确定性因素有利的应用工具。模糊建模的关键是模糊隶属函数的选择。此方法的不足之处在于结果在很大程度上依赖于各决策因素隶属函数的选取，处理方法多样化，难以统一，而且当数据呈现出多种补缺性时将会遇到模型表达的困难。

三、智能配电网规划关键技术

（一）基于供电可靠性的配电网规划

随着我国社会经济的发展，电力客户对于供电质量的要求越来越高，而供电可靠性又是反映供电质量的一个重要指标，对于电力系统供电可靠性的研究具有重大的现实意义。配电系统处于电力系统末端，是与电力客户发生联系，并向其分配电能的重要环节。据统计，电力客户停电事件中 80% 以上是由配电环节引起的，表明配电系统对电力客户供电可靠性的影响最大。因此，保障合理的供电可靠性水平是保证供电质量、实现电力工业现代化的重要手段，对促进和改善电力工业技术和管理水平，提高经济效益和社会效益具有重要意义。

我国目前配电网规划一直采用的思路和方法是一种以指导策略为基础的规划方法，即 N–X 方法，也就是系统在失去 X 台设备后仍能保持正常运行。该方法通过为系统预留充分的备用容量来保证可靠性，属于一种定性粗放式的规划指标设定方式。如果规划人员关注降低费用，那么这种规划方法的有效性会显著降低；在设备负载率高于常规水平的情况下，这些方法也难以确保系统的可靠性。因此，单纯地通过保留足够的冗余度来达到一定的可靠性水平并不经济，而且在很多情况下，其有效性和必要性都较为有限。特别在电网发展差异化较为明显的地区，这样的规划方式往往会产生大量的投资浪费。而一味追求高可靠性也不是一种科学的规划理念和发展思路，无法适应配电网未来的发展，难以保障企业和用户的利益。特别是配电网经过多年的建设改造，供电能力已基本能够满足我国社会经济的发展要求，但用户对供电可靠性的差异化需求也更加显著，需要对可靠性相关问题开展深入研究。

基于供电可靠性的配电网规划是一种以系统供电可靠性目标为基础的规划方法。规划人员参照某个目标对配电网进行可靠性评估，然后识别影响既定目标实现的系统薄弱环节，并分析其产生的原因。按照主次、轻重原则对薄弱环节排序，最后确定解决这些问题的最佳方案，使供电可靠性达到目标。提高供电可靠性通常会增加电网建设成本，但可靠性的提高可以带来隐含的经济效益，如节约电网建设资金、减少停电损失等。当可靠性成本与可靠性效益平衡时，从综合效益来看，电网规划将达到最优。

电力企业对供电可靠性一直都有清楚的认识和明确的承诺，一直都以公共和公益事业的作用作为基本团队文化，即使在最紧急的情形下也要保证持续供电。但在复杂电网规划中，处理好可靠性和经济性之间的关系是一个艰巨的课题。当今一些国外先进的电力企业主要通过设置可靠性性能目标和重点、实施基于供电可靠性的规划和运行方法来保证其电网可靠性，目前只有这种方式才能以尽可能低的费用实现合理的供电可靠性，由此规划形成的输配电系统，既考虑了可靠性风险最低原则，又能实现最终成本效益的最优化。

1. 原理与思路

基于供电可靠性的配电网规划技术的基础原理即是"供电可靠性成本/效益分析"理论。可靠性成本/效益分析可用边际成本与边际效益概念来说明。定义可靠性边际成本：为增加一个单位可靠性水平而需增加的投资成本。可靠性边际效益定义：因增加了一个单位可靠性水平而获得的效益或因此而减少的缺电成本，故也可称为边际缺电成本。在图 2-2 所示的可靠性成本/效益分析曲线中，UC 代表可靠性边际成本曲线；CC 代表可靠性边际效益曲线或边际缺电成本曲线；TC 为边际供电总成本曲线。

由供电可靠性成本/效益分析的相关理论可知，在可靠性成本/效益分析曲线中，当可靠性边际成本等于可靠性边际效益时，边际供电总成本最低，这时所对应的可靠性水平 R_m 为最佳可靠性水平。

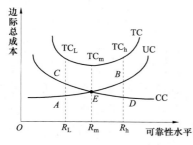

图 2-2　可靠性成本/效益分析曲线

当电网建设投资费用的增加小于缺电成本的减少时，可靠性水平的提高只需较少的投资费用，投资增加能够获得收益（见图 2-2 的 A、C 段）；当投资费用的边际增加将完全为停电损失成本的边际减少所抵消，供电总成本达到最小（见图 2-2 的 E 点）；当电网建设投资费用的增加大于缺电成本的减少时，系统可靠性水平的提高需要增加大量投资费用，投资增加不能获得收益（见图 2–2 的 *B*、*D* 段）。

在实际应用时，可以考虑将各种可靠性改善措施分别形成成本/效益分析曲线，之后依据上述理论进行优选。

基于供电可靠性的配电网规划的总体思路和流程如下。

（1）提出调研大纲，确定规划区域并进行收资调研。

（2）对调研区域的现状电网及其可靠性进行分析，从网络、设备、技术、管理四方面找出影响可靠性的主要因素，并按照影响权重进行排序。

（3）对现状电网供电可靠性进行理论计算分析，并结合现状统计指标，指出现状电网供电可靠性薄弱环节（如确定可靠性较低的线路等）和需重点关注的改善措施。

（4）若相关部门尚未提出可靠性目标，则选取适用的可靠性目标设定方法，设定合理的供电可靠性指标。

（5）设定基于可靠性的配电网规划的边界条件，如投资约束、需遵循的相关导则等。

（6）根据基于可靠性的配电网规划方法，提出配电网的规划或优化方案。分别对配电网网络结构和设备、技术、管理等方面进行优化，其中设备、技术、管理因素可转化为对设备可靠性参数的影响，如故障率、切换时间的变化等。因此，在配电网规划时，可重点从网络结构、线路容量、线路分段、切换时间四方面进行优化，提出配电网规划方案，解决配电网薄弱问题。在此过程中，可利用可靠性成本/效益分析曲线，对系统可靠性对各项改善措施的敏感度进行分析，以结合区域的实际情况依次选择最优或较优的措施。

（7）对规划方案进行可靠性评估，若规划方案没有达到可靠性目标，则对规划方案进行改进；若规划方案达到可靠性目标，则对规划方案进行经济性分析，计算投资费用及减少单位停电时间需要增加的投资等指标，若经济性不满足要求，则对规划方案进行改进；否则该方案可行，生成最终规划方案。

2. 案例分析

国家电网公司于 2010 年开展配电网"十二五"规划报告的编制工作，并提出"青岛、南京供电公司要充分利用电网规划国际咨询成果，将可靠性分析方法引入配电网规划"。以此为契机，中国电力科学研究院深入开展了"基于供电可靠性的配电网规划"技术研究和应用。

（1）首先结合实际调研结果和相关理论研究成果，以可靠性评估体系为基础，从南京城市配电网中选取 4 类典型区域，对其现状可靠性进行了评估和参数修正，在此基础上对典型区域配电网进行了薄弱环节分析。

（2）对南京各类典型区域配电网进行了网络可靠性特征模式划分，以简化南京市区大规模配电网的可靠性评估过程。

（3）针对南京各类典型区域配电网，还对各类可靠性优化措施敏感度进行分析，明确了各类典型区域对不同优化措施的适用性，对配电网供电可靠性成本/效益精益化分析与优化相关策略和方法进行了应用。

（4）结合南京"十二五"配电网规划，对南京4类典型区域配电网规划方案进行了可靠性评估，并对原规划方案从提升供电可靠性角度进行了优化。

（5）进一步对南京市区范围内81个变电站、1263条出线的供电区域进行了现状供电可靠性评估，并对南京市区配电网"十二五"规划方案进行了评估，提出了供电可靠性优化建议，并据此给出优化项目，形成了对规划电网的优化方案；结果表明优化方案在提升供电可靠性方面可行，并能产生非常可观的经济效益。

（6）从供电可靠性的角度出发，提出配电网规划相关原则的建议，以指导南京中压配电网的规划与建设。主要包括提高供电可靠性的相关措施建议、目标网架建设原则建议、大规模配电网供电可靠性评估方法建议、配电网供电可靠性优化策略建议等方面的内容。

（二）含分布式电源的配电网优化规划

传统的配电网潮流是单向的，由电源流向负荷侧，分布式发电/储能的接入，将使得潮流变成双向，必将增大配电系统的复杂性和不确定性，给传统的电网规划带来实质性的挑战，使得电网规划必须充分考虑分布式发电对电网的影响。随着分布式发电比例的不断扩大，分布式电源的接入给配电网规划带来的影响主要体现在以下三方面。

（1）对负荷增长模式的影响。负荷预测是电网规划设计的基础，能否得到准确、合理的负荷预测结果，是电网规划的关键前提条件。分布式能源的并网，加大了规划区电力负荷的预测难度。用户安装使用分布式能源后，与增加的电力负荷相抵消，对负荷增长模型产生影响。使用风能、太阳能等可再生能源的分布式电源输出功率受到自然条件的影响，使得用电负荷的增长和空间负荷分布具有更大的不确定性。由于分布式能源的并入，对规划区负荷增长产生影响，从而更难准确预测电力负荷的增长及空间分布情况。

（2）对配电网网络结构的影响。大量的分布式电源接入配电系统并网运行，将对配电系统结构产生深刻的影响。对大型发电厂和输电线路的依赖将有所减少，由于单向电源馈电潮流特性发生变化，一系列包括电压调整、无功平衡、继电保护在内的综合性问题将影响系统的运行。为了维护电网的安全、优质、稳定运行，必须使分布式电源能够接受调度指令，并与其他电源一起协调运行。要实现这个目标，需要增加必要的电力电子设备，通过控制和调节，将分布式电源集成到现有的配电系统中。这不但需要改造现有的配电自动化系统，还要转变思想观念，由被动到主动地管理电网。

（3）对配电网规划适应性的影响。虽然分布式电源能减少或推迟配电系统的建设投资，但位置和规模不合理的分布式电源可能导致配电网的某些设备利用率降低、网损增加，电网可靠性降低，为实现分布式电源与配电网协调发展，在选择最优电网规划方案时须考虑分布式电源接入的适应性。

1. 接入配电网的分布式电源渗透率预测与负荷预测

（1）接入配电网的分布式电源渗透率预测方法。分布式电源最大渗透率评估，即给出某一电网对分布式电源的最大接纳容量。满足这一条件，需要电网在任一时刻均处在各种电气约束之内。考虑到分布式电源输出功率与电网负荷的随机性，理论上规划人员应该仿真研究全年 8760h 内分布式电源接入后的电气情况，由此确定电网最大接纳容量。为简化分析，可以选取全年的典型时刻，分析典型时刻断面下的分布式电源准入容量，综合各典型时刻下的情况，即可得到分布式电源的最大渗透率。

分布式电源最大渗透率评估的主要流程如图 2-3 所示。

（2）考虑分布式电源的配电网空间负荷预测方法。传统的配电网空间负荷预测需要分析不同地块的负荷类型和特性，综合得出全域的负荷预测结果。考虑分布式电源的空间负荷预测，需要在传统空间负荷预测的基础上加入更多不确定性因素。

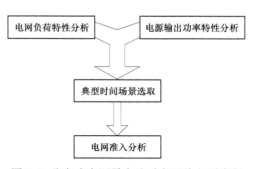

图 2-3 分布式电源最大渗透率评估主要流程

1）负荷特性叠加法。不同行业类型之间的负荷曲线变化规律往往差异较大，如钢铁行业属三班制连续生产的重工业，其负荷曲线较为平坦，最小负荷达最大负荷的 85%左右；而一班制的食品加工工业，最高负荷一般出现在 9:00~16:00，且昼夜负荷变化幅度较大，最小负荷仅达最大负荷的 13%~14%；普通居民用电高峰期一般集中在 19:00~21:00，负荷变化幅度也较大。

由于各行业出现最大负荷时的时间点一般不同，计算全域最大负荷时，传统的计算方式是在各行业负荷相加的基础上乘以同时率，具体如下：

$$P = k \times \sum_i P_i \qquad (2\text{-}1)$$

式中　P——地区总负荷；

　　　P_i——不同行业（类型）的负荷；

　　　k——不同行业（类型）负荷之间的同时率，一般取 0.7～0.9。

　　由于各行业负荷所占比重不同，简单的负荷相加后乘以同时率得到的结果与实际值相比误差较大，针对该问题相关研究中提出了负荷特性叠加法，即首先将各种行业的负荷特性单独进行分析，然后根据各行业负荷所占总负荷的比重，将负荷特性曲线进行叠加，从而得到全地区的用电负荷，如下：

$$\left.\begin{array}{l} p(t) = \sum_i p_i(t) \\ p_i(t) = p_{i\max} \times f_i(t) \end{array}\right\} \qquad (2\text{-}2)$$

式中　$p(t)$——规划区域的总体年（日）负荷特性曲线；

　　　$p_i(t)$——每类用地或每一用户的预测负荷特性曲线；

　　　$p_{i\max}$——每类用地或每一用户的预测最大负荷值；

　　　$f_i(t)$——每类负荷类型的典型负荷特性曲线。

　　负荷特性叠加法以负荷特性曲线为计算基础，因此在叠加过程中不需要考虑同时率的问题，是一种通过采集大量微观数据来刻画宏观特性的方法。当分布式电源接入配电网后，同样面临负荷（输出功率）曲线变化规律复杂且差异较大的问题，而采用负荷特性叠加法可以很好地处理这些问题。

　　2）负荷发展特性。通过研究发现，小区负荷增长都归于两个原因：① 电力用户数的增加；② 已有用户平均负荷的增加。电力用户数的增加往往表现在新用户迁进原先负荷水平较低或负荷空白地区，由此导致了负荷从负荷高水平地区向负荷低水平或空白地区扩散；用户平均负荷的增加与用户数量的增加是同时发生的，但在机制上是相互独立的。用户平均负荷的增加在空间上的分布并不均匀，一般来说，新开发或重建地区用户平均负荷增长往往较快，而那些负荷水平较高的地区由于发展空间较小，用户平均负荷增长的趋势比较迟缓。

　　典型的小区负荷增长特性是呈 S 形单调增长的：开始阶段小区负荷增长平缓，这是由于小区尚处在开发前期，电力基础设施尚不完善，限制了负荷的增长；随着小区建设的加快，用户大量涌入，负荷增长率显著提高，小区负荷增长主要集中在这一时段；此后，用户的数量以及用户平均用电设备的数量由于受到空间的限制而减缓增长，负荷增长率明显降低，负荷逐渐接近饱和值。当然，小区负荷的增长模式也并不唯一，有的小区也可能包含两个快速增长阶段，最终趋向饱和。

3）空间负荷预测。考虑分布式电源的配电网负荷预测可以用下式表示：

$$P = P_0 - \sum P_{DG} \qquad (2-3)$$

式中　　P ——综合考虑各因素的负荷；

　　　　P_0 ——常规负荷；

　　　　P_{DG} ——分布式电源输出功率。

以下分别介绍各项内容的计算方法，对于不确定性变量，主要根据概率分布采用蒙特卡洛模拟方法来处理。

对于常规负荷，根据典型的 S 形曲线负荷发展特性，结合区域地块的控制性详细规划与实际项目的建设时序，确定负荷发展阶段，在此基础上预测未来负荷发展趋势。根据典型年负荷曲线，结合负荷发展趋势确定每一地块负荷在预测年的年负荷曲线。

对于分布式电源，考虑风机、光伏发电两种分布式电源。根据自然资源的季节规律特性，将历史年数据按照季节划分，统计分析得到各季节风速和光照强度分布的典型参数。采用蒙特卡洛仿真可以得到预测年的风速数据和光照强度数据。在此基础上，根据预测年分布式电源的装机规模，得到风机和光伏的输出功率预测数据。

综合以上预测数据与空间分布情况，可以得到新的空间负荷预测结果。通过多次蒙特卡洛仿真，可以得到每一地块的全年负荷概率分布，以及区域的整体负荷概率分布。相比于传统的最大负荷预测方法，新的空间负荷预测方法能够更准确地反映分布式电源的不确定性为配电网带来的影响。

2. 含分布式电源的配电网优化规划方法

（1）分布式电源选址与定容优化模型。

1）网络损耗最优。网络损耗最优是指配电网的网络损耗最小，即相对于现有网络，分布式电源接入后，网络损耗减少量最大，即分布式电源（Distributed Generation，DG）接入后，配电网网络损耗较 DG 接入之前减少量最大，其表达式为

$$\max \Delta P_{loss} = P_{loss} - \sum_{b=1}^{N-1} I_b^2 R_b \qquad (2-4)$$

式中　　P_{loss} ——未接入分布式电源时配电网的网络损耗；

　　　　N ——配电网中总母线的数量；

I_b ——第 b 条支路上流过的电流；

R_b ——第 b 条支路的电阻。

2）延缓投资效益最大。对于某个给定容量的供电支路，在已知负荷增长速度的情况下，可以根据下式来确定该支路的扩容时间：

$$P_i^{\max} = P_i(1+\omega_i)^{\tau_i} \tag{2-5}$$

$$\tau_i = \frac{\ln P_i^{\max}}{\ln[P_i(1+\omega_i)]} \tag{2-6}$$

式中　P_i ——流经支路 i 的负荷功率；

　　　ω_i ——负荷的年增长率；

　　　τ_i ——扩容时间。

假设均采用相同型号的设备对支路进行扩容，且不考虑通货膨胀率，即投资费用相同。

其投资的折现值可以表示为

$$M_{ipv} = \frac{M_i}{(1+r)^{\tau_i}} \tag{2-7}$$

式中　M_i ——支路 i 的扩容投资；

　　　r ——折现率；

　　　M_{ipv} ——扩容投资的折现值。

在现有负荷水平下接入分布式电源，因此，将扩容时间延长，有

$$P_i^{\max} = P_i(1+\omega_i)^{\tau_i^*} - P_{iDG} \tag{2-8}$$

$$\tau_i^* = \frac{\ln(P_i^{\max} + P_{iDG})}{\ln[P_i(1+\omega_i)]} \tag{2-9}$$

式中　τ_i^* ——由于 PG 注入有功功率而产生的新的扩容时间。

相应地，扩容投资的折现值变为

$$M_{ipv}^* = \frac{M_i}{(1+r)^{\tau_i^*}} \tag{2-10}$$

式中　M_{ipv}^* ——由于分布式电源输出功率 P_{DG} 而产生的新的投资折现值。

此时由于投资时间的延迟，便产生了相应的延缓投资效益。

延缓投资年限为

$$\Delta T = \tau_i^* - \tau_i = \frac{\ln\left(\dfrac{P_{iDG}}{P_i^{\max}}+1\right)}{\ln\dfrac{P_i(1+\omega_i)}{P_i^{\max}} + \ln P_i^{\max}} \tag{2-11}$$

此时，分布式电源接入支路 i 后产生的投资延迟效益

$$M_{i\text{benefit}} = M_{i\text{pv}} - M_{i\text{pv}}^* = \frac{M_i}{(1+r)^{\tau_i}} * \left[1 - \frac{1}{(1+r)^{\Delta T}} \right] \qquad (2-12)$$

若在节点 i 接入 DG，受支路容量约束，对节点 i 的上游支路有

$$P_k^{\max} \geqslant \sum_{j \in \phi_k} P_{Lj} - P_{i\text{DG}} \qquad (2-13)$$

式中　$P_{i\text{DG}}$——在节点 i 接入 DG 的容量；

　　　ϕ_k——支路 k 的所有下游支路；

　　　k——节点 i 的上游节点；

　　　P_{Lj}——节点 j 的负荷容量；

　　　$P_k^{\max}$——对应支路 k 的支路容量。

将 $P_{i\text{DG}}$ 移动到方程左边，得

$$P_k^{\max} + P_{i\text{DG}} \geqslant \sum_{j \in \phi_k} P_{Lj} \qquad (2-14)$$

由式（2-14）可知，DG 的扩容作用为在 DG 接入点的所有上游支路中，均产生 DG 接入容量大小的扩充容量。

当网络中仅接入一个分布式电源后，假设其接入位置为 i，此时，该分布式电源产生的延迟投资效益为

$$M_{i\text{DG}} = \sum_{k \in \phi_F} c M_{k\text{benefit}} \qquad (2-15)$$

式中　$M_{i\text{DG}}$——在节点 i 接入分布式电源后产生的投资延迟效益；

　　　$\sum_{k \in \phi_F}$——节点 i 的上游支路集合；

　　　$M_{k\text{benefit}}$——上游支路 k 因分布式电源接入产生的投资延迟效益；

　　　c——DG 投资年限内资金等年值系数。

当在网络中接入多个分布式电源后，多个 DG 的扩容作用同时作用于处在其上游的支路上，此时，选择支路为研究对象，对于每一条支路，其扩充容量为处于其下游的所有分布式电源接入容量的总和，求出每一支路的投资延迟效益，最后通过 DG 投资年限内资金等年值系数，获得分摊到每年的投资延迟效益。

$$M_{\text{DG}} = \sum_{i \in \phi_L} c M_{i\text{benefit}} \qquad (2-16)$$

式中　M_{DG}——分摊到每年的投资延迟效益；

　　　$M_{i\text{benefit}}$——支路 i 的投资延迟效益；

　　　$\sum_{i \in \phi_L}$——网络中所有支路的集合。

说明：上述计算中，负荷为年最大负荷，而 DG 通常是指具有稳定输出功率 P_{DG}，这类分布式电源有燃料电池、微型燃气轮机、往复式发电机等，而对于输出功率具有随机性的 DG，如风力发电机组、太阳能光伏发电机组等，则需考虑容量系数。

容量系数是指一定时期内的总发电量除以该时期内装机容量与小时数的积，所得到的比率即为该机组的容量系数。

3）DG 选址定容的多目标优化函数。在进行分布式电源选址定容时，综合计及了 DG 对配电网网络损耗和网络升级投资延迟的影响，在以上分析的基础上，建立了选址定容多目标优化函数，其目标函数表达式如下：

$$\max C = \max(k_1 M_{loss} + k_2 M_{DG}) \tag{2-17}$$

$$M_{loss} = \sum_{I=1}^{4} C \times \left(3 \times 30 \times \sum_{h=1}^{24} \Delta p_{iloss.h} \right)$$

式中　C——单位电价，元/kWh；

　　　I——四个季度；

　　　h——每个季度典型日的 24 个时段；

　$\Delta p_{iloss.h}$——DG 接入后对应时段的网损减少量；

　　M_{DG}——分布式电源接入后分摊到每年的投资延迟效益；

　　M_{loss}——分布式电源接入前后网络损耗减小产生的经济效益；

k_1、k_2——权重系数，且 $k_1 + k_2 = 1$。

（2）含分布式电源的配电网扩展规划。

1）建立基于全寿命周期的多目标优化函数。在计算年费用时，费用分解结构模型并不必覆盖全寿命周期内的所有细节成本，可进行适当简化，简化后的全寿命周期成本模型如图 2-4 所示。

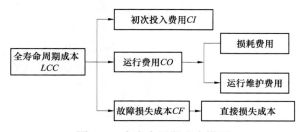

图 2-4　全寿命周期成本模型

因此，目标函数为

$$C_{min} = CI + CO + CF \tag{2-18}$$

式中　　*CI* ——年投资费用；

　　　　CO ——年运行费用；

　　　　CF ——年故障损失费用。

2）优化规划策略与求解流程。本模型确定的优化规划策略：根据目标年负荷预测总量、可扩展的分布式电源总容量，DG 和需求响应对负荷预测的影响等，规划出新建变电站位置、容量，DG 扩展接入的位置与容量，确定馈线网络扩展方案，计算目标函数值，基于粒子群算法进行迭代寻优，直至满足终止条件为止，输出规划最优方案。具体求解流程如图 2-5 所示。

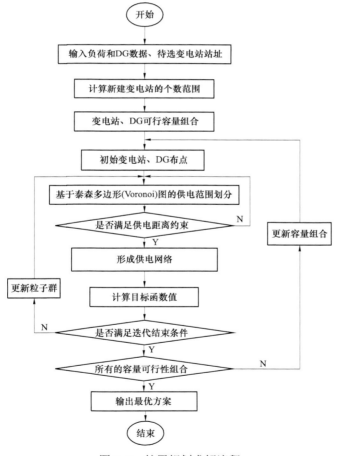

图 2-5　扩展规划求解流程

3. 分布式电源接入的配电网分析评估指标体系与方法

（1）指标体系构建原则。分布式电源接入配电网的综合评价指标体系的建立必须紧密结合分布式电源接入后对配电网造成的影响，并突出其整体影响效果。从 SMART 准则的基本要求出发，结合分布式电源接入后对配电网产生的影响，可以确定分布式电源接入配电网的综合评价指标体系的基本构建原则如下：

1）保证体系的客观性，力求真实、准确、一致。评估指标应能够真实地反映特定的考察对象，可客观地了解和掌握配电网的实际运行状态，揭示其实际情况；评估指标的内涵与外延界定准确，统计口径无歧义，指标数据具有高度的一致性。

2）保证体系的系统性，力求全面、重点、规范。指标体系的建立应将配电网运行看做一个整体，在突出重点、把握问题主要方面的前提下，其体系结构应覆盖配电网运行的各关键环节；评估指标的分类、计量单位、计算方法、调查表的形式等应有统一的规范性要求，以便在实际工作中推广应用。

3）保证体系的实用性，力求方便、可靠、可比。评价指标应以方便计算为基础，所需数据应能和电网目前的统计指标相衔接；评估指标要有可靠的数据渠道，具有可操作性；评估指标应方便不同地区之间和同一地区不同时间断面下配电网运行情况的对比，突出导向性效果。

4）保证体系的科学性，力求无误差、无交叉。评价指标体系应建立在充分认识、系统研究的科学基础上，具体指标的概念应该明确，各项评估指标之间的关联程度要合理，尽可能避免指标间的相互交叉，以免造成重复计算和综合评估误差。对某些难以完全避免交叉的指标，应遵从避轻就重的原则确定其归属，将其划分到最能反映该指标特性的类别中。

（2）分布式电源接入配电网的综合指标体系。分布式电源接入配电网的综合评价指标体系应包含安全性、可靠性、经济性、适应性和优质性五大性能。

1）安全性指标。安全性反映了在规定运行环境下，电力系统承受突然扰动的响应能力。对分布式电源接入配电网的安全性评估，主要包括供电安全水平和事故应对能力两方面。

供电安全水平是指系统在元件退出、负荷不正常波动情况下维持连续供电的能力，包括主变压器 $N{-}1$ 通过率和主变压器 $N{-}1$ 停运时的负荷损失率、高压线路 $N{-}1$ 通过率和高压线路 $N{-}1$ 停运时的负荷损失率、中压线路 $N{-}1$ 通过率和中压线路 $N{-}1$ 停运时非故障段负荷恢复供电时间等指标。

国务院令（2011）第 599 号《电力安全事故应急处置和调查处理条例》

规定，根据电力安全事故（简称事故）影响电力系统安全稳定运行或者影响电力（热力）正常供应的程度（包括造成电网减供负荷的比例、造成城市供电用户停电的比例），事故分为特别重大事故、重大事故、较大事故和一般事故。从配电网角度出发，配电网的事故应对能力是指系统抵抗电力安全事故发生的能力，包括事故情况下电网减供负荷比例、事故情况下供电用户停电比例。

2）可靠性指标。电力系统的可靠性是指在规定的运行环境下，电力系统按允许质量标准和需求数量向电力用户持续供电的能力。分布式电源接入配电网的可靠性由电网中各运行元件可靠性和运行水平保证，涵盖系统和用户两个层面。

系统供电可靠性指标包括系统平均停电频率（SAIFI）、系统平均停电持续时间（SAIDI）。停电用户可靠性指标包括停电用户平均停电时间（AIHCI）、用户平均停电频率（CAIFI）。

3）经济性指标。分布式电源接入配电网的经济性主要包括规划经济性、运行经济性两方面。

规划的主要目的是确定最优网络接线方式、投资水平以及投资的时间安排，可对单位投资年售电量/年最大供电负荷、单位容量分布式电源接入成本等指标进行评价。运行经济性是在保障电网运行安全可靠的前提下，所产生的直接经济效益或因减少损耗、降低成本等带来的间接效益，主要以峰谷差率、综合电能损耗率、分布式电源发电效率等指标进行表征。

4）适应性指标。为适应未来负荷发展以及分布式电源接入的需要，配电系统须保留一定的资源裕度和供电能力裕度。资源裕度主要包括变电站扩容裕度、出线间隔裕度、电力走廊资源裕度等指标。供电能力裕度主要包括容载比、中压重载线路占比、中压重载配电变压器占比等指标。

5）优质性指标。优质性指标包括对用户的优质供电能力和电网的节能环保性能两方面。优质性指标主要考虑的是为电力用户提供优质的电力供应，如稳定的电压输出，较少的谐波污染等，一般以电压合格率、谐波合格率、三相不平衡度等指标进行描述。优质性还应考虑节能环保方面的指标，如分布式电源接入容量占比、单位 GDP 二氧化碳年排放降低比率。

（3）分布式电源接入配电网评估方法与流程。将层次分析法和德尔菲法应用于分布式电源接入配电网的综合评估中，评估步骤如下：

1）分析分布式电源接入后对配电网造成的影响。

2）建立科学、合理的综合评估指标体系结构。

3）使用层次分析法设置评估指标的权重。

4）设定指标的评分标准。对于定量指标，为表征指标评分随指标值变化的走势，需设定指标评分曲线；对于定性指标，则根据指标的性能级别（优、良、中、较差、差）判断该指标的评分。

5）计算分析评估对象的各项指标，依据步骤4）相关标准对指标评分。对评估对象的电网进行详细的调研和分析，计算定量指标的值 r_i，分析定性指标所处的性能级别，依据步骤4）中的评分标准得到各项指标的评分 r_i^*。

6）综合评分。基于步骤3）得到的权重和步骤5）得到的指标评分值，计算评估对象的综合评价值 S，计算方法如式（2-19）所示，其中 i 为低层指标总个数；α_i 为评价指标所对应的权重系数。

$$S = \sum_{i=1}^{n} r_i^* \alpha_i \qquad (2-19)$$

7）评估结果分析。针对评估结果，分析评估对象存在的薄弱环节，并提出解决措施和方案等建议。根据以上的评估步骤，得到分布式电源接入配电网综合评估流程，如图2-6所示。

（三）考虑大规模充放电设施接入的配电网规划

电动汽车在环保、清洁、节能等方面有明显优势，已成为全球汽车工业未来发展的方向，大规模推广应用电动汽车对于保障国家能源安全、实现经济社会可持续发展具有重要意义。我国政府高度重视以电动汽车为主的新能源汽车产业的发展，开展了"十城千辆"和私人购买新能源汽车补贴试点工作，并将其作为我国的战略性新兴产业和"十二五"期间促进我国经济结构调整的重要战略举措。电动汽车产业是一项系统工程，电动汽车充换电设施是其中的重要环节，必须与电动汽车其他领域实现共同协调发展。

随着电动汽车充换电设施规模的不断扩大，其对配电网将产生两方面的影响。电动汽车作为配电网新增的用电负荷，具有分散性、移动性、非线性等特点，电动汽车的聚集性充电可能会造成局部电网负荷紧张，负荷高峰时段的充电将会加重配电网的负担，造成电网峰谷差增大、电网设备过负荷等问题，从而影响电网安全；电动汽车直流充电机采用电力电子技术、整流装置等非线性设备，在实际使用过程中不可避免地产生谐波和无功电流，从而影响配电网电能质量。电动汽车充换电设施对配电网产生以上影响的同时也对配电网规划技术提出了更高的要求。在进行配电网规划时，应充分考虑充换电设施对配电容量设置、配电线路选型、继电保护设置和滤波装置选用等方面的影响。

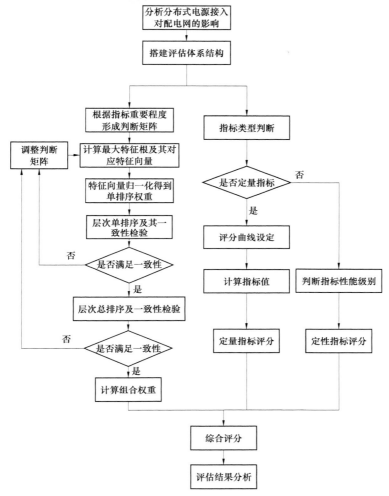

图 2-6　分布式电源接入配电网综合评估流程

电动汽车充换电设施的规划建设主要包括以下内容。

（1）电动汽车规模预测。电动汽车包括公交车辆、公务车辆、出租车辆和私家车辆等种类，不同用途的电动汽车因其运行模式不同，对续航能力和充电时间要求也不同，从而影响能源补充方式及充换电设施的布局。电动汽车的规模预测应基于对相关发展政策、单位部门用车需求的充分调研，私家车辆的规模预测还与人口增长及当地汽车保有量水平密切相关。

（2）充换电站布局设置。充换电站的布局设置应按照以下原则进行：为使车辆行驶到充换电站的距离适当，引入均匀布点的思路，采用区域分块方式进行布点；基于交通道路情况，在车流量大、路网密集的区域多布点，反之则少布点；为方便出租车的充换电，可在出租车集中交班的区域设置充换电站；为补充车辆的续航能力，可在机场、车站、码头等地就近设置充换电站，方便远程行驶的电动车辆充换电。

（3）充电桩规划设置。充电桩的规划设置基于规划区域内的停车场及车位情况，可考虑在大型停车场、住宅小区、商场、医院、换乘站、机场、码头、公园、景区设置充电桩；在政府部门、办公场所停车场设置电动公务车充电桩；市区内先行设置，购车用户小区优先设置，实施条件较好区域的优先设置，并逐步扩大设置范围。

（四）智能配电网专项规划

智能配电网专项规划主要包括配电自动化规划和智能配用电通信规划，前者主要研究配电自动化主站、终端、信息交互等环节的规划以及配电网与自动化系统之间的协调规划，后者主要研究智能配用电通信网规划以及配电网与通信之间的协调规划。

（1）配电自动化规划。配电自动化以一次网架和设备为基础，以配电自动化系统为核心，综合利用多种通信方式，实现对配电系统的监测与控制，并通过与相关应用系统的信息集成，实现配电系统的科学管理。配电自动化是提高运行管理水平和供电可靠性水平的有效手段。

配电自动化规划以提高供电可靠性为主要目标，通过科学合理的规划，分阶段提高配电自动化覆盖率，实现网络状态的全监测和用户信息的全采集，逐步提升电网调控水平，实现配电网快速故障处理、主动控制和优化调节，并充分适应分布式电源及多元化负荷的接入。此外，通过信息交互规划实现与调度、运检、营销等系统的信息共享，为智能配电网运行管理提供强大的技术支撑。

配电自动化规划总体可分为现状分析、设定目标、制定原则、制定方案、评估方案和综合优选六部分内容。配电自动化规划应遵循经济实用、标准设计、差异区分、资源共享、同步建设的原则，并满足安全防护要求。

（2）智能配用电通信规划。电力通信网同电力系统安全稳定控制系统、调度自动化系统合称为电力系统安全稳定运行的三大支柱。目前，电力通信网更是电网调度自动化、网络运营市场化和管理现代化的基础，是确保电网安全、稳定、经济运行的重要基础设施，是实现智能电网的关键平台和重要支撑。

智能配用电通信规划应充分考虑地区发展方向，结合电网规划，建立结构合理、安全可靠、绿色环保、经济高效、覆盖全面的高速通信信息网络，实现配用电关键环节运行状况的无盲点监测和控制，满足实时和非实时信息的高度集成与共享，进而实现对配电自动化、用电信息采集、智能设备及电力光纤到户的全面支撑。

　　智能配用电通信规划主要包括主干通信网规划和接入网规划。通信网规划应结合智能电网整体规划及通信相关业务需求，遵循统一规划、分步实施、适度超前的总体思路，按照"实用性、可靠性、可扩展性、可管理性"的原则，合理选择成熟、经济、安全、实用的通信方式，并保持各级通信网规划思路和技术政策的一致性。

第三章

智能配电模式与自愈控制

　　智能配电是从提升配电网整体性能、节约电网成本出发，将各种新技术与传统的配电技术进行有机融合，使电网的结构以及保护与运行控制方式发生革命性的变化。本章主要介绍了由供电单元层、网络层、通信层、信息平台层及高级分析与控制层构成的智能配电模式，以及其中的智能变电站、配电自动化、智能配电台区及智能配电网自愈控制等内容。

第一节　智能配电概述

一、智能配电的定义及功能

　　配电网位于电力系统末端，与用户相连，直接影响电网对电力用户的供电可靠性和供电质量。

　　智能配电网是指以实体网架为基础，利用智能化的开关设备和各种智能配电终端设备，综合应用配电自动化技术、先进传感量测技术、智能控制技术、计算机和网络技术、信息和通信技术等，在集成各种高级应用功能的可视化软件的支持下，支持分布式电源、储能装置、电动汽车等的大量接入和微电网运行，鼓励用户积极参与电网互动，实现对配电网持续的状态监测、保护与控制，为电力用户提供安全可靠、优质高效的电力供应。

　　智能配电网的功能要求：

　　（1）从网络结构上，智能配电网应该具有可靠而灵活的分层、分布的拓扑结构，满足配电系统运行控制、故障处理、系统通信的要求。

　　（2）从通信上，智能配电网应该具有建立在开放的通信架构和统一的技术标准基础上的高速、双向、集成的通信网络设施，以实现电力流、信息流、业务流的一体化。

　　（3）从运行控制上，智能配电网应该既具有正常运行时实时可靠的状态监测、运行优化的能力，又具有系统非正常运行时的风险评估与预警、故障诊断与紧急控制以及供电恢复能力。

（4）从软件组成上，智能配电网高度集成数据采集与监控系统、配电自动化系统、自愈控制系统、地理信息系统、配电管理系统等，既满足配电网安全运行的要求，又满足各类用户方便使用的要求。

二、智能配电构成

智能配电是集传感测量、计算机、通信、信息、自动控制以及智能配电设备等领域新技术在配电系统中应用的总和。这些新技术的应用不是孤立的、单方面的，不是对传统配电系统进行简单地改进、提高，而是从提升电网整体性能、节约电网成本出发，将各种新技术与传统的配电技术进行有机地融合，使电网的结构以及保护与运行控制方式发生革命性的变化。

智能配电按逻辑层次可以分为供电单元层、网络层、通信层、信息平台层和高级分析与控制层，如图 3-1 所示。

（一）供电单元层

智能配电主要包括以下供电单元：

1. 智能变电站

智能变电站是采用先进、可靠、集成、低碳、环保的智能设备，以全站信息数字化、通信平台网络化、信息共享标准化为基本要求，自动完成信息采集、测量、控制、保护、计量和监测等基本功能，并可根据需要支持电网实时自动控制、智能调节、在线分析与决策、协同互动等高级功能的变电站。

智能变电站作为电力网络的节点，同常规变电站一样担负着变换电压等级、汇集电流、分配电能、控制电能流向、调整电压等功能。此外，智能变电站能够完成比常规变电站范围更广、层次更深、结构更复杂的信息采集和信息处理，变电站内、站与调度、站与站之间、站与大用户和分布式能源的互动能力更强，信息的交换和融合更方便、快捷，控制手段更加灵活、可靠。

2. 智能配电开关

智能配电开关与传统开关的区别主要体现在控制回路上，传统的开关设备往往不能满足自动控制的需要。智能开关设备除具备故障识别和隔离功能外，还具有高性能、高可靠、免维护、硬件软件化等特点，具备在线监测和自诊断功能，提供网络化远动接口，功能自适应。

3. 智能配电终端

智能配电终端的基本功能是实现各类电气量采集、数据存储、终端自诊断/自恢复、当地及远方操作维护、支持热插拔、通信交互、后备电源或接口、软/

硬件防误动、对时等功能。

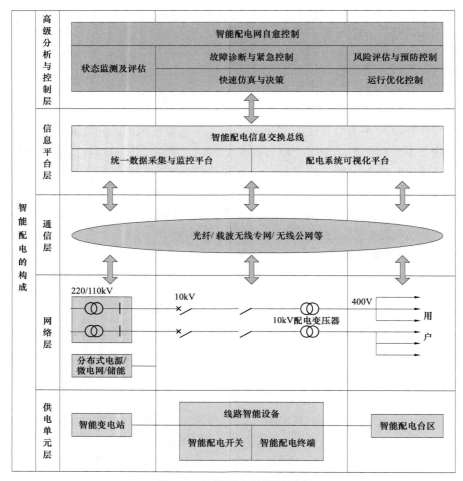

图 3-1　智能配电的逻辑层次

　　智能配电终端包括智能配电站/所终端、智能配电馈线终端、智能配电变压器终端等。其中，智能配电站/所终端和智能配电馈线终端除具备上述基本功能外，还可具备故障诊断分析、保护控制、设备状态监测、风险分析、分布智能控制等高级功能；智能配电变压器终端还可具备动态无功补偿、三相不平衡治理、谐波治理、环境监测、分布式电源接入管理、互动化管理等高级功能。

　　4. 智能配电台区

　　智能配电台区是从配电变压器台到用户的供电区域，应用智能配电变压器终端、智能电能表等设备，以及通信、信息等技术手段，实现供用电的综合监控、管理与双向互动功能。其中，智能配电变压器终端是智能配电台区的关键设备。

智能配电变压器终端集配电变压器监测仪、集中器、无功补偿控制器、电压监测仪等设备功能于一体，综合采用模块化设计、总线接口、集成通信、人机交互、数据加密算法等技术，将配电变压器计量总表监测、剩余电流动作保护器监测、状态监测、负荷管理、动态无功补偿、三相不平衡治理、安全防护、互动化管理、资产管理、视频监视、环境监测和分布式电源接入管理等功能高效集成，可有效解决配电台区二次设备分散、功能单一、重复装设等问题，支撑配电台区的综合智能化管理。

（二）网络层

坚强灵活的网络结构是实现智能配电的物理基础。与传统配电网相比，智能配电网支持分布式电源、微电网、储能装置、电动汽车的大量接入，成为双向潮流的有源网络，规模更加庞大，结构日趋复杂，运行更为灵活。

配电网络结构是指配电系统内电压等级序列配置、变电站/开关站的布局、配电变压器的布置方式，以及连接它们的各级电力线路的接线方式。网络结构的选取应以满足供电区域用电需求为根本立足点，以电网建设现状为基础，兼顾未来发展趋势，根据供电区域功能定位、负荷构成、负荷水平等实际情况，综合经济、资源、环境、技术等多方面因素，分情况采用适宜的电压等级序列、合理的变电站/开关站布局、配电变压器布置方式以及电力线路接线方式。

电压等级序列是一个关系到全局的问题，需要结合当地电压等级序列、远期规划综合考虑。目前，配电网采取的电压等级序列主要有：① 220、110、10、0.4kV；② 220、35、10、0.4kV；③ 110、35、10、0.4kV；④ 110、10、0.4kV。近年来，20kV 作为中压配电电压等级得到了一定程度的应用。

变电站/开关站布局应满足分层分区的原则，35kV 及以上变电站具备两个或两个以上电源，按可靠性水平的不同，可分为三级：第一级，电源来自两个发电厂或两个变电站，或一个发电厂和一个变电站；第二级，电源来自同一变电站一台半断路器接线不同串的两条母线；第三级，电源来自同一变电站双母线的正、副母线。

配电变压器的位置应靠近负荷中心，按近期负荷选择容量并适当考虑负荷发展，根据负荷的分布情况，配电变压器布置方式可分为集中布置和分散布置两种。

高压配电线路接线方式分为辐射接线和环式接线两类，辐射接线包括单辐射接线和链状接线，环式接线包括单电源环网接线和双电源环网接线。

中压配电线路接线方式包括单电源辐射、多回路平行辐射、单环网、双环网、多电源环网以及 N 供一备等。

低压配电网接线方式包括放射式、树干式、链式、环式等。

（三）通信层

智能配电通信网以地市公司骨干通信网的相关变电站（220、110、35kV）为通信接入点，向下覆盖到配电线路、开关站、环网柜、开关设备、配电站/配电室、公用配电变压器，以及专用配电变压器、工商业及居民用户表计、智能交互终端、电动汽车充电站和分布式电源等。

智能配电网通信层的建设目标：利用经济合理、先进成熟的通信技术，满足智能配电网发展各阶段对电力通信网络的需求，支持各类业务的灵活接入，为电力智能化系统或设备提供即插即用的电力通信保障，为电力用户与分布式能源提供信息交互通信渠道。

根据智能配电网通信业务需求，智能配电网通信可采用以光纤通信对重要节点实现保障，以无线通信实现广泛覆盖、载波通信作为接入补充的通信方案。

智能配电通信网应该按照工业控制网带宽、实时性、安全性、可靠性等方面的要求，在通道配置、安全策略等方面开展研发，同时内部与信息网络充分融合，向信息通信深度一体化发展。

（四）信息平台层

智能配电系统要在现有电网基础设施之上，改善信息的交互方式，提升电网信息处理和应用效率，从而提升电网的智能化、自动化程度。信息平台层的核心任务就是要增加对信息协同获取和处理的能力。智能配电系统还要求信息支撑平台能够支持多任务协同合作，具有信息资源实时在线互操作能力、动态处理能力和协调能力。

智能配电信息交互总线是遵循 IEC 61968 标准和 IEC CIM 标准、基于消息机制的中间件平台，由信息交换总线、标准接口服务器两部分组成，并支持跨电力安全分区的信息传输服务。

统一数据采集与监控平台通过远程监测和控制中低压配电网设备，实现实时和准实时量测数据采集、参数调节、智能告警、设备控制等功能。

配电系统可视化平台通过将地理空间信息系统（GIS）的文字、图形、表格等信息一体化，把设备属性、配电网馈线信息、工程信息、实时数据采集与监控信息紧密联系在一起，提供一个兼容的信息拓展平台，并将用户信息、设备信息、线路信息等在平台上集中展现，为运行人员提供更为直观的电网监控界面，提高智能配电网的可视化程度，促进配电网安全可靠运行。

（五）高级分析与控制层

自愈是智能配电网的主要特征。智能配电网自愈控制依托自动化、信息化及系统决策仿真、智能控制等技术，实现智能配电网状态监测与评估、风险评估与预防控制、动态故障诊断与紧急控制、运行优化控制、事故及自然灾害应对以及系统仿真与决策等高级应用，动态协调电网安全可靠与经济运行、分布式电源与新能源利用、配网与上级电网、配网局部特征与全局状态以及事故应对响应。

智能配电网自愈控制可实现对配电网全时域、全过程的诊断分析与高性能控制，通过事前预防、事中动态诊断及事后快速隔离与恢复，有效降低电网及设备事故率、改善电能质量、提高用户用电设备运行效率及健康水平。

第二节　智　能　变　电　站

一、概述

智能变电站是坚强智能电网建设中实现能源转换和控制的核心平台之一，是智能电网的重要组成部分，是衔接智能电网发电、输电、变电、配电和调度五大环节的关键，同时也是实现风能、太阳能等新能源接入电网的重要支撑。

自 20 世纪 80 年代以来，我国变电站自动化技术已具有较高水平，实现了间隔层和站控层数字化，并得到广泛应用。但变电站自动化多套系统共存、信息共享困难、设备之间互操作性差、系统可扩展性差、系统可靠性受二次电缆的影响、场站设计复杂等诸多问题仍然存在，严重制约了变电站运行的可靠性和经济性的进一步提升。

随着变电站技术的发展，逐渐提出了数字化变电站和智能变电站概念，这两种变电站均基于 IEC 61850 标准进行系统架构设计。IEC 61850 标准为电力系统自动化产品的"统一标准、统一模型、互联开放"的格局奠定了基础，使变电站信息建模标准化成为可能，信息共享具备了可实施的基础条件。按照 IEC 61850 的标准，智能变电站系统采用三层设备两层网络进行设计，三层设备是指变电站层设备、间隔层设备和过程层设备；两层网络是指过程层与间隔层之间进行信息交换的过程层网络及间隔层与变电站层之间进行信息交换的变电站层网络。

国家电网公司组织开展了系列智能变电站相关技术研究工作，主要包括智能变电站技术体系、智能一次设备结构体系等总体技术研究，IEC 61850 工程深化应用、数字化变电站和主站共享建模技术、智能变电站信息模型与交换模型等信息化标准化技术研究，变压器综合智能组件、智能断路器、变压器电抗器智能化等设备智能化技术研究，使得智能变电站在核心技术、关键设备、标准制定等方面取得了较大的进步。智能变电站关键设备电子式互感器的设计和制造技术不断成熟，并在一定范围内得到了应用。

面向 110kV 及以上电压等级，我国陆续发布包括 GB/T 30155—2013《智能变电站技术导则》、Q/GDW 393—2009《110（66）kV～220kV 智能变电站设计规范》、Q/GDW 394—2009《330kV～750kV 智能变电站设计规范》等 17 项智能变电站相关标准，这些标准统一和规范了各类智能变电站的设计、工程技术要求和配置原则，推动了智能变电站的建设工作。截止到 2011 年底，国家电网公司建成 110kV～750kV 智能变电站 65 座，到 2015 年底，将建成智能变电站约 5000 座。

国内关于 35（66）kV 智能变电站的研究和应用较少，35（66）kV 变电站作为配电终端变电站，数量众多，分布广泛，与高电压等级的变电站相比，具有单体建设规模小、自动化系统投资敏感、运维工作量大的特点，更加强调"结构简化、设备整合、功能集成、先进可靠、经济高效、运维便捷"等实用化原则。该电压等级的智能变电站建设缺乏可依照的标准、设计规范和建设模式，如果直接套用 110kV 及以上电压等级智能变电站采用的分散型建设模式会造成成本大幅度增加、设备种类和数量增加、维护困难等难题，且不具有实用价值。

二、智能变电站的技术特征与技术优势

1. 技术特征

智能变电站是采用先进、可靠、集成、低碳、环保设备，以全站信息数字化、通信平台网络化、信息共享标准化为基本要求，自动完成信息采集、测量、控制、保护、计量和监测等基本功能，并可根据需要支持电网实时自动控制、智能调节、在线分析决策、协同互动等高级功能的变电站，主要技术特征如下：

（1）全站信息数字化。全站信息数字化是指实现一次、二次设备的灵活控制，且具备双向通信功能，能够通过信息网进行管理，满足全站信息采集、传输、处理、输出过程完全数字化。主要体现在信息的就地数字化，通过采用电子式互感器，或采用常规互感器就地配置合并单元，实现了采样值信息的就地数字化；通过一次设备配置智能终端，实现设备本体信息就地采集与控制命令就地执行。其直接效果体现为缩短电缆，延长光缆。

（2）通信平台网络化。通信平台网络化是指采用基于 IEC 61850 的标准化网络通信体系，具体体现为全站信息的网络化传输。变电站可根据实际需要灵活选择网络拓扑结构，利用冗余技术提高系统的可靠性；互感器的采样数据可通过过程层网络同时发生至测控、保护、故障录波及相角测量等装置，进而实现数据共享；利用光纤代替电缆可大大减少变电站内二次回路的连接线数量，也提高了系统的可靠性。

（3）信息共享标准化。信息共享标准化是指形成基于同一断面的唯一性、一致性基础信息，统一标准化信息模型，通过统一标准、统一建模来实现变电站内外信息交互和信息共享。具体体现在信息一体化系统下，将全站的数据按照统一格式、统一编号存放在一起，应用时按照统一检索方式、统一存取机制进行，避免了不同功能应用时对相同信息的重复建设。

（4）高级应用互动化。高级应用互动化是指实现各种变电站内、外高级应用系统相关对象间的互动，全面满足智能电网运行、控制要求。具体来说，是指建立变电站内全景数据的信息一体化系统，供各子系统统一数据标准化规范化存取访问以及与调度等其他系统进行标准化交互；满足变电站集约化管理、顺序控制等要求，并可与相邻变电站、电源（包括可再生能源）、用户之间的协同互动，支撑各级电网的安全、稳定、经济运行。

2. 技术优势

智能变电站从业务需求出发，把技术问题、经济问题、管理问题统筹考虑，实现对三态数据（稳态数据、暂态数据、动态数据）的统一采集和处理，从而提高智能电网对全景信息的感知能力，提高高级应用的深度和广度，实现自动化、互动化目标。与常规综合自动化变电站相比，智能变电站在结构上更加侧重于物理集成与逻辑集成，具体如图 3-2 所示。

从图 3-2 的结构对比可以看出，智能变电站增加了过程层设备和网络，并对站控层设备进行了整合升级，将一次系统的模拟量和开关量就地数字化，用光纤代替电缆连接，实现过程层设备与间隔层设备之间的通信，具有较强的技术优势，具体如下：

（1）一次设备智能化。智能变电站通过配置合并单元和智能终端进行就地采用控制，实现一次设备的测量数字化、控制网络化；通过传感器与设备的一体化安装实现设备状态可视化。同时，进一步通过对各类状态监测后台的集成，建立设备状态监测系统，为状态检修、校验自动化和远程化提供条件，进而提高一次设备的管理水平，延长设备寿命，降低设备全寿命周期成本。

（2）采样就地数字化。电子式互感器与常规互感器相比，具有体积小、抗饱和能力强、线性度好等优势；可避免传统互感器的铁磁谐振、绝缘油爆炸、六氟化硫气体泄漏、电流互感器断线导致高压危险等固有问题。同时能够节约大量铁芯、铜线等金属材料，更符合低碳环保的设计理念。

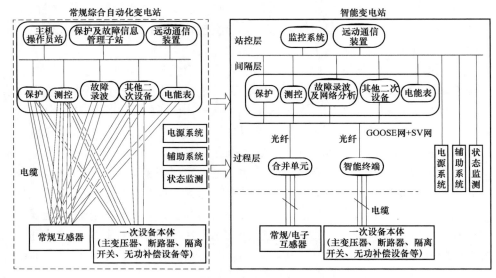

图 3-2 智能变电站与常规变电站的结构差异

（3）数字信号取代模拟信号。常规变电站的二次设备与一次设备之间、二次设备间采用电缆进行连接，电缆感应电磁干扰和一次设备过电压可能引起二次设备运行异常，长电缆的电容耦合干扰以及二次回路两点接地都可能造成继电保护误动作。智能变电站增加了过程层网络，实现就地采集与控制，采用数字信号传输。

（4）功能集成，设备简化。智能变电站采样控制就地化及信息的网络化传输，使二次设备采样、执行机构简化，促进了装置集成。例如：通过 GOOSE 方式实现各保护之间的信息交互，跳合闸出口等，虚拟 GOOSE 端子代替传统的端子，端子排及电缆连接简化为光纤接口及光纤连接，硬压板也可由软压板替代。此外，一体化电源系统也减少了蓄电池的数量，简化跨屏接线，实现统一管理。

（5）实现调试手段的变革。随着全站信息数字化的推进，规约、模型的统一，接口的标准化，硬件回路将逐渐减少。相对于常规变电站围绕纸质图纸，智能变电站围绕 SCD 文件，提供给不同的设备厂商，供其直接导入，完全避免了原有对照图纸、依靠人力进行信息输入和现场接线的弊端。

（6）提高运行自动化水平，降低全寿命周期成本。智能变电站采用智能一次设备，所有功能均可遥控实现，提高了自动化水平。智能变电站设备间信息交换均按照统一的 IEC 61850 通过通信网络完成，变电站在扩充功能和扩展规模时，只需在通信网络上接入新增国际标准的设备，无需改造或更换原有设备，减少变电站全生命周期成本。

（7）精简设备配置、优化场地布置。在安全可靠、技术先进、经济合理的前提下，智能变电站的布置遵循资源节约、环境友好的技术原则，结合新设备、新技术的使用条件，实现配电装置场地和建筑物布置优化。

三、智能变电站的建设模式

（一）110kV 及以上智能变电站建设模式

我国智能变电站的建设思路和理念在世界范围内来说都是崭新的，且国内外都没有现成的经验可借鉴，智能变电站的整体建设实施工作在国家电网公司"统一规划、统一标准、统一建设"的工作原则下，制定出了试点工程的进度安排。考虑到我国智能电网的发展和国外有所不同，我国智能电网建设具有更多的新技术、新设备和新功能。国家电网公司在综合研究分析我国电网智能化水平的基础上，在 110～750kV 不同电压等级、不同地域选取新建变电站作为试点工程，以期具有广泛性和典型性。目前，110kV 及以上电压等级的智能变电站采用的是 GB/T 30155—2013 推荐的分布式分散建设模式，其架构如图 3-3 所示。

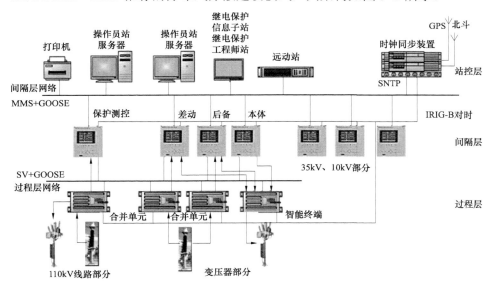

图 3-3　110kV 及以上电压等级智能变电站分布式分散建设模式架构

该建设模式是当前国家电网公司针对 110kV 变电站实现智能化的典型建设模式，其基本特征在于引入了过程层设备（合并单元、智能终端等）和网络，实现了一次设备就地采集和数据共享，该模式通过站内自动化系统、辅助系统等系统的信息交互进而实现变电站智能告警、智能控制、跨系统互动等高级功能。

该建设模式智能变电站的保护基于间隔，采用直采直跳方式，采样数据传送采用 IEC 61850-9-2 标准，状态量以 GOOSE 方式传输；站级保护控制采用网络化数据，设备在线监测位于间隔层。该模式侧重于突出保护的重要性，使保护的可靠性不依赖于网络，使整个自动化系统在间隔层形成保护测控、自动化两套系统，该建设模式在国内智能变电站建设中得到了一定程度的应用和推广。

（二）35（66）kV 智能变电站建设模式

1. 35（66）kV 智能变电站的集成化思路

35（66）kV 智能变电站建设遇到的问题主要体现在以下几点：

（1）35（66）kV 变电站数量众多，如何在保证可靠性的前提下最大程度地提高其经济性，是推广智能变电站要解决的主要矛盾之一。

（2）35（66）kV 变电站一次系统相对简单，如何利用其系统规模小、结构简单的特点结合当前在高压智能变电站建设中总结出的经验和技术简化优化设计是实现经济性、可靠性的主要手段。

（3）从施工角度看，原有设备或典型设计应用于户外时采用分立电器组成，一次设备施工量大，而且大量隔离开关等一次设备不支持电动操作，不利于智能化改造；二次系统大量使用电缆，接线复杂，施工难度大、事故隐患多，室内集中控制屏数量多，占地面积大，不符合当前低碳、环保的建设要求。

（4）从日常运行维护到变电站的扩容、升级的角度看，低压变电站运行人员的水平参差不齐，需要维护的设备数量和种类繁多，经常横跨多个领域，所以优化二次系统、简化网络结构、简化操作、加强维护手段也是一个重要的课题。

为解决上述问题要创新 35（66）kV 变电站建设模式，提高站内软/硬件设备的集成化程度，降低 35（66）kV 智能变电站二次建设成本，减少二次智能设备的种类和数量，降低运行维护难度，以便在配电网建设与改造中推广应用。

35（66）kV 智能变电站的集成体现在变电站内不同系统及同一系统不同功能原始信息采集的集成化、间隔层设备功能的集成化以及站内系统间信息交互的集成化。图 3-4 为 35（66）kV 智能变电站系统结构的优化集成方案，35（66）kV 智能变电站优化集成方案仍遵循 IEC 61850 标准对智能变电站"三层两网"（过程层、间隔层、站控层；GOOSE 网、SV 网）的设计要求，其集成方法如下。

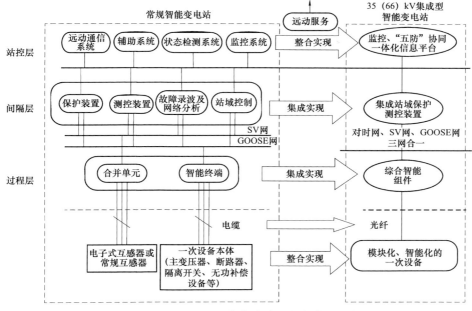

图 3-4　35（66）kV 智能变电站优化集成方案

1）在过程层，采用综合智能组件，将常规智能变电站中的合并单元、智能终端功能和测控、保护等功能集成在一台物理设备中实现；综合智能组件就地安装在设备附近，实现一次设备的就地智能化；采样 SV 网、GOOSE 网、对时网在过程层合并组网，并通过光纤进行信息采集和控制操作传输。

2）在间隔层，采用集成站域保护测控装置；该装置是变电站智能化的核心装置，由该装置替代常规智能变电站中全站各间隔的保护、测控、故障录波等分立设备；通过其上的多块保护主板及通信板可以集成实现全站的保护、测控、站域控制、故障录波、电能质量在线监测等功能；为提高系统的可靠性，该装置采用双机配置。

3）在站控层，通过建立一体化信息平台，整合全站监控、联闭锁及操作票系统、状态检测系统、视频安防系统等，实现操作员站及服务器功能集成和设备运行、管理、维护功能的融合。

2. 35（66）kV 集成式智能变电站系统特点

35（66）kV 智能变电站的集成化解决方案仍按照标准的三层设备两层网络设计，其自动化系统涵盖了常规变电站二次系统的多个领域，实现了调度运行自动化和设备管理智能化，与高电压等级的智能变电站相比，35（66）kV 集成式智能变电站系统具有如下特点：

（1）利用全站各层信息网络化的特点，使保护、测控、录波、低周低压减载、接地选线等传统硬件设备变成软件包，灵活安装在智能组件、站域主机等集成化设备上。

（2）利用机械联锁、智能组件联锁技术使全站无需配置"五防"锁具、"五防"钥匙等，使"五防"的硬件功能利用联闭锁软件实现，进而取消了常规意义上的五防。

（3）利用全站信息共享特征使传统意义上的硬件冗余变成软件冗余以简化设备配置，如电流互感器取消了传统的保护、测量、计量及差动等多重绕组配置。

（4）把不同的软件功能安装在最少的硬件设备上，以减少硬件数量降低网络复杂度，如在站域主机中完成全站保护、测控、自动化、故障录波及电能质量分析等，并能根据需要实现新增功能模块的即插即用。

（5）提高软件功能的智能化水平，如配置在站域主机中的间隔保护可以使保护动作结合其他间隔信息，使保护实现从简单面向间隔到面向站域系统的转变，从而简化了保护配置及定值整定。

35（66）kV 智能变电站的集成化技术解决方案符合智能变电站的一般原则，结构清晰简单，设备高度集成，功能深入整合，信息标准统一，运行经济可靠，运维高效便捷，符合新一代智能变电站的设计理念，填补了 35kV 电压等级智能变电站技术研究应用的空白，推动了智能变电站技术的普及应用和创新发展。

3. 35（66）kV 智能变电站的集成化典型建设模式

（1）全集成的建设模式（见图 3-5）。该建设模式是基于低压配电网的特征和建设经验而形成 35kV 智能变电站集成化建设方案。

该建设模式采用标准的三层两网结构。过程层的智能组件设备包含智能终端和合并单元的功能，既可接电子式互感器，也可接常规互感器。智能组件具有 RS-485 接口，能够接入无线测温装置和容性监测设备。这些智能组件可以根据工程情况安装在开关柜和智能汇控柜上。过程层 SV 与 GOOSE 合并组网，双网冗余，整个过程层不需要交换机，真正意义上实现"直采直跳"。此方案既满足国际主流的建设模式，也符合直采直跳原则。

该模式配备两台集成站域保护控制主机，其中每台主机都能完成全站所有间隔保护功能，两台主机互为冗余提高可靠性。每台主机都与过程层的智能组件点对点连接，因此每台站域保护主机都收集了全站所有的信息量。基于完备

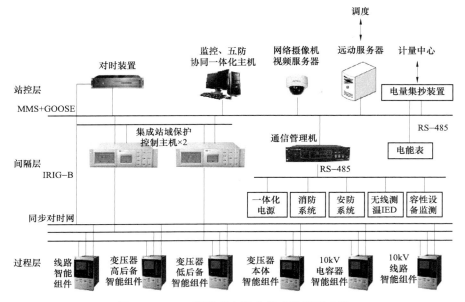

图 3-5　35kV 智能变电站全集成建设模式图

的全站信息，站域主机只需集成相应的保护插件，如小电流接地选线、低周低压减载、VQC 等就可完成相应的功能。全站对时既可采用 GPS，也可用北斗作为时钟源，采用 IRIG-B 信号实现站内设备的全站对时与同步控制。该方案的一体化信息平台融入了五防系统，监控和五防共用一台主机，系统能和一体化电源、消防系统、安防系统、视频设备等辅助系统实现协同互动。

该建设模式的典型特征就是集成化，减少设备数量，集成设备功能，实现全站过程层、间隔层信息共享，同时强调一、二次设备融合、一键式自动化测试等，是未来建设智能变电站的理想模式，尤其适用于新建变电站。

（2）集成分散相结合的建设模式（见图 3-6）。该模式是在全集成建设模式的基础上和当前运行、维护习惯相结合的产物。其主要变化在于：过程层的智能组件带有保护功能，过程层设备完成保护、测控功能，实现分散分布式的保护功能系统结构，使保护功能不依赖于网络。间隔层站域主机仅需实现站域保护、站域控制及自动化功能，且无需双机配置。过程层的 SV 和 GOOSE 网使站域保护控制主机实现全站站域保护控制功能、故障录波、电能质量分析以及其他高级应用功能。该模式是一种过渡型的建设模式，尤其适用于变电站的改造。

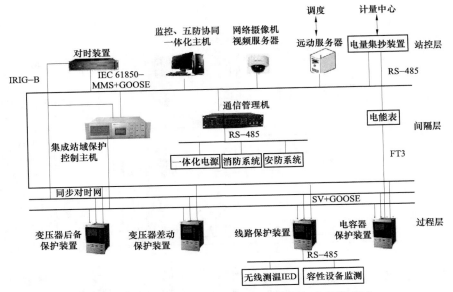

图 3-6 　35kV 智能变电站集成分散相结合建设模式图

第三节　配　电　自　动　化

一、概述
（一）配电自动化简介

配电自动化以一次网架和设备为基础，以配电自动化系统为核心，综合利用多种通信方式，实现对配电系统的监测与控制，并通过与相关应用系统的信息集成，实现配电系统的科学管理。其中，配电自动化系统（distribution automation system）是实现配电网的运行监视和控制的自动化系统，具备配电SCADA（supervisory control and data acquisition）、馈线自动化、电网分析应用及与相关应用系统互连等功能，主要由配电主站、配电终端、配电子站（可选）和通信通道等部分组成。配电自动化系统构成如图 3-7 所示。

根据欧美、日韩等先进国家的成功经验，配电自动化是提高供电可靠性和供电质量、扩大供电能力、实现配电网高效、经济运行的重要手段，也是实现智能配电网的重要基础之一。

（二）技术发展过程

配电自动化的发展大致分为以下三个阶段。

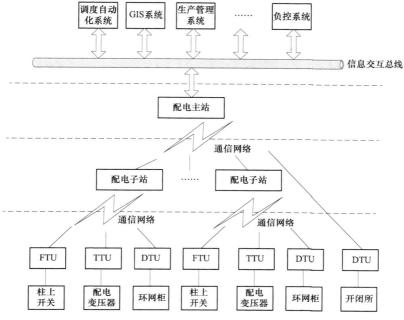

图 3-7　配电自动化系统构成

（1）基于自动化开关设备相互配合的配电自动化阶段，主要设备为重合器和分段器等，不需要建设通信网络和计算机系统。其主要功能是在故障时通过自动化开关设备相互配合实现故障隔离和健全区域恢复供电。这一阶段的配电自动化系统局限在自动重合器和备用电源自动投入装置，自动化程度较低，具体表现在：① 仅在故障时起作用，正常运行时不能起监控作用，不能优化运行方式；② 调整运行方式后，需要到现场修改定值；③ 恢复健全区域供电时，无法采取安全和最佳措施；④ 隔离故障时需要经过多次重合，对设备冲击很大。这些系统目前仍大量应用。

（2）基于通信网络、馈线终端单元和后台计算机网络的配电自动化系统阶段，在配电网正常运行时也能起到监视配电网运行状况和遥控改变运行方式的作用，故障时能及时察觉，并由调度员通过遥控隔离故障区域和恢复健全区域供电。

（3）随着计算机技术的发展，产生了第三阶段的配电自动化系统。它在第二阶段的配电自动化系统的基础上增加了自动控制功能。形成了集配电网SCADA 系统、配电地理信息系统、需方管理、调度员仿真调度、故障呼叫服务系统和工作票管理等于一体的综合自动化系统，形成了集变电站自动化、馈线分段开关测控、电容器组调节控制、用户负荷控制和远方抄表等系统于一体的配电网管理系统（DMS），功能多达 140 种。

（三）技术研究现状

1. 国外研究现状

国外早在 20 世纪 70 年代就开展了配电网自动化技术的研究与应用。目前，日本、韩国、美国、新加坡、法国等工业发达国家，配电网自动化技术的应用已经比较普遍。欧美的配电网自动化系统十分重视应用人工智能进行网络重构实现优化运行。近年来，各国相继提出了智能电网的发展蓝图，目标是通过先进的测量技术、先进的设备、先进的控制方法和先进的决策支持系统实现配电网的可靠、安全、经济和高效的目标。

国外在配电网优化运行与灾害应对技术理论研究方面十分活跃，在 IEEE 等行业内著名期刊，每年都有大量有关人工智能在配电网故障诊断、优化运行、资源优化分配和紧急控制等领域的学术论文发表。特别是近年来，在避免灾害性事故引起的配电网大面积断电以及新能源科学应用和调度方面的研究更加活跃。

2. 国内研究现状

近年来，国内的配电自动化主站和配电终端单元已经取得了长足的进展，能够满足配电网安全监控的基本需要。目前，国内配电自动化系统很大程度上仍停留在配电网数据采集与监控的层次，并且因存在测量点少，造成信息缺失、数据不够准确和受干扰影响大等不足。在配电网海量监测数据整合、各种采集渠道的信息资源融合、对缺失信息的数据挖掘和推断等方面的研究较少，配电网的分析计算量仍较大，配电网概率风险评估与预警技术的研究尚未开展。

配电网故障隔离和恢复供电技术在国内已经得到应用，但是仍需要人机交互而不满足自愈要求，故障处理的容错性和自动化程度不够高，国内对于故障预警和采取避险措施避免故障发生的研究尚未开展。

通过配电网优化控制改善配电网性能的研究在国内取得许多理论成果的同时，仍不能满足智能调度及高效优化运行的需要，还需要凭人的经验调度。因没有考虑实际中负荷的发展趋势和不确定性，国内采取优化控制实现配电网高效优质运行的方法尚不能实际应用。

（四）配电自动化主要构成及功能

1. 配电自动化的主要构成

（1）配电 SCADA。配电 SCADA（distribution SCADA）也称 DSCADA，是指通过人机交互，实现配电网的运行监视和远方控制，为配电网的生产指挥和调度提供服务。

（2）馈线自动化。馈线自动化（feeder automation）利用自动化装置或系统，监视配电线路的运行状况，及时发现线路故障，迅速诊断出故障区间并将故障区间隔离，快速恢复对非故障区间的供电。

馈线自动化功能应在对供电可靠性有进一步要求的区域实施，应具备必要的配电一次网架、设备和通信等基础条件，并与变电站/开闭所出线等保护相配合。可采取以下实现模式。

1）集中型。借助通信手段，通过配电终端和配电主站/子站的配合，在发生故障时，判断故障区域，并通过遥控或人工隔离故障区域，恢复非故障区域供电。集中型馈线自动化包括全自动、半自动方式等。

全自动式：主站通过收集区域内配电终端的信息，判断配电网运行状态，集中进行故障定位，自动完成故障隔离和非故障区域恢复供电。

半自动式：主站通过收集区域内配电终端的信息，判断配电网运行状态，集中进行故障识别，通过遥控完成故障隔离和非故障区域恢复供电。

2）就地型。不需要配电主站或配电子站控制，通过终端相互通信、保护配合或时序配合，在配电网发生故障时，隔离故障区域，恢复非故障区域供电，并上报处理过程及结果。就地型馈线自动化包括重合器方式、智能分布式等。

智能分布式：通过配电终端之间的故障处理逻辑，实现故障隔离和非故障区域恢复供电，并将故障处理结果上报给配电主站。

重合器式：在故障发生时，通过线路开关间的逻辑配合，利用重合器实现线路故障的定位、隔离和非故障区域恢复供电。

（3）电网分析应用。电网分析应用是配电自动化的扩展功能，包括模型导入/拼接、拓扑分析、解合环潮流、负荷转供、状态估计、网络重构、短路电流计算、电压/无功功率控制、负荷预测和网络优化等。

2. 配电自动化系统主要功能

（1）配电主站。配电主站（master station of distribution automation system）是配电自动化系统的核心部分，主要实现配电网数据采集与监控等基本功能和电网分析应用等扩展功能。

基本功能包括：

1）配电 SCADA。数据采集（支持分层分类召测）、状态监视、远方控制、人机交互、防误闭锁、图形显示、事件告警、事件顺序记录、事故追忆、数据统计、报表打印、配电终端在线管理和配电通信网络工况监视等。

2）与上一级电网调度（一般指地区电网调度）自动化系统和生产管理系统

（或电网 GIS 平台）互连，建立完整的配电网拓扑模型。

扩展功能包括：

馈线故障处理。与配电终端配合，实现故障的识别、定位、隔离和非故障区域自动恢复供电。

电网分析应用。配电自动化主站实时功能见表 3-1。

表 3-1　　　　　　　　　　配电自动化主站实时功能

		功　　能	功能类别
数据采集	模拟量	线路电流	√
		线路电压	#
		线路有功功率	#
		线路无功功率	#
		线路功率因数	#
		配电变压器电流、有功功率、无功功率	√
		配电变压器温度	#
		频率	#
	数字量和脉冲量	标准时钟	√
		电能量	#
	状态量	开关位置	√
		事故跳闸信号	√
		保护动作信号	√
		运行状态信号	√
		电池电压	√
		断路器储能信号	#
		通道状态信号	√
		SF_6 断路器压力异常信号	#
数据传输		与调度自动化系统通信（非一体化系统）	√
		与管理信息系统通信	√
数据处理		有功功率总和	√
		无功功率总和	√
		电能量总和	#
		越限告警	√

功　能			功能类别
数据处理		计算功能	√
		数据合理性检查和处理	√
控制及远方设置		断路器远方分、合闸	√
		断路器闭锁控制	√
		继电保护及重合闸远方投停	#
		保护定值远方设置	#
事故报告		断路器事故变位优先显示与报警	√
		事件顺序记录	√
		事故追忆	#
人机联系	画面显示与操作	配电网络图	√
		变电站、开闭所、配电所主接线图	√
		系统实时数据	√
		负荷曲线图	√
		主要事件顺序显示	√
		事件报警：推图、语音、文字	√
		配网自动化系统运行状态图	√
		发送遥控、对时等	√
		广播冻结电能命令	#
		修改实时数据库	√
		图形和报表	√
		历史数据查询	√
		显示继电保护定值	#
	打印	定时	#
		召唤	√
		异常及事故	√
		操作记录	√
		事件顺序记录	√
故障处理		故障区段定位	√
		故障区段隔离、恢复非故障区段供电	√
		网络重构	#

功　能		功能类别
应用软件	网络拓扑	#
	潮流计算	#
	短路电流计算	#
	电压/无功功率优化	#
	负荷预测	#
	网络优化	#
系统维护	数据库	√
	界面及图形	√
	系统设备参数	√
	设备自诊断	#
	远方维护	#

注　"√"为必备；"＃"为选配。

（2）配电终端。配电终端（remote terminal unit of distribution automation system）安装于中压配电网现场的各种远方监测、控制单元的总称，主要包括配电开关监控终端——馈线终端（feeder terminal unit，FTU）、配电变压器监测终端——配变终端（transformer terminal unit，TTU）、开关站和公用及用户配电所的监控终端——站所终端（distribution terminal unit，DTU）等。

配电终端应用对象主要有：开关站、配电室、环网柜、箱式变电站、柱上开关、配电变压器、配电线路等。根据应用对象及功能，配电终端可分为馈线终端（FTU）、站所终端（DTU）、配电变压器终端（TTU）和具备通信功能的故障指示器等。配电终端功能还可通过远动装置（remote terminal unit，RTU）、综合自动化装置或重合闸控制器等装置实现。

（3）配电子站。配电子站（slave station of distribution automation system）为优化系统结构层次、提高信息传输效率、便于配电通信系统组网而设置的中间层，实现所辖范围内的信息汇集、处理或故障处理、通信监视等功能。

配电子站分为通信汇集型子站和监控功能型子站。通信汇集型子站负责所辖区域内配电终端的数据汇集、处理与转发；监控功能型子站负责所辖区域内配电终端的数据采集处理、控制及应用。

通信汇集型子站基本功能包括：

1）终端数据的汇集、处理与转发。

2）远程通信。

3）终端的通信异常监视与上报。

4）远程维护和自诊断。

监控功能型子站基本功能包括：

1）应具备通信汇集型子站的基本功能。

2）在所辖区域内的配电线路发生故障时，子站应具备故障区域自动判断、隔离及非故障区域恢复供电的能力，并将处理情况上传至配电主站。

3）信息存储。

4）人机交互。

二、配电自动化关键技术

（一）配电自动化规划

1. 配电自动化规划的需求和条件

随着我国社会和经济的发展，用户对供电可靠性也开始提出了较高的要求，国家对今后供电企业应达到的供电可靠性指标要求为，一般城市地区为 99.96%，使每户的年平均停电时间不大于 3.500h；重要城市中心区应达到 99.99%，使每户的年平均停电时间不大于 0.876h，即 53min，而国外经济发达国家的每户年平均停电时间均已达到不超过 1h，甚至只有几十分钟的水平。随着我国城市经济与社会发展，用户要求提高供电可靠性和服务质量，对配网自动化规划提出了更多的需求。

配网自动化规划的基础条件是，电源容量及布点合理，一次网络结构具有互联和转供能力、有适应负荷发展的能力，一次网络基本不再有改造计划。实际上最重要的是，线路参数和负荷等资料基本齐全，因为只有掌握了所有的基础信息，才有可能进行科学的规划计算。

在技术上可实现配电自动化的前提条件：① 一次网络规划合理，接线方式简单，具有足够的负荷转移能力；② 变配电设备自身可靠，有一定的容量裕度，并具有遥控和智能功能。

在经济上满足实现配电自动化的条件：将采用配电自动化与没有采用配电自动化时的隔离故障、转移负荷所需的时间进行比较，并综合考虑该时间差内因故障所失去的负荷和所损失的电量价值及重要程度，确认实现配电自动化所获得的经济效益或社会影响是否足以补偿为实现配电自动化所投入的资金。此外，因为修复故障所需时间与配电自动化无关，在配电自动化的经济评估中，不需要考虑修复故障所需的时间。

2. 配电自动化规划内容和步骤

配电自动化规划大体上可分为现状分析、设定目标、制定原则、制定方案、评估方案和综合优选六部分内容，其中：

（1）现状分析。现状分析部分的目的主要是了解当地配电网建设和运行的实际情况，为后续的设立规划目标，制定规划方案等建立基础。现状分析部分的内容包括地区概况、配电网运行情况、配电网线路设备和自动化系统等主要方面。

（2）设定目标。设定目标主要是通过对现状以及配电自动化发展的需求分析，制定配电自动化所希望达到的目标。规划目标可以分为总体目标和分阶段目标，也可以分为理想目标和最低限度目标。通过设定的目标来明确配电自动化未来发展的方向和发展程度，并作为具体规划方案中的考核条件，来对具体的规划方案进行考核评估。

（3）制定原则。为有效指导配电自动化规划，应结合配电网现状以及配电自动化发展的需求，制定配电自动化规划原则，一般包括总体要求、区域选择、一次网架和设备、配电自动化系统（配电主站、配电终端、馈线自动化）、信息交互、通信系统等内容。

（4）制定方案。制定方案主要是根据设定的规划目标，结合现有的技术条件，尽可能多地制定出各种能够满足规划目标的配电自动化实施方案。通常在规划方案的内容时，主要规划系统功能、馈线自动化方式、实施对象的选取、通信与配电终端规划、信息规划管理、系统运行维护管理等方面的问题，其中系统功能规划环节主要是设计配电自动化系统所需实现的配电自动化功能，并且制定不同时期所需实现的配电自动化功能，力求快速经济地实现配电自动化的规划目标。

（5）评估方案。对制定的各种配电自动化方案进行优化评估，对各种方案从可靠性和经济性等相关指标进行量化评估，为规划方案的最终决策提供依据。

（6）综合优选。从企业战略、规划目标、经济性指标和项目的风险分析等多个方面选择合理的配电自动化规划方案，并修订编制最终的规划报告。

（二）智能配电终端技术

随着我国配电自动化技术的不断进步，我国国内的相关研究单位和厂家在吸收国外先进生产技术的基础上，先后推出了国产化不同类型的自动化配电终端，特别是近些年来我国的配电自动化市场不断扩大，其配电自动化技术逐渐成熟和完善，在结构和功能上更加符合国情，目前正逐步向智能配电终端方向发展。

智能配电终端是实现智能配电网可靠、安全、经济运行的重要支撑设备，可以实现配电网数据采集、存储、控制、通信等基本功能，根据应用场景和需求还可以实现智能决策分析、互动化管理等智能化功能。智能配电终端包括智能配电站所终端、智能配电馈线终端、智能配电变压器终端等。随着智能配电网建设的深入推进和持续投入，安装于站所、馈线、台区等处的各类配电终端将会随着配电自动化、配电设备状态监测、智能配电台区等应用范围的逐步扩大而相应增加。

1. 智能配电终端功能与性能

智能配电终端的基本功能是实现采集各类电气量、数据存储、终端自诊断/自恢复、当地及远方操作维护、支持热插拔、通信交互、后备电源或接口、软/硬件防误动、对时等功能。其中，智能配电馈线/站所终端除具备上述基本功能外，还可具备故障诊断分析、保护控制、设备状态监测、风险分析、分布智能等高级功能；智能配电变压器终端还可具备动态无功补偿、三相不平衡治理、谐波治理、环境监测、分布式电源接入管理、互动化管理等高级功能，满足智能配电台区建设需求。各类智能配电终端基于 IEC 国际标准，采用统一信息模型和功能模型，可以支撑设备间、设备系统间互操作的实现。

智能配电终端的主要技术指标包括：遥测的数量、电压/电流的测量误差、功率的测量误差、功率损耗、时间顺序记录分辨率、控制操作正确率、数据存储容量、后备电源、配套电源、接口要求、通信要求等。

2. 智能配电终端技术发展需求

配电终端技术目前正向通用性、柔性化、自适应、互操作以及智能化方向发展。传统配电终端由于不同厂家终端技术自成体系、开发平台之间不透明、软件不兼容等问题，造成配电终端通用性差、扩展不便、适用性差、维护及管理难度大、升级困难等问题，同时也不能适应智能配电网对终端智能化的需求。智能配电终端应强调标准化设计，宜将各类配电终端统一到具有可扩展、开发性特征的软/硬件基础平台上，来解决终端扩展不便、软/硬件升级困难、数据重复采集、配置不灵活以及智能化程度不足等问题。

（三）馈线自动化技术

馈线自动化技术作为配电网故障诊断、处理和恢复的重要技术支撑手段，在配电自动化系统中具有十分重要的位置。其技术实现模式可分为就地控制模式、集中控制模式、故障指示器方式。

1. 就地控制模式

（1）重合器—时间电流型分段器方式。重合器—时间电流型分段器方式如

图 3-8 所示。在主干线路上装设重合器，分支线路上装设分段器。主干线路利用重合器的重合闸功能和电流保护功能隔离故障区域和恢复非故障区域的供电。分支线路利用分段器记忆故障电流的次数，隔离分支线路故障。

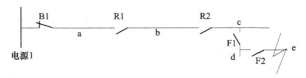

图 3-8 重合器—时间电流型分段器方式

电网在正常状态下，重合器 B1、R1、R2 和分段器 F1、F2 均处于合闸状态线路供电正常。当 e 区段发生故障时，重合器 B1、R1、R2 均执行一次快曲线分闸。若为瞬时性故障，重合器重合成功后恢复线路供电，分段器 F1、F2 没有达到整定的计数次数仍处于合闸状态。若为永久性故障，重合器 R2 再次执行快曲线分闸，B1、R1 因执行慢曲线不动作，分段器 F2 达到整定计数次数分闸跌落，分段器 F1 没有达到整定计数次数而处于合闸状态，经过适当延时后，重合器 R2 重合成功隔离故障 e 区段，a、b、c、d 区段恢复正常供电。

采用此方式时，变电站出线开关选用重合器，10kV 主干线路开关选用时间电流型重合器，分支开关可选用跌落式分段器、三相共箱式分段器。

（2）重合器—重合式分段器（电压时间型）方式。重合器—重合式分段器（电压时间型）方式如图 3-9 所示。通过变电站出线重合器的重合闸功能和线路上具有失电快速分闸、得电延时合闸及脉动闭锁功能的电压时间型分段器配合实现隔离故障区域和恢复非故障区域的供电。

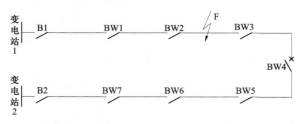

图 3-9 重合器—时间电压型分段器方式

如图 3-9 所示，B1、B2 为变电站出线开关，以 BW2、BW3 之间的永久性故障为例，当故障发生时，B1 保护动作跳闸，BW1、BW2、BW3 失电瞬时分闸，BW4 开始计时 XL；B1 一次重合闸，BW1 电源侧来电合闸，开始计时 X，X 计时结束合闸，计时 Y 开始；BW2 电源侧来电合闸，开始计时 X，X 计时结束合闸，计时 Y 开始；合闸到故障上，B1 后加速跳闸，BW1、BW2 失电瞬时分闸；BW2 的 Y 计时内再次失电则分闸后闭锁；BW3 脉动闭锁在分闸状态，从而将故障段隔离。B1 二次重合闸，BW1 电源侧来电合闸，开始计时 X，X 计时结束合闸，BW4 计时 XL 结束则合闸。非故障区段恢复供电。

采用此方式时，变电站出线开关采用重合器，10kV 主干线路采用重合式分段器（电压时间型）。

（3）分布智能方式。馈线发生故障后，配电开关对应的智能配电终端根据自身检测到的故障信息和收到的相邻开关的信息，判断故障是否在自身所处的馈线区间内部。只有当与某一个开关相关联的一个馈线区间内部发生故障时，该馈线区间的边界开关需要跳闸来隔离故障区域。故障区域开关跳闸完成隔离后，当配电开关及终端具备重合闸功能且被允许时，还可进行故障区间的一次重合闸过程，即故障区域的上游开关（即切除故障的跳闸开关）进行一次重合，其他开关不重合，重合成功为瞬时故障，则向馈线区间内其他跳闸开关发送重合成功信息，相关开关得到该信息后合闸，恢复本区域供电；重合后又跳闸（只设置一次重合过程），即为永久故障，则向馈线区间内其他跳闸开关和联络开关发送重合失败信息，本区域其他跳闸开关保持不动。

故障隔离过程完成后，进入健全区域恢复过程。若一个联络开关的一侧失压，且与该联络开关相关联的馈线区间都没有发生故障，则经过预先整定的一定时限（例如数百毫秒）延时后，该联络开关自动合闸，恢复其故障侧健全区域供电；若一个联络开关的一侧失电压，且故障发生在与该联络开关相关联的馈线区间内，则该联络开关始终保持分闸状态；若联络开关收到与其相邻的开关发来的"开关拒分"信息，则该联络开关始终保持分闸状态；若一个联络开关的两侧均带电，则该联络开关始终保持分闸状态。对于具有多个联络开关提供不同转供恢复途径的情况，可以通过时限整定值的差异设置转供优先级。

2. 集中控制模式

（1）通过安装数据采集终端设备和主站计算机系统，并借助通信手段，在配电网正常运行时，实时监视配电网的运行情况并进行远方控制；在配电网发生故障时，自动判断故障区域并通过遥控隔离故障区域和恢复受故障影响的健全区域的供电系统。

（2）配电网故障时可实现故障迅速定位；故障区域隔离和受故障影响的健全区域恢复供电可以采取遥控方式；配电网正常运行时可监视配电网的运行情况，可以通过遥控改变运行方式。

（3）集中控制模式包含：集中监控方式、分散监控方式、调/配一体化方式。

3. 故障指示器方式

先期资金匮乏、配电线路长，供电半径大，对自动化水平要求不高的情况下也可考虑使用负荷开关加装带通信的故障指示器模式。

配电网线路故障指示器方式为在开关或隔离开关等分段设备处安装的故障指示器上加装遥信采集装置，采集指示器是否翻转的遥信信号，并将该信号传送至主站。在主站端的微机上绘制线路示意图，并将故障信号直观地显示在图形中。其故障监视方式如图3-10所示。

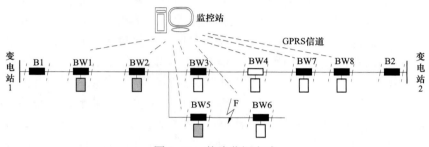

图 3-10　故障监视方式

图3-10中虚线表示GPRS/CDMA等通信信道，将故障信息上报到主站监控机，根据这些信息可以判断出故障发生在开关BW5和BW6之间的区域。

采用此方式时，变电站开关可采用断路器，线路可采用负荷开关或隔离开关分段，线路分段及分支处安装带通信功能的故障指示器。

（四）配电自动化系统的信息交互

配电自动化系统通过采集中低压配电网设备运行实时、准实时数据，贯通高压配电网和低压配电网的电气连接拓扑，同时通过信息交互实现与调度自动化系统、电网空间信息服务平台、生产管理系统、营销业务应用系统之间的信息融合，支撑配电网的调度运行、故障抢修、生产指挥、设备检修、规划设计等业务的精益化管理。

1. 配电自动化信息交互应遵循的原则

（1）标准化原则。配电自动化信息交互应以 IEC 61968 和 IEC CIM 标准为核心，遵循 HTTP、XML Schema、Web Service 等信息通信领域的主流标准。

（2）模型化原则。配电自动化信息交互数据应符合统一信息模型定义及其子集约束，以保证对其识别、理解、生成/解析的全局统一，避免异构性和二义性。

（3）开放性原则。配电自动化信息交互技术应在信息交互体系、交互系统架构、统一信息模型及其子集约束与消息、系统接入与业务应用等方面保持开放性，以支持新的应用系统、新的业务功能和新数据类型的灵活扩展。

（4）安全性原则。配电自动化信息交互应采用身份验证、数字签名、加密等技术保证系统接入与传输过程中的信息安全；跨区信息交互，基于网络安全隔离装置，满足电力系统安全分区要求。

（5）可靠性原则。配电自动化信息交互应从系统运行和数据传输两个层面保证可靠性：在运行可靠性方面，信息交换总线应具备即插即用、状态监测、异常分析、大并发情况下的系统优化运行能力；在数据传输方面，应具备可靠传输、异常报警、事务处理、交互日志等功能。

（6）可视化管控。配电自动化信息交互总线应提供可视化与人机交互功能，实现对信息交换总线系统的全面掌控和有效管理。

（7）源端唯一、全局共享。配电自动化系统应利用现有的调度自动化系统、设备（资产）运维精益管理系统、电网 GIS 平台、营销业务系统等相关系统，通过系统间的标准化信息交互，实现配电自动化系统网络接线图、电气拓扑模型和支持电网运行的静、动态数据共享。

2. IEC 61968——配电自动化信息交互的核心标准

与注重自应用整合的传统标准比较，IEC 61968 标准致力于配电自动化系统与其他应用系统的应用间整合。作为配电自动化信息交互的核心与基础标准，IEC 61968 能够解决现有配电自动化系统与营销、调度、电网 GIS 等异构系统之间信息模型不统一、体系架构不匹配、信息编码不一致带来的各种问题，为配电自动化系统的进一步深化应用奠定基础。

IEC 61968 标准制定了含配电自动化系统在内的 DMS 接口体系和总体要求，提出了信息交换模型（information exchange model，IEM）。IEM 描述了业务接口组件之间信息交换的内容、语法和语义，且描述方式采用了公共关系模型（common information model，CIM）和 XML 架构（XML Schema）。IEC 61968-3～10 分别制定了电网操作、计划与优化、电网维护与扩展、客户服务、抄表与负控等业务组件的详细交互场景与信息。IEC 61968-11 描述了配电网公共信息模型（CIM），是 IEC 61970 CIM 的扩展模型，以保证配电自动化与相关系统之间的信息交换实体与信息具有一致性的语义定义。IEC 61968-12 制定了配电系统之间的信息交互用例，IEC 61968-13 描述了基于 RDF 的配电 CIM 交换模式。

3. 配电自动化信息交换总线

配电自动化信息交换总线是遵循 IEC 61968 标准、基于消息机制的中间件平台，由信息交换总线、标准接口服务器两部分组成，并支持跨电力安全分区的信息传输服务。配电自动化信息交换总线原则上由地市级部署，采用双总线架构，具备基于正/反向网络安全隔离装置的跨安全区信息交互及负荷均衡功能，如图 3-11 所示。

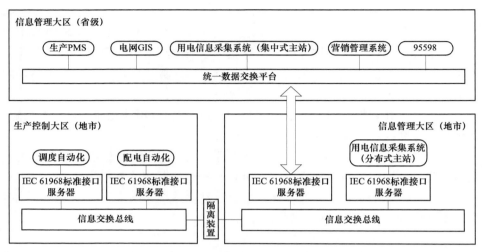

图 3-11　配电自动化信息交互体系及信息交换总线

（1）配电自动化信息交互体系。以信息交换总线与省级统一数据交换平台互联互通为基础，配电自动化系统通过信息交换总线实现与电网空间信息服务平台、生产管理系统 PMS、营销业务应用系统、调度自动化系统之间的信息交互。由于异构系统的存在，配电自动化系统、调度自动化、生产 PMS、电网 GIS、营销业务应用、用电信息采集系统应通过 IEC 61968 标准接口服务器接入总线，实现标准化信息交互。

（2）配电自动化信息交互模型。配电自动化系统以信息交换总线作为第三方信息交换中介，实现应用之间的解耦与透明交换，如图 3-12 所示。信息交换总线应包括总线服务和总线适配器两部分，共同实现业务编排与消息路由、发布/订阅、请求/响应、协议转换及相关功能。配电自动化信息交互采用主题标识系统之间交互的各种业务数据，其中，动词应采用 IEC 61968 标准中的动词列表，名词以配电自动化信息交互场景及消息规范中的消息子集为依据。配电自动化信息交换总线应支持请求/响应与发布/订阅两种基本信息交互模式，其中，请求/响应模式应包括同步请求/响应和异步请求/响应两种子模式。

（3）配电自动化信息交互总线功能架构。配电自动化信息交换总线的基本交换功能包括中间件和适配器两部分，分别实现消息路由、跨区传输、业务编排、数据与接口适配、消息封装等功能；作为配电自动化信息交换的支撑，配电自动化信息交换总线还应提供面向总线与适配器部署、配置、运行等方面的统一管理与控制功能，包括系统管理、主题管理、日志与统计、状态监测及信息安全等。配电自动化信息交互总线功能架构如图 3-13 所示。

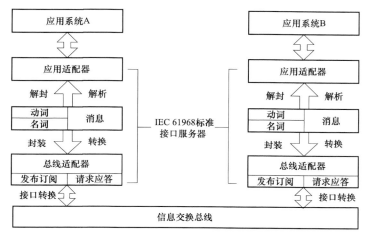

图 3-12 配电自动化信息交互模型

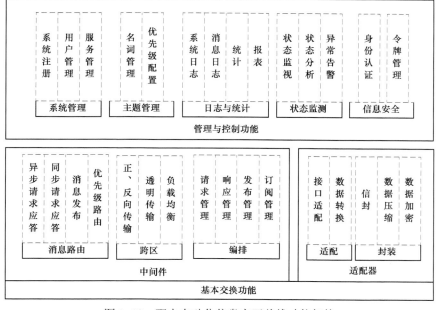

图 3-13 配电自动化信息交互总线功能架构

（五）先进配电自动化

先进配电自动化是未来配电自动化技术的发展形态，包含先进配电运行控制、先进配电管理等内容。先进配电运行控制完成配电网安全监控与数据采集、馈线自动化、电压无功控制、分布式电源调度等实时运行监测与控制应用功能，以及自愈控制等高级功能；先进配电管理则是基于配用电系统信息交互与共享、可视化管理、设备状态监测等技术，实现先进配电自动化生产指挥管理、配网状态检修与设备全生命周期管理等功能，有效支撑配电精益化管理。

先进配电自动化主要技术特点如下：

（1）支持分布式电源的大量接入并将其与配电网进行有机地集成。

（2）实现柔性交流配电设备的协调控制。

（3）满足有源配电网的监控需要。

（4）具备实时仿真分析与辅助决策能力，更有效地支持各种高级应用，如潮流计算、网络重构、电压无功功率优化、自愈控制等的应用。

（5）支持分布式智能控制技术。

（6）满足设备状态检修、抢修指挥等配电精益化管理需求。

（7）系统具有良好的开放性与可扩展性，采用标准的信息交换模型与通信规约，支持监控设备与应用软件的即插即用。

（8）各种自动化、信息化系统之间实现无缝集成，信息高度共享，功能深度融合。

第四节　智能配电台区

一、智能配电台区概述

智能配电台区（intelligent distribution network）是应用智能配电变压器终端实现配电台区信息模型的规范化和台区的智能化综合管理功能，具备信息化、自动化、互动化智能特征的配电台区。

智能配电台区是随着智能电网概念的提出而出现的，由于目前智能电网的建设还处于试点建设阶段，国内外的电力企业及其相关机构正在努力研究智能配电台区的各种技术。在我国农网智能配电台区试点工程建设中，在先期配电自动化系统和用电信息采集系统的基础上，融入智能电网最新技术元素，主要包括智能一体化配电终端（涵盖集中器功能），解决配电台区设备（变压器、断路器）状态监测、无功本地/远程控制投切、谐波和三相不平衡监测等问题，提高供电质量和可靠性。另外，系统具备的用电安全监测管理功能，实现台区到用户三级漏电监测和管理，提高用电安全管理水平。具体包括：

（1）实现集配电台区设备（变压器、断路器）状态参数监测、无功补偿本地/远程控制投切、漏电保护监测管理、谐波监测、三相不平衡监测、用电信息采集、远程通信、互动等功能于一体。

（2）实现农村配电网的电能质量问题（包括无功功率补偿、谐波治理和三相不平衡治理等）的综合治理，降低电网损耗。

（3）实现智能配电台区建设模式的规范化。

二、智能配电台区建设模式

考虑到配电台区覆盖面广，地域差异大，为体现差异化的设计思想，将智能配电台区的建设模式分为简洁型智能配电台区、标准型智能配电台区、扩展型智能配电台区三种典型建设模式；智能配电台区建设体系架构如图 3-14 所示。

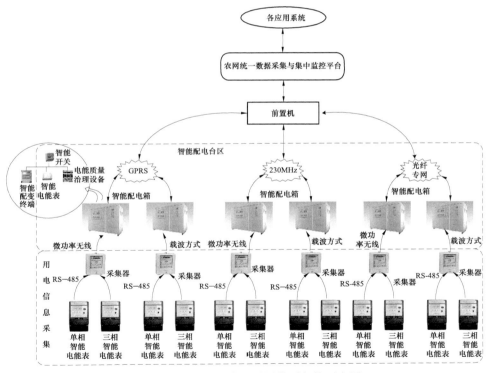

图 3-14　智能配电台区建设体系架构示意图

（1）简洁型智能配电台区。适用于 100kVA 以下容量较小、负荷水平较低或负荷分散的城郊和乡村的农网智能配电台区，其建设模式设备配置表见表 3-2。

具备配电变压器基本的监测、保护、通信功能，实现配电台区计量管理、负荷管理和状态监测，并可选配用电信息管理和互动化管理功能。

表 3–2　　　　　　　　简洁型智能配电台区建设模式设备配置表

各单元配置模式	设 备 配 置
配电箱	简洁型智能配电箱（含低压塑壳断路器、剩余电流动作保护器、三相智能电能表、简洁型智能配电变压器终端等）
智能配电变压器终端	简洁型智能配电变压器终端
用户侧设备	用户智能电能表、用户采集终端
通信网络	上行：无线公网
	下行：载波/微功率无线

（2）标准型智能配电台区。适用于 100kVA 及以上、负荷水平中等或较高的农网智能配电台区，其建设模式设备配置表见表 3–3。具备配电变压器基本的监测、保护和通信功能，实现配电台区状态监测、计量管理、负荷管理、无功功率补偿控制、三相不平衡治理、用电信息管理和互动化管理功能，并可选配配电台区电能损耗管理、经济运行分析、分布式能源监测与控制（智能配电变压器终端留有必要的硬件接口，方便智能配电台区功能扩展）等高级应用功能。

表 3–3　　　　　　　　标准型智能配电台区建设模式设备配置表

各单元配置模式	设 备 配 置
配电箱	标准型智能配电箱（含低压塑壳断路器、剩余电流动作保护器、三相智能电能表、标准型智能配电变压器终端、无功补偿单元等）
智能配电变压器终端	标准型智能配电变压器终端
用户侧设备	用户智能电能表、用户采集终端、智能用电交互终端
通信网络	上行：无线公网、光纤、无线专网
	下行：载波、微功率无线、光纤到户

（3）扩展型智能配电台区。适用于负荷水平高、对电能质量有要求或对电能质量有较大影响的农网智能配电台区，其建设模式设备配置表见表 3-4。具备配电变压器基本的监测、保护和通信功能，实现配电台区状态监测、计量管理、负荷管理、广义无功功率补偿（动态谐波抑制、无功功率补偿、三相不平衡治理）、用电信息管理和互动化管理功能，并可选配配电台区电能损耗管理、经济运行分析、分布式能源监测与控制等高级应用功能。

表 3–4	扩展型智能配电台区建设模式设备配置表
各单元配置模式	设 备 配 置
配电箱	扩展型智能配电箱（含低压塑壳断路器、剩余电流动作保护器、三相智能电能表、扩展型智能配电变压器终端、无功补偿单元、滤波单元等）
智能配电变压器终端	扩展型智能配电变压器终端
用户侧设备	用户智能电能表、用户采集终端、智能用电交互终端
通信网络	上行：无线公网
	下行：载波/微功率无线

三、智能配电台区功能

（1）配电变压器监测与保护。

1）监测数据主要类型有

a. 交流模拟量：电压、电流、有功功率、无功功率、功率因数等，具有录波功能，并能以曲线或图表方式显示。

b. 电能量数据：总电能示值、各费率电能示值、总电能量、各费率电能量、最大需量等。

c. 电能统计数据：电压合格率、三相不平衡度、电压波动和闪变、暂时或瞬态过电压、电压暂降/中断/暂升、电压（电流）的 2~19 次谐波分量、谐波含有率即总畸变率、频率偏差、负载率以及供电连续性等统计数据。

2）具备过电压保护、过电流保护、过负荷保护、欠电压保护、过热保护等多种保护/告警功能，并同时完成记录、存储和上报。

（2）用户用电信息监测。实现配电台区的电能信息采集，包括电能表数据采集、电能计量装置工况、供电电能质量监测，以及用电负荷和电能量的监控，对相关数据进行存储、管理和传输。

（3）配电变压器计量总表监测。实现公共配电台区智能电能表的综合管理，考核其计量的有效性，对智能电能表的异常运行状态分析、判断、告警并完成相关信息传输。

（4）剩余电流动作保护器监测。实现对剩余电流动作保护器运行状态和剩余电流值的监测，具有记录、存储和上传功能。

（5）状态监测。实时监测配电变压器油温和瓦斯浓度，台区进出线开关状态，电容器/滤波器投切状态和智能配电变压器终端运行状况等，具备异常报警功能。

（6）负荷管理。综合控制管理配电台区负荷，实现变压器台功率定值控制、电量定值控制、费率定值控制和远方直接控制功能。

（7）电能质量管理。支持动态无功补偿和有源滤波混合模式，对配电台区无功功率进行动态快速补偿，对频率、大小都变化的谐波进行抑制，能跟踪补偿快速变化负荷的各次谐波，并可对台区负荷三相不平衡问题进行治理。

（8）电能损耗计算。实现配电台区电能损耗、变压器损耗的就地分析计算，当电能损耗超过设定阈值时，可根据预设的报警方式报警。

（9）经济运行分析。通过分析配电变压器三相负荷，调整运行电压和三相负荷平衡，并对变压器和低压线路的经济运行进行分析。

（10）安全防护。

1）防盗。对变压器台关键设施配电变压器等进行实时监测，对监测到的异常信息及时上传，并将异常设施的名称、地点等信息告知相关人员。

2）防窃电。对配电台区用电信息进行实时在线监测，发现异常后，启动异常处理流程，对非正常用电信息及时上传警示，防止窃电行为的发生。

3）信息安全。采用国家密码局认可并满足 Q/GDW 377—2009《电力用户用电信息采集系统安全防护技术规范》标准要求的硬件安全模块，实施对配电台区数据存储、传输的加/解密，保证数据的准确性、可靠性和安全性。

（11）互动化管理。提供无线连接等接入方式，与运行维护人员和用户完成双向数据交互。通过电价策略引导用户采取合理的用电结构和用电方式，提高电力资源的利用率。

（12）分布式电源接入管理。对接入公共电网的用户侧分布式电源系统进行监测和控制。

（13）资产管理。实现配电台区主要设备的"身份"管理。

（14）视频监视。通过图像传感器监视配电台区安全运行情况，随时发送警情等异常状况信息和图片。

（15）环境监测。通过温/湿度传感器实时对户外配电箱、配电站和箱式变压器的温度、湿度信息进行监测。

（16）事件及告警处理。通过配置发声、发光等辅助设备，对配电台区的各类事件和事故进行报警，并可实现对事件和事故的自动记录、追忆和上传。

（17）人机交互。人机界面清晰易懂，采用辅助配置通用按键操作方式，人机对话操作方便、简单；提供丰富的灯光指示信息，变压器台区运行信息展现直观。

第五节　智能配电网自愈控制

一、智能配电网自愈控制概述
（一）智能配电网自愈控制的概念

自愈是智能电网的重要特征，自愈控制技术是智能配电网实现自愈的手段。自愈控制集系统分析、运行优化、动态故障诊断、电网防护、事故应对及仿真决策等技术于一体，与自动化系统、信息化系统等一起形成智能配电网的控制中枢，实现电网安全的主动防御和全过程防御，是实现智能配电网安全可靠、经济高效运行的关键技术手段。

智能配电网自愈控制以灵活、可靠的实体网架、各种智能配电设备为基础，采用自动化系统/电网信息系统的历史/实时信息以及外界环境信息，在线、持续监测电网运行状态，通过与安全保护装置、智能开关和智能配电终端等设备相配合，无需人工干预，实现运行优化、预防控制、故障诊断与隔离以及供电恢复，避免故障发生或将故障影响限制在最小范围内，以提高电网运行的健康水平。

实现配电网自愈控制，需满足如下条件：

1. 具备各种智能化的开关设备和配电终端设备

配电网中的智能开关设备具有高性能、高可靠性、免维护、硬件软件化特点和在线监测、功能自适应、自诊断功能，提供网络化远动接口；配电终端设备应具有故障自动检测与识别功能，提供可靠的不间断电源，满足户外工作环境和电磁兼容性要求，支持多种通信方式和通信协议，具有远程维护、诊断和自诊断功能。

2. 灵活、可靠的配电网络拓扑结构

坚强的物理架构是配电网实现自愈的实体基础。智能配电网要实现"手拉手"供电，支持分布式电源、电动汽车、储能装置、微电网的灵活接入；网架结构坚强、可靠、灵活，既能实现正常运行下的拓扑结构优化，又能实现故障后的网络重构和快速恢复供电。

3. 可靠的通信网络

自愈控制通过在控制或调度中心自适应的在线、实时、连续分析和远方遥控得以实现，要求具备可靠的配电通信网络，考虑主通信网络故障情况下的备用通信网络或备用通信方案；同时，对信息处理能力和通信速度也有较高的要求。

4. 自动化软件系统

配电网自愈控制的实现离不开自动化软件系统，需要最终嵌入到配电监控中心系统来实现。届时，将会在很大程度上提高配电网的整体自动化水平、运行优化能力和自愈控制能力，为配电网的智能化建设增加有力的砝码。

（二）自愈控制技术现状

1. 国外技术现状

自愈电网的概念最早出自美国电科院与美国能源部于 1999 年启动的"复杂互动系统联合研究计划"。最早开始关注的是由级联事件和人为处理不当而演变成的大面积停电，其研发重点主要集中在制止级联事件演变成大停电事故以及将电网安全控制从安全防护转变为灾变防御。

2003 年美国加拿大"8·14"大停电引发了人们新的思考：在电网规模不断增大的趋势下，区域之间甚至国际间的互联电网所获得的时空错峰互补等联网效益相当可观，但这种具有联动效应的大电网却存在着发生大面积停电的潜在风险。面对防止发生大面积停电事故的艰巨任务，除传统的静态安全分析外，还需加强包括暂态稳定性、电压稳定性和频率稳定性在内的动态安全评估。风险情况下用来制止级联跳闸发展和缩小停电范围的主动解列、灵活分区等措施，以及从集中监视控制发展到分布协调控制，成为当前研究的新热点。

在由美国国防部牵头，美国电科院（Electric Power Research Institute，EPRI）和华盛顿大学等单位参与开发的电力基础设施战略防护系统（Strategic Power Infrastructure Defense System，SPID）中提出了自愈战略的构想。SPID 通过事件响应、网络重构和自适应卸负荷来实现自愈电网的战略目标。自愈电网概念反映了从传统电网的"保护跳闸"概念进化到"主动防止断电，减少影响"新理念的转变。SPID 可以防护来自自然灾害、人为错误、电力市场竞争以及信息和通信系统故障、蓄意破坏等对电力设施的威胁。

SPID 的自愈战略理念，在随后自愈电网的研发中得到继承和发展。2003 年初到 2004 年，历时 18 个月完成的综合能源及通信系统体系结构（Integrated Energy and Communication System Architecture，IECSA）是由美国 EPRI 创建，GE 公司管理，UCA、SISCO、Lucent、EnerNex、Hypertek 等公司参与的研究未来电力系统体系结构的国际科学合作项目。它为我们描述的未来电力系统可以概括为电力系统包含大量自动输电和配电系统，它们运行在一个高效、可靠且相互协调的模式下；系统能够以自愈的方式处理紧急情况，同时对能量市场和电力公司的业务需求给予快速响应；系统能够服务于数量庞大的用户，同时具备一个智能的通信基础设施以实现及时、安全、自适应的信息交换，从而保证为社会提供可靠而经济的能源。

项目的研发包括电力系统的业务功能和体系结构两方面。其中，自愈功能的目标是实时评价电力系统行为，应对电力系统可能发生的各种事件组合，防止大面积停电，并快速从紧急状态恢复到正常状态。其实现方法包括快速仿真决策、协调/自适应控制和分布能源集成三方面。

英国伦敦大学开发了基于联合责任模型的 ARCHON（Architecture for Cooperative Heterogeneous Online Systems）原型系统。澳大利亚、巴西、日本、等国家以及香港地区也都在加紧该领域的研究。

2. 国内技术现状

国内专家学者在配电网自愈控制方面开展了大量研究工作。

哈尔滨工业大学研究提出由密切联系的 2 环控制逻辑、3 层控制结构、6 个控制环节组成的电网自愈控制框架，为电网自愈控制的适应性和协调性奠定了结构基础。电网自愈控制体系是分层分布控制体系，由相互嵌套和衔接的三部分组成，是 SCADA/EMS 的发展：① 位于局部反应层的发电厂和变电站自动化系统；② 位于电网调度控制中心、处于协调层的电网监控系统；③ 在电网监控系统之上，处于决策层的评价决策系统。

河海大学提出的城市电网自愈控制体系覆盖了城市电网的一次系统和二次系统，将调度系统、继电保护、测量控制装置、通信网络等相关内容有序组织，形成一个有机的整体，各部分之间协调工作，促使城市电网向着优于当前运行状态的新状态转移，使其具备自愈能力。

华北电力大学提出了配电网自愈控制的分层框架体系，将智能配电网自愈控制分为系统层、过程层、高级应用层。系统层由配电网智能装置组成，是配电网的物理层。过程层是中间层，由地方智能体组成，包括双向通信、预定义控制、局部监视、数据集中、条件优先控制等。高级应用层由决策支持智能体和控制应用智能体组成。决策支持智能体利用过程层的数据，对配电网存在的安全隐患和即将发生的事件进行实时预测，并进行持续工况评价。控制智能体包括控制方案的形成、最佳控制方案的确定、进行局部和全局控制协调、进行配电网优化和安全控制协调等。

中国电力科学研究院针对智能配电网自愈控制关键技术开展了系列研究，建立了智能配电网自愈控制理论体系，构建局控级、中间级及协调级三层次递阶型配电网自愈控制系统模型，提出 4 种自愈控制的实现模式，研制了馈线自愈保护控制终端设备，研发智能配电网自愈控制系统，并进行了示范应用。

（三）智能配电网自愈控制的功能

智能配电网自愈控制通过自动化、SCADA、用户用电信息统一采集平台等间接或直接获取电网运行信息，自动、持续地跟踪整个 110kV 及以下配电网运行状态，有效整合并综合利用配电网的稳态和动态运行信息、专家知识库以及外界环境信息，对配电网进行在线监测、优化、预警、静/动态安全分析，采用智能控制、智能决策等技术，通过自动化装置或智能化装置进行配电网运行优化、自适应调节以及紧急状态下的故障诊断隔离、协调控制、故障恢复，提高电网健康水平、避免事故发生或将事故影响限制在最小范围内。

智能配电网自愈控制实现以下功能：

（1）智能配电网状态监测及状态评估。

（2）智能配电网风险预防控制。根据电网运行状态及电网预警情况，对电网进行控制调节，以避免事故的发生或使即将发生的故障对电网影响、危害降至最小。

（3）智能配电网事故预警及动态故障诊断。根据电网运行信息、环境变化信息，在电网状态评估的基础上，对电网可能出现的故障、问题提出警告及处理措施；对已出现的故障快速诊断出故障类型、故障位置以及故障影响等。

（4）智能配电网运行优化。在电网健康状态运行条件下，根据负荷及环境的变化，调节电网运行方式，改善潮流分布、电压质量，实现经济运行、安全运行的目标。

（5）智能配电网事故及自然灾害应对。在故障发生后，采用限制事故范围、防止事故扩大、减小事故影响及损失的控制措施，并尽快恢复供电。在电网灾害发生前，采取预防控制，在电网灾害发生后，统筹考虑社会经济、电网资源，兼顾全局与局部利益，采取限制事故范围、防止事故扩大、减小事故影响及损失的控制措施，确保重要负荷的持续供电，并分级、分区逐步恢复电网供电。

（6）智能配电网仿真及决策。

二、智能配电网自愈控制技术体系

智能配电网的自愈控制是一项复杂的系统工程，包括理论、方法、技术、基础设施等若干层面的内容。智能配电网的自愈控制技术体系自下而上分为三个层次，依次是基础层、支撑层、应用层，如图 3-15 所示。

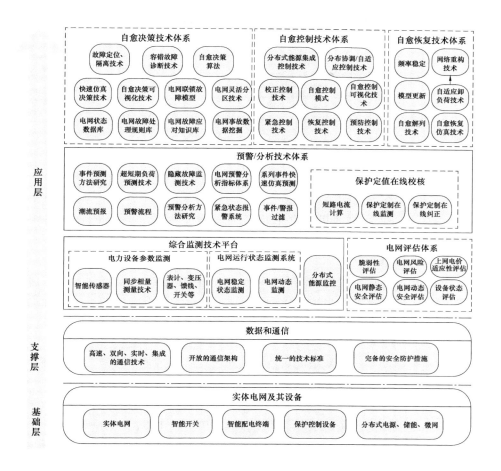

图 3-15　智能配电网自愈控制技术体系

（一）基础层

实体电网作为智能电网的物理载体，是实现智能电网的基础，也是实现自愈控制的基础。我国智能配电网应该以可靠性建设为核心，以配电网高效运行为目标，同时提高负荷管理水平和用户参与水平。未来将有大量的分布式清洁能源发电及其他形式能源接入电网，要求配电网具备灵活网络重构、潮流优化、清洁能源接纳能力。同时，随着用户侧、配网侧分布式电源增多，特别是随着屋顶太阳能发电、电动汽车大量使用，电网中电力流和信息流的双向互动会逐步增多，对电网运行和管理将产生重大影响。因此，在实体配电网的建设过程中，必须进行前瞻性的探索、规划和构建，以长远的眼光来研究我国配电网的发展，大力推进先进技术创新，积极采用成熟先进技术，使实体电网在架构上、技术上、装备上满足未来智能电网的需求。

（二）支撑层

覆盖整个电网的信息交互是实现电力传输和使用高效性、可靠性和安全性的基础。自愈控制需要采集大量设备（包括一次、二次设备）的状态数据和表计计量数据，对于这种数量大、采集点多而且分散的情况，就需要在开放的通信架构、统一的技术标准、完备的安全防护措施下建立高速、双向、实时、集成的通信系统。

高速、双向、实时、集成的通信系统是实现智能配电网的基础，也是实现配电网自我预防、自我恢复的关键。电网通过连续不断地自我监测和校正，应用先进的信息技术，实现其自愈能力，提高对电网的驾驭能力和优质服务水平，它还可以监测各种扰动进行补偿，重新分配潮流，避免事故的扩大。

（三）应用层

自愈电网各项功能的实现，有赖于在完善电网、电力设备以及数据通信的基础上，应用监测、评估、预警/分析、决策、控制、恢复等技术，实现电网的自我预防和自我恢复。

1. 监测

智能配电网是一个复杂的系统，按照现代控制理论的观点，要对一个系统实施有效控制，必须首先能够观测这个系统。智能配电网自愈控制重点在于提高电网所有元件的可观测性和可控制性，增强对电力设备参数、电网运行状态以及分布式能源的监测作用，这就对传感与量测技术提出了更高的要求。

（1）智能传感器。智能传感器是一种带有微处理器的、具有信息检测、信息处理、信息记忆、逻辑思维与判断功能的传感器。智能传感器为自愈配电网的发展提供了敏锐的"神经末梢"。为了实现对智能电网大部分设备实现状态监测，使用的智能传感器必须具有高性价比、尺寸小、工程维护性好、良好的电磁兼容性、智能数据交换接口等特点，易于安装、推广和维护。

（2）同步相量测量技术。同步相量测量技术以全球定位系统（GPS）提供的精确时间为基准，可对电力系统进行同步相量测量、实时记录、暂态录波、时钟同步、运行参数监视、实时记录数据及暂态录波数据分析，实现各节点的同步测量，并通过高速通信网络把测量相量传送到主站，为大电网的实时监测、分析和控制提供基础信息。由于 PMU 能够实现广域电网运行状态的实时同步测量，为实现电力系统全局稳定性控制创造了条件，克服了现有以 SCADA 为代表的调度监测系统不能监测和辨识电力系统动态行为的缺点，改善了传统状态估计的结果。随着智能配电网的发展，系统保护和控制越来越复杂，实时相角测量系统将会是这些控制和保护装置中不可缺少的。

（3）表计/变压器/馈线/开关设备。除智能传感器和同步相量测量技术外，未来智能配电网中的测量可能遍及电网的表计、变压器、馈线、断路器以及其他设备和装置。

（4）电网运行状态监测设备。应用电网运行状态检测设备，对电网运行状态监测，将电网当前的运行状态精确、直观地展现，并将电网当前的动态运行数据及时上传。

（5）分布式能源监控设备。对分布式能源终端进行实时监测、控制和管理，实时显示终端参数并为评估模块和预警/分析模块提供实时数据。同时还能实现管网平衡等控制，实现远程定时抄表，历史记录、历史曲线查询，自动完成各种报表，减轻工作人员的劳动强度，避免人为失误，避免纠纷，提高管理水平。

2. 评估

传统配电网评估方法多是从配电网供电能力和网架结构方面进行评估，由于智能配电网的复杂性，其评估需在传统配电网评估的基础上，加上电网安全评估、设备状态评估、电网脆弱性评估、电网风险评估以及上网电价适应性评估，以尽可能地反映电网的实际情况，为电网预警/分析以及自愈决策提供参考。

（1）电网安全评估。电力系统的安全性是指电力系统在运行中承受故障扰动的能力。随着智能配电网的发展以及分布式能源的接入，电力系统结构和运行方式日趋复杂，故障引起的系统失稳的影响范围更广，对于这种情况，必须进行电网静态安全评估和电网动态安全评估。

（2）设备状态评估。自愈配电网供电可靠性在很大程度上取决于电力设备的可靠程度，电力设备作为电网运营的主要载体，其健康状态的好坏直接关系到电网抗风险的能力。设备状态评估可根据设备运行参数的变化而不断实时更新评估结果，量化设备的状态，使评估结果能够随设备、线路的改造而自我更新和完善，为分析设备的安全状况和电力系统的可能故障率及变化趋势起到一个长期动态而有效的指导作用。

（3）脆弱性评估。智能配电网自愈控制强调脆弱状态，重视预防控制：评价电网的脆弱性，根据脆弱性的严重程度和不同类别制定有针对性的控制方案。脆弱性评估是对系统受到外力作用或者突发事件的情况下所可能发生的变化，也就是对突发事件的敏感程度以及可能发生的损失，通过脆弱性评估，可及时、有效地预测和预警未来可能发生的变化趋势或者损失，抑制不良因素的发展，使受损系统得以尽快恢复，以实现系统的良性发展和持续利用。

（4）风险评估。风险评估作为智能配电网不可或缺的分析方法和评估手段，应该在智能配电网建设初期予以重视。智能配电网引入了大量的新型元件和设备、带来了新的结构调整。传统设备故障带来的系统风险依然存在，大量新设备运行统计数据的缺乏，传统设备和新设备运行的协调，智能配电网带来的结构变化都使风险评估更加复杂。鉴于以上原因，需要对风险进行定量评估和管理，以便从可控因素入手，降低风险。

（5）上网电价适应性评估。智能配电网具有与客户互动的功能，电网可以为客户提供实时电价和用电信息，引导客户合理、高效用电，提高能源利用效率，实现用电优化、能效诊断等增值服务。但是，在电价的影响下用电负荷会随之发生较大的变化，对电网的承受能力产生影响，因此需对上网电价适应性进行评估。

3. 预警/分析

智能配电网规模庞大，运行机理复杂，但是电网运行实践表明，除少数突发故障以外，大多数故障的发生是有一个渐进过程的，如果早期发现，及时采取恰当的措施是完全可以防止的。为了及时发现电网安全隐患，提高电网自愈能力，根据电网运行信息、环境变化信息，在电网状态评估的基础上，对电网可能出现的故障、问题提出警告及处理措施，就是预警/分析。预警/分析是自愈电网不可缺少的部分，实现电网运行状态的在线自动跟踪，并能及时发现电网的隐患，自动给出预警信号。

当电网到达预警状态，需对电网的安全性实施全面而综合的实时预警，自动跟踪电网运行的安全级别，提取表征系统状态的特征信息，及时发现电网中存在的各种安全隐患，提出预警，从而采取主动措施，把安全隐患和灾变问题解决在初期阶段。

4. 决策、控制、恢复

评估和预警/分析信息上传到决策层，通过容错故障诊断技术、故障定位与隔离技术、电网灵活分区技术、自愈决策可视化技术以及对应的模型、算法、规则库、知识库等，实时主动调控或适时采取技术对策消除某一初始原因刚刚产生的后果，并启动一个反作用因果链，抵消故障因果链的作用，从而可以将故障抑制在萌芽状态，控制、恢复和保持电网的稳定运行。

三、智能配电网自愈控制关键技术

智能配电网自愈控制关键技术涉及运行分析与评价、风险评估与预防控制、故障诊断与紧急控制、运行优化控制以及仿真与决策等方面。

（一）运行分析与评价技术

配电网运行分析与评价是配电网运行控制的重要内容，它根据系统（如

SCADA、GIS、DA 等）提供的配电网信息（如网络结构、电气参数、运行方式等），对配电网的运行状态进行分析和评估，为运行操作和管理人员提供辅助决策支持，对配电网安全、可靠、经济运行具有重要意义。

与输电网相比，配电网具有以下特点：

（1）配电网通常为闭环设计、开环运行，网络线路参数 R/X 比值较大。

（2）配电设备沿馈线不规律分布，除供电设备外，还有大量极为分散的用户用电设备，使得配电网数据量极为庞大。

（3）配电网直接与用户相连，对保证用户供电质量和供电可靠性至关重要。

（4）配电网覆盖面广，规模大，环境条件复杂，对配电网运行的要求也越来越高。

正是基于配电网的上述特点，使得在输电网中行之有效的分析与评价方法，如潮流计算，在配电网中不再适用，因此，配电网运行分析与评价不能完全照搬输电网的方法，需要针对配电网的特点，寻找合适的配电网运行分析与评价方法。

随着分布式电源、微电网、储能装置、电动汽车的大量接入，智能配电网成为包含分布式电源的双向潮流的有源网络，具有规模庞大、点多面广、结构复杂等特点，是一种多目标、多约束、多运行特性的离散状态与连续过程混合的复杂智能系统，运行特性和控制特性发生深刻变革，配电网运行分析与评价面临新的挑战。

1. 状态估计

智能配电网自愈控制建立在全面的数据采集和实时监测基础上，需要实时采集大量数据，进行分析与处理以获得系统运行方式和状态评价。但配电网遥测设备经常受随机误差、仪表误差和模式误差的干扰而导致数据不准。如果直接利用传送上来的数据进行计算，显然是不能满足要求的。

状态估计是在获知全网的网络结构条件下，结合从馈线 FTU 和母线 RTU 得到的实时功率和电压信息，补充对不同类型用户观测统计出的负荷曲线和负荷预测数据以及抄表数据，运用新型的数学和计算机手段，在线估计配电网用户实时负荷，由此可以获得全网各部分的实时运行状态和参数。状态估计可以对数据进行实时处理，排除偶然的错误信息和数据，提高整个数据系统的质量和可靠性，为配电网自愈控制的实现提供可靠而完整的实时数据库。因此，状态估计是智能配电网自愈控制的"数据出口"，关系到自愈控制其他功能的数据准确度和结果正确度。

状态估计在我国配电网中的应用尚处于起步阶段，一般选择节点电压、支路电流以及支路功率作为状态变量。最小二乘法是使用最为广泛的状态估计算法，近年来，部分学者提出将新息图理论、模糊数学理论等新理论应用于状态估计。对于坏数据检测和辨识，主要采用残差搜索法、零残差辨识法、逐次估计辨识法以及递归量测误差估计辨识法等。

2. 潮流计算

潮流计算是电力系统中应用最广泛、最基本和最重要的一种电气计算。其任务是根据给定的网络结构及运行条件，确定整个系统的运行状态，包括各母线上的电压（幅值及相角）、网络中的功率分布（有功功率和无功功率）以及功率损耗等。

在系统规划设计及运行方式分析安排中，采用离线潮流计算；在对电力系统运行状态的实时监控中，采用在线潮流计算。通过配电网在线潮流计算可以判断电气参数（电压、电流、有功功率、无功功率）是否越限，为评估电网运行状态提供数据支持，同时可以预知各种负荷波动和网络结构调整是否会引起电气参数越限甚至危及系统安全运行，以便事先采取预防措施消除安全隐患等。

对传统的潮流算法而言，配电网是具有"病态条件"的系统，不能直接适用传统的潮流计算方法。针对配电网的结构特点，专家学者们提出了很多算法。从处理三相的方式上，潮流计算法可分为相分量法、序分量法（又称对称分量法）和结合这两者的混合法。按照状态变量的选择，可以分为节点变量法和支路变量法。前推回代法是目前公认的求解辐射型配电网潮流问题的最佳算法之一。

3. 短路计算

在电力系统中，最常见同时也是最危险的故障是发生各种形式的短路，一旦发生短路故障，很有可能影响用户的正常供电和电气设备的正常运行。短路电流计算是继电保护整定和电力系统暂态稳定计算的重要依据。

在三相系统中，可能发生的短路有：三相短路，两相短路，两相接地短路和单相接地短路。其中，三相短路是对称短路，系统各相与正常运行时一样仍处于对称状态，其他类型的短路都是不对称短路。

电力系统的运行经验表明，在各种类型的短路中，单相短路占大多数，两相短路较少，三相短路的机会最少，但三相短路虽然很少发生，其情况较严重，应给予足够的重视。因此，一般都采用三相短路来计算短路电流，并检验电气设备的稳定性。

4. 负荷预测

负荷预测是指在充分考虑一些重要的系统运行特性、增容决策、自然条件与社会影响的条件下，研究或利用一套系统地处理过去与未来的数学方法，在满足一定精度要求的意义下，确定未来某特定时刻的负荷数值。负荷预测的准确与否直接关系到电力系统的安全运行和经济调度，它是指根据历史负荷数据，综合考虑天气、季节、节假日等影响因素，确定未来的负荷数据。

负荷预测按时间一般分为超短期（1h 以内）、短期（日负荷和周负荷）、中期（月至年）和长期（未来 3～5 年）负荷预测；按行业分为城市民用负荷、商业负荷、农村负荷、工业负荷以及其他负荷的负荷预测；按特征分为最高负荷、最低负荷、平均负荷、负荷峰谷差、高峰负荷平均、低谷负荷平均、平峰负荷平均、全网负荷、母线负荷、负荷率等类型的负荷预测。

在配电网运行分析与评价中，主要涉及超短期和短期负荷预测。由于每日负荷具有明显的周期性，短期负荷预测受星期类型、天气因素影响较大，如温度、湿度、降雨等，还受电价影响。超短期负荷预测由于预测时间短，受天气影响较小，受预测模型和数据本身变化规律的影响较大，主要用于安全监视和紧急状态处理。

5. 运行评价

智能配电网对配电网的供电能力、电能质量及灵活性提出了更高的要求。依据评价指标的量化信息，可以对电网进行实时性评估，并通过智能配电网自愈控制来实现对可控量的调整，以达到规避电网运行风险、提高电网运行可靠性、定量评估系统运行潜在风险的目的，便于及时采取措施，预防大停电事故的发生，更好地指导电网的运行。

配电网运行评价指标体系的建立，应从反应配电网运行状态（包括正常状态、预防紧急状态等临界运行状态、故障后恢复状态）的主导信息出发，以电网调度实时运行信息（基于 DMS/SCADA 等量测系统的信息）为主要原始信息数据，全面、客观地分析配电网运行可靠性的影响因素及不同扰动对电力系统的影响程度，确定主要影响因素，最后根据评估算法及评估流程计算相应的评价指标。

在实际的配电网运行评价体系中，既不是评估指标越多越好，也不是越少越好。评价指标过多，存在重复性，会受干扰；评估指标过少，可能所选的指标缺乏足够的代表性，会产生片面性。因此，在指标的设立和选取上，尽可能全面、简洁、准确，避免指标间交叉重叠，可使用现有的具有代表性的统计指标，提高指标体系的实用性和可操作性。

运行综合评价的方法很多，目前应用较广泛的主要是层次分析法和模糊综合评价法。

层次分析法（Analytic Hierarchy Process，AHP）是美国运筹学家 T.L.Saaty 教授于 20 世纪 70 年代初期提出的一种简便、灵活而又实用的多准则决策方法。层次分析法主要针对一些较为复杂、较为模糊的问题做出决策的简易方法，是在决策过程中对非定量事件做定量分析、对主观判断做客观分析的有效方法。它特别适用于一些难以完全定量分析的问题，清晰的层次结构是 AHP 分解简化综合复杂问题的关键。目前，层次分析法已实际运用在具体的配电网评估工作中。

模糊综合评价法是建立在模糊数学理论基础上的一种预测和评价方法。其特点在于其评价方式与人们的正常思维模式很接近，用程度语言描述对象。它特别适合于用来解决那些只能用模糊的、非定量的、难以明确定义的实际问题。模糊综合评价法的基本思想：在确定评价因素、因子的评价等级标准和权值的基础上，运用模糊集合变换原理，以隶属度描述各因素及因子的模糊界线，构造模糊评价矩阵，通过多层的复合运算，最终确定评价对象所属等级。模糊综合评价方法的关键点是模糊评价矩阵的计算。

目前，层次分析法主要用于配电网各种运行状态评价指标的建立，模糊法用于预警评价分析中预警级别的划分和评判，可单独选用层次分析法或模糊评价法进行评价，也可以将两种方法结合起来进行配电网运行综合评价。

（二）风险评估与预防控制技术

1. 风险评估

智能配电网为用户提供较高供电可靠性的同时又给配电网带来了新的挑战，分布式电源和智能化设备的大量接入改变了配电网的运行方式，使得电网运行的复杂性大大增加。要满足社会经济发展以及用户对供电可靠性和安全性的要求，需要对配电网的运行状态进行风险评估及安全预警，以尽早采取应对措施，尽量避免事故的发生。

配电网运行风险评估的目的是为了评估系统对于扰动事件的暴露程度，评估的内容主要包括扰动事件发生的可能性与严重性两方面。配电网运行风险评估采用概率评估的方法，充分考虑配电网运行的不确定性，并对运行中的配电网给出概率性的评价指标，为调度员提供监测电网运行风险的途径。

配电网风险评估主要包括运行风险评估与设备风险评估。配电网运行风险评估侧重于描述配电网运行中存在的风险，包括由于电网布局、电网装备、气象条件等原因造成的长期性存在的风险，以及在配电网运行中由于即将发生或已经发生突发事件、长期积累达到一定程度损害等原因使电网面临的风险。

配电网设备风险评估的内容主要包括架空线路运行风险评估、变压器运行风险评估，以及其他配电设备的老化故障风险评估。对于架空线路运行风险评估，主要研究随着外部环境的变化，架空线路允许载流量的变化情况；对于变压器运行风险评估，主要研究根据变压器过载运行时自身的温度以及在此温度下绝缘材料的老化程度，将它作为过载的限制条件，并计算其过载能力。

2. 预防控制

配电网风险预防控制以主动防御和预防为主，主要针对配电网进入紧急状态前较长的恶化阶段，自动提取表征配电系统风险状态的特征信息，实时、自动地找出配电系统中的各类安全隐患，提出综合预警，并给出消除隐患的控制措施，最终把灾变问题解决在孕育阶段。

风险预防控制应具有准确性、有效性、可操作性的特征。

风险预防控制的约束条件主要包括电网的可监测性；电网本身的可控性、可预防性；电网控制、分析等技术条件；电网运行参数约束；管理、政策法规五方面的内容。

（1）风险预防控制应具有准确性，应能准确辨识风险类型、风险位置、风险发生的原因，这取决于配电网是否具有可观测性。也就是说，配电网运行参数、设备参数、环境参数等配电网运行情况监测点的数量、布局，以及配电网各类信息采集系统的快速性、完整性、全面性，是制约风险控制准确性的重要因素。

（2）风险预防控制应具有可操作性，在实际情况中，当配电网由于网架结构、运行方式等自身原因而不具备可控、可预防的基础条件时，风险控制则无法实施，因此，电网的可控、可预防性是制约风险控制能否实施的重要因素。

（3）风险预防控制的准确性和可操作性同时也受配电网的自动化程度、智能化水平等电网控制、分析技术条件的制约。

（4）风险预防控制的最终目的是使电网从风险状态转移到正常状态，因此风险控制首先应满足电网自身的约束条件，即电压、电流、有功功率、无功功率等运行参数需满足电网安全稳定运行的约束。

（5）风险预防控制的另一目的是使电网面临的风险减缓，即把电网面临的风险降低到可接受的水平。因此，风险控制除了要满足电网自身的约束条件外，还应满足电网风险管理过程中相关的费用、效益、法律或法规要求、社会经济和环境因素、主管运行人员的相关事务、优先性和其他约束条件。

风险预防控制是一个动态连续闭环控制的过程，主要包括风险机理研究、风险状态辨识、风险评估、风险预防控制方案制定、风险预防控制方案执行、风险控制效果评估六大部分内容。配电网风险控制理论框架如图3-16所示。

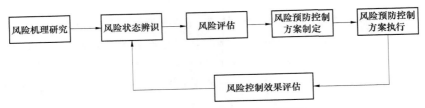

图 3-16 配电网风险控制理论框架

风险机理研究，主要揭示配电网发生的事件、运行特征/指标与发生某项电网风险的关联关系，探讨电网事件与所引起的电网运行特征/指标在时间、空间上的分布规律，为风险状态辨识提供基础。

风险状态辨识是一个动态连续的过程，主要用于确定配电网当前以及未来一段时间是否处于风险状态，针对配电网当前所处的风险状态，判断出风险类型、风险源类型及风险发生的位置。

风险评估主要针对风险导致的后果严重程度进行定性以及定量评估，给出风险等级以及风险量化评估指标，给出预警信息。

风险预防控制方案制定，主要针对不同的风险类型，风险发生的位置，根据专家库、知识库，以及优化决策方法，形成相应的风险预防控制方案。

风险预防控制方案执行，选择合适的预防控制方案，采用智能化、自动化设备执行相应的风险预防控制命令。

风险控制效果评估，对风险控制执行后电网运行的安全性、经济性、可靠性进行再次评估，以评估风险控制是否使电网由风险状态转为正常状态，此外，还需对风险控制执行中所付出的代价进行评估。

（三）故障诊断与紧急控制技术

1. 故障诊断

在发生故障后，切除故障元件并且在很少或无须人为干预的情况下迅速恢复非故障区域供电，是智能配电网自愈控制的主要任务之一。准确、迅速的故障诊断及定位，是完成这一任务的前提。

配电网故障诊断是依据故障综合信息，借助于知识库，采用某种诊断机制来确定配电网故障设备或原因，同时完成对保护装置、安全自动装置等监测、控制设备工作行为的评价。配电网中继电保护配合的复杂性、网络拓扑的变化以及环境的各种不确定性，加之分布式电源、微网、电动汽车、储能系统等的接入，使得配电网故障诊断成为一个复杂的综合性问题。

配电网故障诊断包括故障类型的确定，故障定位，以及误动保护和断路器的识别。根据现有的自动化实现程度，发生故障情况后，首先确定故障发生位置，之后派遣专职人员前去处理。因此，当前对于故障诊断技术的研究集中在故障定位方面。故障定位的目的是根据采集到的故障信息，尽可能精确地判断故障发生的馈线、区段，甚至位置点，从而为故障分析和供电恢复提供条件。

目前，在具体实现方式上，配电网故障定位方法可分为利用多个线路终端（FTU）或故障指示器（FPI）的广域故障诊断法以及直接利用线路出口处测量到的电气量信息进行计算的故障定位法。前者用于交通便利、自动化水平较高的城区配电网完成快速故障隔离；后者用于供电距离较长、不易巡检的乡镇配电网或铁路自闭/贯通系统完成故障点查找。

短路故障和小电流接地故障是配电网中两类发生频率最高的故障，目前配电网故障定位技术的研究也集中针对于此两类事故。

2. 紧急控制

紧急控制，是指系统针对配电网紧急状态进行处理的全过程，在配电网运行过程中，及时察觉各类紧急状况，进行故障分析，生成控制决策方案并执行，以有效隔离故障，保障供电可靠性。紧急控制包括紧急状态辨识、故障诊断、安全保护模式配置、紧急控制方案的生成与执行等内容，重点实现以下三方面的功能：

（1）在电网已经发生事故（短路、断线、单相接地、电力设施损毁等）后，及时察觉，并辨识出事故类型及发生位置，采取相应的保护控制或供电恢复措施。

（2）在某一事故处理过程中，同时监测电网状态，处理其他类型或位置的事故，实施多个保护控制措施，并恢复停电区域供电；或在电能质量严重超标后，及时察觉，并辨识出引发此类越限事件的源头，采取相应的控制或隔离措施。

（3）在电网虽未发生故障，但出现预定的事件、运行条件时，采取相应预定的紧急控制措施，降低事故发生概率的过程。

实现紧急控制，需要解决以下三个问题：

（1）配电网紧急状态辨识。

（2）在配电网发生故障后，确定故障类型及发生位置。

（3）在确定故障性质后，制定控制措施，以可靠且准确地隔离故障，使得停电区域最小。

可靠性、快速性、准确性、灵敏性是紧急控制的基本特征，也是衡量智能配电网自愈控制系统中的紧急控制实施好坏的四个主要指标。

（1）可靠性。在配电网进入紧急状态后，紧急控制子系统生成的紧急控制方案，应具备容错能力，对于保护或断路器的拒动、误动具有冗余性。紧急控制的可靠性，主要由所用信息的可靠性、紧急控制方法的可靠性与保护配置的完备性所决定。

（2）快速性。在配电网进入紧急状态后，紧急控制子系统应能及时响应，尽快生成紧急控制策略并执行，以防紧急状况的进一步扩大或恶化。紧急控制的快速性主要由数据采集速度、信息传输速度、算法所需运算次数（在硬件配置不变的前提下）、指令传输速度、执行装置的响应速度等决定。

（3）准确性。包含两层含义：① 在配电网进入紧急状态后，紧急控制子系统进行的故障定位应尽可能精确，如对于单相接地故障，除实现故障选线外，应能够判定出是该条馈线上的哪一个区段发生了此类故障；② 在确定出紧急状况类型、位置、影响范围等结论之后，应能够生成准确的紧急状态控制措施，通过该措施，不但能够有效地隔离故障，而且保证因故障隔离造成的停电区域尽可能地小。紧急控制的准确性，主要由所用信息的准确性、紧急控制方法的充分性与准确性、保护配置的完备性所决定。

（4）灵敏性。是指紧急控制子系统对于各类故障或异常状况，能够灵敏地进行反映和动作。紧急控制的灵敏性主要与信号采集的准确性、限值设定的合理性及紧急控制子系统建立时研究对象的全面性等相关。

紧急控制理论方法的研究包括紧急控制机理、紧急状态辨识、故障诊断、安全保护模式配置、紧急控制方案的生成与紧急控制效果评价六部分内容。

（1）紧急控制机理。是紧急控制实施理论依据的集合，包括：紧急状况的演变规律；紧急状况表征与紧急状况类型、位置或源头之间的映射关系；电流、电压、应力或其他物理特征值及与紧急状况发生、消失之间的映射关系；紧急状况类型、位置或源头与保护/断路器动作等控制策略之间的映射关系等。

（2）紧急状态辨识。确定配电网当前是否处于紧急状态，即是否发生紧急状况，需要研究两方面内容：① 在配电网运行各阶段各状态（非紧急状态）中，如何进行紧急状态辨识，以便尽早发现紧急状况，防止故障进一步恶化；② 在配电网处于紧急状态之中，如何进行紧急状态的连续辨识与跟踪，不仅要跟踪原紧急状况的发展变化情况（包括但不限于原紧急状况的消失、扩大或恶化），还要辨识是否有其他类型或其他位置处的紧急状况发生。配电网紧急状态辨识在电网运行中是需要实时进行的过程。

（3）故障诊断。主要包括故障类型的确定依据以及故障定位方法两方面研究内容，用于在确定配电网进入紧急状态或可能进入紧急状态后，进一步得出紧急状况类型、发生位置、故障原因、影响范围、严重程度等结论。

（4）安全保护模式配置。研究不同节点类型对应的安全保护模式，研究配电网节点的保护/断路器动作规则，以在紧急状况发生后，能够准确、可靠地隔离故障区域，并具备保护/断路器误动、拒动的容错能力。

（5）紧急控制方案的生成。研究如何结合在线生成的故障诊断结论与预先设置的安全保护配置模式，生成紧急状态控制决策方案。

（6）紧急控制效果评价。包括紧急控制效果评价指标与评价方法等内容，用来检验紧急控制方案的有效性。

紧急控制机理，作为紧急控制实施的理论依据，是需要预先在广泛调研的基础上深入挖掘的内容；紧急状态辨识，是需要实时在线进行的过程；故障诊断、紧急控制方案的生成、紧急控制效果评价，则是在紧急状态辨识结果为"是"的情况下逐次启动的过程，即受事件驱动；安全保护模式，需要预先设置，以便配电网发生紧急状况后，可遵循此模式，生成紧急控制方案。

（四）运行优化控制技术

智能配电网运行优化是指当配电网处于正常状态时，根据负荷及环境的变化，通过潮流/最优潮流计算、电压控制、无功优化、网络重构等手段，调节电网运行方式以优化电网潮流、改善电压质量，实现电网安全可靠、经济高效运行。智能配电网优化控制力求将安全性、供电能力、可靠性、经济性完美地统一起来。

1. 智能配电网优化控制特性要求

（1）安全性。在配电网优化控制中，安全性是第一要义。安全性是指电网对除计划停电之外的所有用户保持不间断供电，即不失去负荷。一方面，系统发出的有功功率、无功功率等于用户的有功负荷、无功负荷与网络损耗之和，即满足潮流方程约束；另一方面，在保证电能质量合格的条件下，有关设备的运行状态应处于其运行限值范围内，即没有过负荷，满足节点电压上下限和支路有功、无功潮流上下限不等式约束。

（2）供电能力。通常来说，在电网规划设计阶段，考虑了一定的容载比，预留了一定的备用容量，大多数情况下供电能力可以满足用电需求，但是不排除由于负荷激增等原因，出现供电能力不能满足负荷需求的情况。在这种情况下，最大可能地保证尽可能多的用户安全用电，使停电负荷尽可能少成为配电网优化控制的主要目标。

供电能力不能满足负荷需求，主要有以下两种情况：① 上级电源供电能力充足，但是由于线路线径选择不当或者装接配电变压器容量偏小、运行方式不合理等原因，导致上级电源的供电能力不能释放；② 上级电源供电能力不足，不能满足负荷需求。

对于由于线路线径选择不当或者配电变压器容量偏小导致的"卡脖子"现象，需进行甩负荷，以保证用户安全可靠用电；对于由于运行方式不合理导致的卡脖子现象，可通过比较各种运行方式的安全性和供电能力，选择满足安全性和负荷需求的运行方式；对于上级电源供电能力不足导致不能满足负荷需求的情况，需进行甩负荷，以保证用户安全可靠用电。

（3）可靠性。在保证安全用电和有电可用的基础上，尽可能提高电能质量。电能质量评价指标包括但不限于以下内容：负荷点故障率、系统平均停电频率、系统平均停电时间、电压合格率、电压波动与闪变、三相不平衡度、波形畸变率、电压偏移、频率偏差等。

（4）经济性。电力部门总是面临这样的决策问题：一是要把可靠性水平提高到一定程度，从经济上考虑应如何选择提高可靠性措施的最佳方案；二是应花多大的投资把可靠性提高到何种水平为最佳。投资成本增加，系统的可靠性随之提高；若电网投资过高，投资成本的增加大于其所带来的可靠性效益，则经济效益不明显。

经济性比较常用的目标函数主要有系统总发电费用最少、系统年运行费用最小、系统网络损耗最小等。

常用的经济性比较方法主要有以下几种：

1）以某一可靠性指标限制为标准，不满足该指标即舍弃该方案。

2）在满足可靠性指标的基础上，选择费用少或者网络损耗小的方案。

3）选择可靠性最优的方案。

在配电网运行优化控制中，安全性、供电能力、可靠性和经济性四方面的要求是分层递进的。保证安全性，不失去负荷是首要目标；在供电能力不足，不能满足负荷需求的情况下，应最大限度地发挥电源的供电能力，使停电负荷最小；在安全用电和有电可用的基础上，应兼顾可靠性和经济性。

2. 配电网运行优化控制技术要求

（1）最优潮流。最优潮流是当系统的网络结构和参数以及负荷情况给定时，通过控制变量的优选，所找到的能满足所有指定的约束条件，并使系统的一个或多个性能指标达到最优时的潮流分布。常规潮流计算确定的电网运行状态，可能由于某些状态变量或者作为状态变量函数的其他变量超出了所容许的运行限值，因而技术上是不可行的。调整某些控制变量的给定值，重新进行潮流计算，直到满足所有的约束条件为止，就得到了一个技术上可行的潮流解。对某一种负荷情况，理论上同时存在为数众多的、技术上都能满足要求的可行潮流解。每一个可行潮流解对应于系统的某一个特定的运行方式，具有相应技术经济性能指标。最优潮流计算就是要从所有的可行潮流解中挑选出上述性能指标最佳的一个方案，以实现系统优化运行。

（2）无功优化。无功优化分为规划优化和运行优化。对运行中的电力系统，主要指无功运行优化。配电网无功优化的控制手段主要包括电容器组的优化投切和有载调压变压器分接头的调节。我国配电网三相不平衡问题比较突出，因此，电容器的优化投切还应该考虑三相不平衡的情况。

无功优化需遵循以下四个原则：

（1）实现全网最大范围的电压合格。

（2）实现全网损耗尽可能小。

（3）实现全网设备动作次数尽可能少。

（4）所有的操作符合各项安全规章制度。

无功优化的数学模型：

（1）目标函数。电能损耗最小，设备动作次数最少。

（2）约束条件。潮流方程约束、节点电压约束、三相不平衡约束、电容器投切次数、有载调压变压器调节次数等。

（3）网络重构。配电网络重构是在满足系统各项约束的条件下（如拓扑约束、电气约束、供电指标约束等），通过闭合/开断网络中的分段、联络开关改变网络拓扑结构来实现系统运行方式的改变，从而达到优化某项或多项指标的目的。在系统正常运行状态下，配电网络重构主要是以优化系统运行状态为目的，如降低网络损耗、消除过负荷、提高供电质量等；在系统故障情况下，主要是通过分段、联络开关的开、断状态转换，实现非故障停电区域的快速恢复供电。

（五）仿真技术

电力系统数字仿真是根据电力系统中的元件和系统结构建立系统的仿真模型，并利用模型进行计算和试验，以得出系统在某段时间内的工作状态。

根据智能配电网中元件的时间尺度不同，一般可分为电磁暂态仿真及机电暂态仿真（又称稳定性仿真）。电磁暂态过程主要是指各元件中电场、磁场以及相应的电压和电流的动态过程，所涉及的时间过程通常是微秒至数秒。电磁暂态仿真的目的主要是计算分析故障和操作后可能出现的暂态过电压和过电流，作为电力设备设计的依据，判断已有设备是否能安全运行，研究相应的限制和保护措施。此外，在研究新型保护装置动作原理、故障点探测原理、电磁干扰等问题时，也需要分析电磁暂态过程。机电暂态仿真则主要用于研究电力系统遭受到扰动后的机电暂态过程，所关注的时间范围通常为几秒至几十秒。通过仿真结果来分析系统的暂态稳定性，从而可校验系统的稳定性能，对事故的严重性进行分析和排序，并可为稳定控制措施的制定提供依据。

电力系统数字仿真的基本要求之一是所仿真系统与实际系统的结果尽可能一致，而两种情况的吻合程度在很大程度上取决于仿真所采用模型的准确性。在满足数字仿真精度的同时，要实现数字仿真的快速性，尽可能缩短仿真所花费的时间，这就要求对仿真的模型做适当地简化。因此，在不同的仿真要求和条件下，同时兼顾仿真的快速性和准确性，就必须对同一装置或设备采用多种不同复杂程度的电力系统数学模型。

分布式能源系统中涉及的元件模型可划分为稳态模型、准稳态模型与动态模型，其中动态模型又可以依据时间尺度的不同分为电磁暂态模型与机电暂态模型。例如，在研究分布式发电系统中的电能质量问题时，需要对电力电子装置的动态特性进行精确地模拟，可采用电磁暂态模型；研究分布式发电系统中的各类稳定性问题时，需要对电力电子装置进行简化而采用准稳态模型；研究系统在某段时间（一天、一月、一年）运行的经济性时，电力电子装置的动态特性则完全可以忽略不计。

四、自愈控制与自动化的协调应用

配电网自愈控制与配电网自动化、变电站自动化和调度自动化既有区别，又有联系。

（一）适用范围

1. 适用对象

配电网自动化适用于中压配电网，变电站自动化适用于 35kV 及以上变电站，调度自动化适用于高压配电网，这三者从上至下协同实现了电网的自动化。

配电网自愈控制适用于智能配电网，是智能电网的重要特征，其对象包括智能型高压配电网、智能变电站及智能型中压配电网，并可拓展到低压电网。

2. 适用业务

配电网自动化侧重于中压配电网的在线监测、故障隔离及一定的高级分析应用；变电站自动化侧重于继电保护、监测、远动及协调；调度自动化侧重于电网监测、经济调度、安全分析和事故处理。

配电网自愈控制是在配电网自动化、变电站自动化、调度自动化及用电信息采集、信息化技术的基础上，进一步挖掘各类信息的应用价值，以全局的视野对配电网进行监测、评估、预警、消隐，并进行紧急控制、故障隔离和供电恢复。

配电网自愈控制将电网划分为正常状态、脆弱状态、故障状态、故障后状态以及优化状态等多种运行状态，对应电网多种运行状态，电网自愈控制包括预防控制、紧急控制、恢复控制、优化控制等多种控制。

（二）功能协调

自动化功能以监测、必要的控制功能为核心，并兼具事故应对、分析功能；而自愈控制则以对负荷及环境变化的自适应为基本功能、以事故的预防调节为首要目标、以电网灾害应对及故障处置为重要内容，对电网进行监测、评估分析、预警、控制。两者之间在功能上存在一定的交叉、重叠，而又各有侧重且不能互相代替。

自愈控制与配电网自动化、变电站自动化、调度自动化均具有不同程度的电网监测、分析、控制功能。

从对应的电网状态看，四者均可实时监测电网的各个运行状态。

从事故应对方面看，配电网自动化、变电站自动化、调度自动化均侧重于在事故发生后，快速采取措施以隔离故障、恢复供电；而自愈控制侧重于事故发生前的预警、消除隐患和事故后的应对。配电网自动化、变电站自动化、调度自动化，对发生发展过程时间较短的故障，可进行有效的故障隔离与供电恢复；而对发生发展过程时间较长的故障，这三者通常不能有效识别并做出正确动作，自愈控制则可在这类事故中发挥重要作用，消除、降低或减少事故影响、事故范围。

表 3-5 给出了配电网自动化主站与自愈控制的对比，可以看出两者功能侧重不同、相互重叠而又相互补充。

表 3-5   自愈控制与配电网自动化的对比

比较类别	自 愈 控 制	配电网自动化
服务对象	智能配电网（结构复杂+有源+多样性负荷）	传统配电网（辐射或简单结构+无源+常规负荷）
电网中角色	事故全过程的分析与控制，电网安全"四道防线"的有机组成	事故后的处理

比较类别	自 愈 控 制	配电网自动化
主要组成	变电站自动化、配电自动化、电网监控系统、PMU、状态监测系统、信息化系统等	配电 SCADA、馈线自动化
核心功能	数据采集、状态监测与评估、风险预警及预防控制、故障诊断与紧急控制、供电恢复、优化控制、灾害应对	数据采集、状态监测、故障隔离与供电恢复

（三）技术构成

从组成上看，配电网自动化需要的技术支持主要包括计算机技术、通信技术及配电开关设备等。自愈控制需要的技术支持包括变电站自动化、配电网自动化、电网监控系统、PMU、状态监测、信息化技术、通信技术等，配电网自动化是自愈控制的支撑和基础，为自愈控制提供必要的数据和设备。

（四）应用互补

自愈控制与配电网自动化的协调应用主要体现在电网资源共享、信息交互和功能互助三方面。

1．资源共享

（1）信息共享。配电自动化、调度自动化和变电站自动化具有较完善的电网信息采集系统，这些信息也是自愈控制所需要的；同时，自愈控制的信息采集系统也可以采集到配电网自动化、调度自动化和变电站自动化所需要的信息。四者可以通过信息资源整合，实现信息共享。

（2）通信共享。自愈控制系统可以借助配电自动化、调度自动化和变电站自动化的通信通道、通信装置进行通信，特别是现有的光纤通信系统更可以为自愈控制系统所利用。

（3）装备共享。自愈控制系统可以利用配电自动化的 TTU、DTU、FTU 以及变电站自动化的继电保护装置、安全自动装置，完成所需要信息的采集、控制指令的执行，也可以将自愈控制装置与自动化装置进行集成，实现装备共享。

（4）资料共享。配电网自动化、调度自动化和变电站自动化均有电网、负荷等方面的资料，这些资料可与自愈控制实现资料共享。

2．信息交互

配电网自动化、调度自动化和变电站自动化通常均具有一定的数据处理、电网分析功能，其分析结果自愈控制系统也可以利用，同时自愈控制在电网状态评估、电网预警、自适应控制等方面的信息处理结果、决策方案等，也可传递给配电网自动化、调度自动化和变电站自动化。这四者的信息交互，相当于信息的分布处理，具有信息处理效率高、资源利用率充分的优点。

3. 功能互助

配电网自动化、调度自动化、变电站自动化各自负责区域内的数据采集、电网监测及必要的分析，自愈控制侧重于事故前、事故后的应对及自然灾害应对并考虑分布式电源在各种电网运行状态中的应用。

四者在功能上有一定的重叠但又各有侧重，其中自愈控制将电网保护拓展到事故前的防护、事故后的供电恢复以及电网自然灾害防护，与配电网自动化、调度自动化、变电站自动化一起构成电网全运行状态的防护，有效实现了功能上的互补，并具有电网分析、经济运行、负荷预测等功能重叠，四者可以相互借用、共享这些功能以完成各自需要的应用，或者将功能应用结果提供给其他三者参考，形成功能上的互助。

在实际应用中，涉及控制、决策等方面的操作时，应当只有一个操作指令，也就是对同一个事件，应当只有一个系统发出指令。因而，应用中自愈控制与配电网自动化、调度自动化、变电站自动化应当有明确的分工、职权范围或者明确的协调机制，以避免同一事件的多方决策或者功能缺失。解决方案有两类：① 确立自愈控制与自动化的从属关系，将其纳入同一系统；② 自愈控制与自动化均保持相对的独立性，并建立自愈控制与自动化的协调机制。

第四章

智能用电模式与服务互动化

　　智能用电是坚强智能电网中的重要组成部分，支持电能量的友好交互，满足用户的多元化需求，实现灵活互动的供用电新模式，是未来智能用电技术发展的趋势。本章从分析智能用电发展需求与内涵出发，论述智能用电的业务模式与技术实现模式，在此基础上对用户用电信息采集、智能小区与智能楼宇、智能用电服务互动化等方面支撑技术进行了介绍。

第一节　智能用电模式

一、智能用电发展需求与内涵

　　随着国民经济的持续较快增长和人民生活水平的持续提高，我国电力需求呈现持续较快增长的态势，用户多元化服务需求日益明显，用户参与电网调节、节能减排的主动性日益增强，各类营销业务、服务项目面临双向互动的发展需求；随着客户侧分布式电源、储能装置、电动汽车的应用，供需双方能量流的双向互动也成为智能用电的重要特征。面对上述变化，基于传统营销机制和服务模式的原有用电技术体系已经不能完全适应新形势下的发展要求，需要进一步拓展用电服务内涵，采用大量新型技术，形成适应新条件、新形势下的智能用电体系模式。

（一）电力营销的发展趋势

1. 电力营销基本概念

　　电力营销是电网企业在不断变化的电力市场中，以满足人们的电力消费需求为目的，通过电网企业一系列与市场有关的活动，提供满足消费者需求的电力产品和相应的服务，从而实现开阔市场、服务社会的目标。电力营销的目标包括：对电力需求的变化做出快速反应，实时满足客户的电力需求；在帮助客户节能、高效用电的同时，追求电力营销效率的最大化，实现供电企业的最佳经济效益；提供优质的用电服务，与电力客户建立良好的业务关系，打造供电企业市场形象，提高终端能源市场占有率等。

为了更好地满足客户的需求，向客户提供更加优质的服务，电力营销涵盖多项基本业务，主要包括业扩报装、用电变更、电费管理、电能计量、用电检查、优质客户服务、需求侧管理等业务。

2. 电力营销发展趋势

随着电力营销数字化水平的不断提高，信息化进程的不断推进，电力营销技术支持系统也在不断地完善，电网营销工作逐步从用电"抄、核、收"粗放、简单的营销模式向精益化管理模式转变，现有的电力营销技术与管理水平已经比过去有了大的飞跃，客户服务渠道更完善、营销业务范围更广泛、营销管理水平更精益、营销决策内容更精细。

随着智能电网建设的不断推进，作为智能电网功能中面向用户的重要环节，电力营销也将逐步进入全新的阶段，向智能用电方向发展。基于传统电力营销技术基础，突破灵活互动的用电互动化关键技术，构建灵活互动的智能供用电模式已经成为未来用电技术的发展趋势。具体表现为以双向、高速的数据通信网络为支撑，以分布式电源、电动汽车、智能电器安全可靠用电为基础，以建设灵活互动的智能用电服务体系为目标，实现标准规范、灵活接入、即插即用、友好开放的互动用电模式，实现电力流、信息流、业务流的高度融合，提升供电企业的服务水平，改善能源使用效率。

（二）智能用电面临发展需求

1. 适应用户与电网间电能量交互的趋势

随着世界范围内对新能源发展的广泛关注，用户侧小型分布式电源、储能装置以及电动汽车等新型能量单元作为能源结构调整优化的重要方式，其发展受到越来越多的重视。由于上述新型能量单元可以与电网产生直接的电能量交互，并且具有分布广泛、数量众多、随机性强等特点，因此未来大规模应用情况下会对用电技术带来很大的技术挑战。

（1）小型分布式电源接入的有效管理。未来各类小型分布式电源可能会分散、灵活地建在居民小区、建筑物，甚至是每户家庭，不仅能在高峰时期为本地供电，还能根据需要向电网倒送电，因其发电特性具备随机性、间歇性等，会对配电网规划、能量调度、运行维护等电网企业业务环节产生较大影响，也会对电能质量、网络损耗、供电可靠性等造成重要影响。

合理接纳小容量分布式电源接入，一方面需要加强其本地化管理，可以纳入家庭能量管理系统、楼宇能量管理系统的管理范围内，有效监测其输出功率状态、负荷匹配情况；另一方面要注重与电网的信息交互，重视用户的上网收益，同时充分发挥分布式电源对电网的支撑作用。

（2）电动汽车充放电的有序管理。随着未来电动汽车保有量的提高，电动汽车车载电池如果能够作为分散式储能单元与电网进行合理的双向能量转换，将会对电网经济高效运行起到良好的辅助作用，但如果电动汽车的充放电过程不加以合理引导而无序进行，则会对电网运行的安全性、可靠性、经济性等带来很大的压力。因此电动汽车与电网的电能量交互模式，一定需要从单向无序充电模式过渡到单向有序充电模式，最后实现充电、放电两个方向的有序能量转换模式发展。

电动汽车与电网间的电能量双向友好交互，需要有效获取车辆能量状态、电网运行情况等信息，借助于一定的电价政策或引导措施，优化电动汽车蓄电池充放电策略，安排好充放电时间，发挥好对电网削峰填谷等方面的作用，同时有效降低用户电动汽车的用能成本。

（3）分布式电源/储能元件/电动汽车充放电设施的即插即用。各类用户侧小型分布式电源、储能元件以及电动汽车等新型能量单元实现与电网的电能量友好交互，首先需要实现上述新型能量单元可以方便、灵活地接入电网。因此支持用户侧分布式电源、储能元件以及电动汽车充放电设施即插即用的接入技术十分重要，需要把并网安全监测、无缝切换控制、双向计量、即时结算以及信息模型标准化等技术进行高效集成，从并网控制装置、营销结算机制等各个方面支撑从小到大各种不同容量的分布式电源、电动汽车、储能装置等新能源新技术的即插即用式接入。

2. 提高终端电力用户用能效率

随着社会各界节能减排、保护环境意识的不断增强，政府部门、电网企业和电力用户已经开始逐步意识到，共同推动改变传统的用电模式及习惯，提高终端用电效率乃至用能效率，在满足同样用电功能的同时减少电量消耗和电力需求，节约社会资源和保护环境，是各方应尽的社会责任。

提高终端用户用能效率有三个层面需求：① 对用户各类用能设备进行一定的技术改造或升级，从而提高设备本身的能量转化效率，例如高耗能设备的节能改造；② 从终端用户自身的整体用能效率出发，通过对用户内部用能设备各类信息的采集、处理和分析，并借助一定的智能控制和人机交互手段，实现用户用能行为的精细化管理，即实现电力用户的用能管理；③ 从促进供电侧、需求侧的动态优化平衡，促进社会资源优化配置的角度出发，通过供需两方面信息的高效交互，配套一定的激励机制或电价政策，鼓励用户优化自身用电行为、主动参与供需平衡调节，进而提升发电、输配电等各类社会公共设施的运营效率，增强电力系统安全可靠运行水平，同时还可以在一定程度上减少客户的整体电费开支，使各参与方获得共赢。

3. 满足用户日益多元化用电服务需求

随着电力用户服务需求的升级，用户对电网企业的服务理念、服务方式、服务内容和服务质量不断提出新的更高的要求，需要用电服务体系、技术体系适应友好互动、便捷多样的服务需求，充分考虑客户个性化、差异化服务需求，实现能量、信息和业务的双向交互，不断提高服务能力，提升客户满意度。

（1）主动参与电力市场运作。随着未来客户侧分布式发电、储能设备、电动汽车的发展，用电客户可能转变为既向电网购电，又向电网卖电；在需求响应的广泛参与下，用户不再是单纯被动接受电源受电，还可能主动参与供需平衡调节。因此，未来用电服务技术需要适应用户主动参与电力市场运作的需求。

（2）灵活的信息定制服务。用户可以根据各自的需求，通过多种方式灵活定制供用电状况、电价电费、停复电、能效分析、社会新闻等信息，通过多种信息交互渠道实时获取所定制的信息。

（3）选择更加便捷多样、友好互动的电力营销服务。通过便捷、高效的信息交互手段，用户可以详细了解自身的电力消费情况，方便选择各类营销互动服务，享受多渠道缴费结算、故障报修、业扩报装、电动汽车充放电预约服务等多种电力营销服务。

（4）享受多种增值服务。通过电网企业的电力线载波通信信道、电力光纤到户等通信网络资源，以及相应的配套设备，实现家庭用电设备的统一管理控制，为用户提供多种网络服务资源。还可以助力社区智能化进程，实现物业管理、社区服务、社区公告、社区电话、可视门禁等智能化功能。

4. 提升电网企业运营效率

智能用电服务一方面是为电力用户提供灵活互动、友好开发的全方位、多元化服务，另一方面也有电网企业提升自身业务能力、提高资源运营效率的诉求。尤其是在海量用户信息、多项新型营销业务、电力市场机制转变等条件下，对智能用电技术也提出了更高的要求。

（1）加速形成电力营销现代化管理模式。电力营销业务是电网企业的核心业务之一，也是直接面向广大电力用户的业务环节。为适应智能电网条件下的诸多新条件、新要求，势必需要依托高级量测、高效控制、高速通信以及信息化等手段，加大集约化发展、精益化管理、标准化建设力度，不断提升工作自动化、信息化、规范化水平，提高工作效率和效益。

（2）海量用户信息条件下的营销业务处理。随着电力用户用电信息的全采集、全覆盖进程的推进，目前相对集中的营销自动化支持系统建设模式，以及未来大量用户内部用能信息的采集处理和各类新型营销业务信息的承载处理，营销业务系统、用户用电信息采集系统等将会面临海量信息采集、处理、分析任务，如何高效处理海量用户信息，并开展有效的信息挖掘、高级分析决策，成为智能用电技术面临的重要挑战之一，也是提高电网企业营销管理能力、业务运营效率的关键之一。

（3）面向营销服务对象的业务资源优化管理。针对海量规模智能用电信息与大量并发用户接入、多种新型智能用电互动业务出现等情况，考虑到传统营销技术系统由于流程设计、信息安全、业务管理习惯等因素，尚不能很好地承载各类互动营销业务、互动服务项目和电能量友好交互，因此需要建立面向各类用户、兼容多种交互渠道、适应互动化业务流程、支持各类应用系统高效集成的智能用电互动化统一支撑环境，实现各类智能用电互动业务资源的优化管理。另一方面，传统配电台区管理与终端用户管理之间相对脱节的情况，导致营业、配电两条线的情况普遍存在，因此未来需要贯通配电台区到终端用户的营配业务一体化分析与管理，提高营配信息融合和业务集成水平，更好地服务于终端用户。

（4）提高电网安全可靠运行水平，提升电网资产运营效率。目前，我国电力需求尚处于相对较快增长的发展阶段，电网的供电能力和安全可靠运行水平在相当长一段时间内都将面临较大压力，发电和供电设备利用效率也相对较低，传统的仅依靠扩大电厂容量、加快电网建设来满足用电增长的相对粗放发展模式已经不能适应时代的要求。在智能电网新环境、新条件下，如何合理利用、有效调度分布式电源、电动汽车等资源，充分调动各类用户作为需求侧资源的优化调节作用，提高发/供电设备利用效率，促进电网安全可靠运行水平，也是智能用电技术面临的重要任务。

（三）智能用电的内涵和特征

1. 智能用电的内涵

智能用电体系建设要依托坚强智能电网和现代化管理理念，利用智能量测、高效控制、高速通信、储能等技术，实现电网与用户能量流、信息流、业务流实时互动，构建用户广泛参与的新型供用电模式，不断提升供电质量和服务品质，提升智能化、互动化服务能力，逐步提高资产利用率、终端用电效率和电能占终端能源消费的比重；逐步实现"互动服务多样、市场响应迅速、接入方式灵活、资源配置优化、管理高效集约、多方合作共赢"的智能用电服务目标，满足我国经济社会快速发展的用电需求，达到科学用电和节能减排的目的，推动资源节约型社会建设。

2. 智能用电的特征

智能用电的主要特征为灵活互动、节能高效、安全可靠、技术先进、友好开放等。

（1）灵活互动。实现电网与用户之间能量流、信息流和业务流的双向交互，为电力用户提供智能化、多样化、互动化的用电服务，建立即插即用、灵活互动的供用电模式。

（2）节能高效。智能用电技术的广泛应用，可以有效提高清洁能源接纳和利用效率，提升终端用能效率，优化用户用电行为，产生显著的节能、低碳效益。

（3）安全可靠。为用户提供更为可靠的电力供应，提供更为优质的电能质量，同时还可以有效指导用户科学用电、安全用电的行为。

（4）技术先进。智能用电广泛应用于高级量测、智能控制、混合通信、信息处理、储能等先进技术领域，是多种先进技术的综合应用和展示载体。

（5）友好开放。充分发挥电网资源的社会资源属性，充分利用电网资源为用户提供便捷、友好、开放的增值服务。

二、智能用电业务模式

（一）智能用电业务类别

智能用电的核心特征是灵活互动，按照智能用电互动业务承载的内容，可以分为信息互动服务、营销互动服务、电能量交互服务和用能互动服务等四类业务。

1. 信息互动服务

信息互动服务是智能用电互动业务中的基础服务。信息互动包括两方面含义：① 供电企业根据客户对信息查询的定制要求，借助于网站、互动终端、手机等多种方式，向客户提供用电状态、缴费结算、电价政策、用能策略建议等多种信息；② 用户可以通过网站、互动终端、热线电话等多种渠道将自身信息传送给供电企业，如业扩报装信息、故障报修信息、举报建议信息等。

2. 营销互动服务

营销互动服务是智能用电互动业务中的基础专业服务。营销互动是指通过互动终端、95598 服务网站、95598 服务热线、智能营业厅、自助服务终端等多种服务渠道，为客户提供多样化的营销服务渠道和服务方式，支持业扩报装、投诉、举报与建议、用电变更、故障处理、故障抢修以及多渠道缴费等电力营销业务。

3. 电能量交互服务

电能量交互服务是智能用电互动业务中的高级专业服务，是指为具备电能量双向流动条件的分布式电源、储能装置、电动汽车等提供便捷的接入服务，实现包括双向计量计费、保护控制、智能调配等在内的服务功能，支持电能量的友好交互。

4. 用能互动服务

用能互动服务是智能用电互动业务中的高级专业服务，是指以优化用户用能行为、提高终端用能效率为目标的相关服务业务。包括用户用能设备管理与控制、用能诊断与优化策略、自动需求响应等业务，为优化用户用能模式、实现供需优化平衡提供技术服务手段。

（二）智能用电业务之间的关系

4 类智能用电互动业务实质是一体化运作的，是信息流、业务流和电力流实现双向互动的表现形式。信息互动服务是信息流双向互动的表现形式，也是其他类别互动服务的基础，不论营销互动服务、电能量交互服务还是用能互动服务，都需要借助供电企业与用户之间的信息双向交互实现；营销互动服务是"信息流＋业务流"双向互动的表现形式，借助于多元信息交互手段和营销支持系统，实现电力营销业务的渠道多样化和服务人性化，同时也为电能量交互、用能互动提供营销业务支持；电能量交互服务和用能互动服务都是"信息流＋业务流＋电力流"双向互动的表现形式，以供需双方的信息交互为基础，以多样化、人性化的营销服务为保障，借助用能智能决策与控制相关系统，实现供需双方之间电力流的友好交互，如图 4-1 所示。

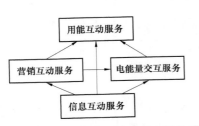

图 4-1 智能用电各类互动业务之间的关系

（三）智能用电业务的实现模式

智能用电互动化可以有多种实现渠道、实现模式，例如可以通过 95598 门户网站、数字电视、自主终端、智能交互终端、智能电能表、智能手机等手段，利用互联网络、电话、邮件等多种途径给用户提供灵活多样的交互方式，实现用户的现场和远程互动，为用户提供各类型智能用电互动业务。

在现场互动方式中，目前比较主流的实现方式包括智能交互终端、智能营业厅等。远程互动方式中，比较主流的是 95598 互动服务网站、手机、电话等方式。

三、智能用电技术模式

（一）总体实现模式

智能用电技术实现模式架构可分为用户层、高级量测系统及终端层、智能用电互动化支撑平台层、互动渠道层和通信信息支撑层 5 个层次，如图 4-2 所示。

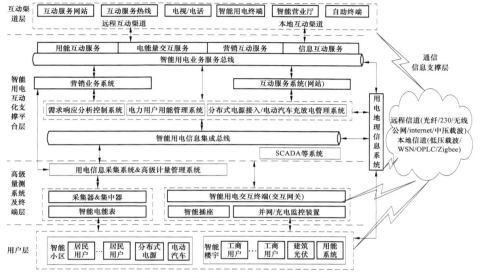

图 4-2　智能用电技术实现模式架构

智能用电业务的总体实现过程：通过高级量测终端实现各类用户的信息采集、信息交互和相关控制，借助高级量测系统实现用电信息的采集、分析与管理，并为其他系统提供基础用电数据；通过智能用电互动化支撑平台的信息集成总线，实现各类互动业务所需信息的集成、共享；借助智能用电互动化支撑平台的业务服务总线，集成需求响应、用能管理等各专业应用系统，同时为各类互动渠道提供统一的接入支持，从而形成支持四类互动业务、直接面向供电公司和电力用户的统一业务支撑环境。

上述技术实现模式考虑到目前国内用电信息采集系统已经大规模推进，相对应的营销业务流程、管理机制等都已成熟，因此不宜再对其进行大规模改造来承载各类新型的智能用电互动业务；另一方面，考虑到互动业务接入渠道多样化等情况对信息安全等方面带来的影响，也适宜建立一套与传统营销业务相对独立的互动化支撑环境。

（二）高级量测系统及终端

高级量测体系（advanced metering infrastructure，AMI）是用来测量、收集、

储存、分析和运用用户用电信息的网络处理系统，由安装在用户端的智能电能表、采集终端等装置，位于供电公司内的数据分析管理系统和连接它们的通信系统组成。

AMI 的概念是"舶来品"，在国外观点中，AMI 除了用电信息采集等基础模块外，还包括需求响应、分布式电源接入管理、营销互动服务等各类互动应用，可以等同于整个智能用电体系。但国内的用电信息采集系统已经大规模推进，相对应的营销业务流程、管理机制等都已成熟，考虑到信息安全、管理机制等因素，宜考虑基于已有建设基础的平滑演进方式。

1. 高级量测终端

（1）智能电能表。

1）智能电能表在智能用电技术实现模式中的作用。在智能用电技术实现过程中，智能电能表承担着电能数据采集、计量、传输以及信息交互等任务。举例来说，智能电能表在智能用电技术体系中的支撑作用可以表现在：智能用电环节的各项高级分析及控制，离不开更多类别、更详细用户用电信息的支撑，智能电能表就是获得这些信息的基础；分布式电源、电动汽车的发展，以及灵活电价机制（如阶梯电价、分时电价、实时电价等）的实施，带来的双向计量、分时段计量计费等需求都需通过智能电能表来实现。

另外需要说明的是，智能电能表是否直接支持各类互动业务（例如可以显示互动信息、支持家庭用能管理等），在这个问题上现在国内还未形成统一的认识。学术领域讨论的智能电能表一般是直接承载各类互动业务；还有一种观点是在目前国内已经开展的智能用电实践中普遍采用的，即从信息安全、投资成本等角度出发，将智能电能表定位为用户用电基础信息的采集设备，其他高级互动功能则由另外的终端设备（例如智能用电交互终端等）来承载。

2）智能电能表的主要功能。以下介绍的智能电能表的主要功能，是基于目前国内智能用电研究实践中普遍采用的功能配置模式，即不承载具体智能用电互动业务。

智能电能表主要功能除传统计量、计费功能外，根据应用场景还包括以下主要功能：提供有功电能和无功电能双向计量功能，支持分布式电源接入；具备电能质量、异常用电状况在线监测、诊断、报警及智能化处理功能；适应阶梯电价、分时电价、实时电价等多种电价机制的计量计费功能，支持需求响应；具备预付费及远程通断电功能；具备计量装置故障处理和在线监测功能；可以进行远程编程设定和软件升级。

（2）智能用电交互终端（交互网关）。智能用电交互终端（简称交互终端）

是一种可以承担信息交互、信息展现、智能分析控制，并承载多种智能用电互动业务的智能终端。

1）交互终端在智能用电技术实现模式中的作用。交互终端是高级量测体系中的重要基础单元，在整个智能用电技术体系中承担着用户终端"信息交互窗口""业务操作平台"以及"用能管理平台"的重要作用。

信息交互窗口是交互终端的基础作用，例如可以接受供电公司发布的电价信息、停电信息等各类信息或主动查询相关信息，还可以展现本地数据的分析结果，如电量不足报警、节能分析等；业务操作平台是交互终端的基本作用，借助于交互终端可以完成多种智能用电互动业务的操作执行，例如可以实现需求响应控制、远程缴费、电器控制等；用能管理平台是交互终端的高级应用，可以对用户用能情况和用电设备进行统一监测、分析与管理，可以实现客户侧分布式电源接入、电动汽车充放电等电能量交互业务的管理等。

2）交互终端的主要功能。交互终端的功能目前还未形成统一认识，而且由于用户需求的多元化、电力营销机制的差异化，以及承载智能用电互动业务的不同，交互终端所支持的功能也应该体现灵活选择、柔性扩展的特点。一般来说，交互终端可以集成以下功能：信息查询功能，如查询电量、电费等信息；信息发布功能，如发布停电、电价信息等；营销服务功能，如缴费、报修、反馈等；用能管理功能，如用能监测、节能分析等；用户内部设备管理与控制功能，如需求响应控制、智能家电/智能插座信息采集与控制等；分布式能源接入、电动汽车充放电管理功能；增值服务功能，如社区管理，以及烟火报警等家庭安全防护功能等。

2. 高级量测系统

高级量测系统可以划分为用电信息采集和高级计量管理，可以实现用户用电信息采集与监控，可以及时、完整、准确地为其他业务系统提供基础用电信息数据，同时可以实现智能电能表等量测设备的智能化管理与柔性升级等高级应用。

（1）用电信息采集。

1）用电信息采集在智能用电技术实现模式中的作用。用电信息采集主要实现电力用户用电信息采集、处理和监控，采集不同类型用户的电能量数据、电能质量数据、负荷数据等信息，实现用电信息自动采集、计量异常和电能质量监测、用电分析管理，一方面满足传统营销需求，同时也为互动业务系统提供基础用电信息。可以说，用电信息采集是智能用电技术架构中的核心基础环节。

2）用电信息采集的主要功能。用电信息采集可以按照设定的日期和时间，以实时、定时、主动上报等方式，采集不同类型用户的电能数据、电能质量数据、负荷数据、工况数据、事件记录数据等信息，实现自动抄表管理、费控管理、预付费管理、有序用电管理、电费电价分析、用电情况统计分析、信息发布等功能。

（2）高级计量管理。

1）高级计量管理在智能用电技术实现模式中的作用。高级计量管理通过获取各类量测设备（包括智能电能表、采集终端等）运行数据、监测数据，实现各类量测设备的自动化检定检测、远程柔性升级、全寿命周期管理等高级应用管理。可以说，用电信息采集是通过各类量测设备实现用户用电信息的采集，而高级计量管理则是对这些量测设备进行智能化管理。高级计量管理的应用是量测设备运行质量可控、能控的重要保障。

2）高级计量管理的主要功能。高级计量管理可以实现各类量测设备及其数据的智能化管理与应用，主要包括量测设备远程自动检定检测、设备运行数据管理、设备质量分析、设备可靠性分析、设备远程升级控制、设备检修管理等专业应用功能。

（三）需求响应与用能管理

在 4 类智能用电互动业务中，用能互动服务的地位十分重要，是优化供需平衡、提供终端用能效率的重要内容。其中，需求响应和用能管理是重要的实现载体，属于智能需求侧管理的范畴。

1. 需求响应

需求响应（demand response，DR）是指通过一定的价格信号或激励机制，鼓励电力用户主动改变自身消费行为、优化用电方式，减少或者推移某时段的用电负荷，以优化供需关系，同时用户获取一定补偿的运作机制。可以说，需求响应本质上是一种基于用户主动性，以电力资源优化配置为目标的市场运作机制。

（1）需求响应在智能用电技术架构中的作用。需求响应是用电环节与其他各环节实现协调发展的重要支撑技术，是智能用电技术架构中的高级应用部分。各类终端电力用户、用电设备，包括客户侧分布式电源（含储能设备）、电动汽车等，相对于电网侧来看，都可以当作需求侧资源。需求响应作为用户（需求侧资源）参与供需平衡调节的重要途径，强调供需双方的互动性，重视电力用户的主动性，综合供需两方面信息来引导用户优化用电行为，可以实现缓和电力供求紧张、节约用户电费支出、提高电网设备运营效率等优化目标。

（2）需求响应的技术实现。需求响应的实现，需要先进的量测、营销、信息通信、控制等方面的技术支持，涉及电力市场、电网优化调度与运行、智能决策等方面的理论研究，需要电价政策、激励机制、能源政策等宏观政策，可以说，需求响应是个复杂的系统级问题。

在智能用电技术架构中，需求响应支持系统通过互动支撑平台，获取高级量测系统提供的需求侧信息，获取电网运行监控系统提供的电网运行信息，在整合供需两方面信息的基础上生成需求响应的执行计划、范围和策略并下达到用户，用户通过交互终端或其他控制设备自动或手动完成响应行为，并将响应信息进行反馈，由支持系统完成响应效果评价，并借助营销业务系统实现需求响应结算。

2. 电力用户用能管理

电力用户用能管理通过用户用能信息的采集、分析，为用户提供用能策略查询、用能状况分析、最优用能方案等多种用能服务，可以为能效测评和需求侧管理提供辅助手段。

（1）电力用户用能管理在智能用电技术架构中的作用。电力用户用能管理是优化用户用能行为，提高用电效率、降低用能成本、减少能源浪费的重要手段，是智能用电技术架构中的高级应用部分。用能管理与需求响应都属于需求侧管理领域，二者既有共同点和关联性，同时也具有各自的定位。

需求响应与用能管理都是以优化电力用户用能行为作为目标，但需求响应侧重于通过改变用户用电行为来实现供需双方优化的动态平衡，用能管理则是偏重于用户内部用能行为的精细化管理，以此来优化用户用能行为、提高自身用能效率。就二者关联性而言，用户参与需求响应项目离不开用能管理系统的支持，需要通过用能管理系统确定用户内部用电设备的具体控制策略来实现响应行为。

（2）电力用户用能管理的主要功能。电力用户用能管理主要是借助于智能用电交互终端、智能插座、各类传感器等智能设备以及互联互通网络，实现对用户内部用能、环境、设备运行状况以及新能源等信息的及时采集、传递和分析管理。主要功能包括：用户用能信息的采集，为用户提供用能状况分析、用能优化方案等多种用能管理服务功能；提供内部各类智能用电设备的控制手段；可以对用户各类用能系统能耗情况进行监视，找出低效率运转及能耗异常设备，对能源消耗高的设备进行一定的节能调节；实现分层、分类的能耗指标统计分析功能；为能效测评和需求侧管理提供辅助手段。

（四）智能用电互动化支撑平台

智能用电的互动业务种类、交互渠道众多，各业务系统间业务交互、信息共享的需求迫切，迫切需要搭建智能用电互动化的综合性支撑平台。

1. 互动支撑平台在智能用电技术架构中的作用

智能用电互动化支撑平台（简称互动支撑平台）是智能用电技术体系中的核心内容，是实现各类用电互动业务的综合支撑平台，包括业务支撑和信息共享支撑两方面。业务支撑方面，由于智能用电互动业务很庞杂，包括分布式电源接入、电动汽车充放电、互动信息服务、互动营销业务服务、需求响应等许多方面，不论是对用户还是供电公司而言，都希望在统一支撑的环境下来实现各类用电互动业务的操作和管理。信息共享支撑方面，由于智能用电互动业务的实现需要大量信息支撑，尤其是电动汽车充放电管理、需求响应、用能管理等较为复杂的业务，更是需要在大量信息的基础上进行复杂后台分析后得出决策方案再付诸实施，因此有必要为各类智能用电业务决策提供统一的数据源和信息支撑环境。

2. 互动化支撑平台的主要功能

（1）智能用电互动化各类基础信息的集成。实现信息的抽取、交互、挖掘以及信息安全等功能。

（2）智能用电各类互动业务的统一调度。实现互动业务的任务识别、分解、转发和服务注册等功能。

（3）智能用电互动渠道的统一接入管理。实现多种互动渠道管理、接入任务处理，以及交互信息的解析、下发与反馈等功能。

（五）智能用电通信技术模式

1. 通信组网技术在智能用电技术架构中的作用

智能用电环节的通信网络是实现用户用电需求定制、多种用能策略、多样化服务的业务网络，是支撑信息传输、交换的关键支撑环节。总体结构应为多级分布式，应综合通信节点分布特点、所支持业务信息传输要求、建设成本等各种因素，因地制宜地选择多种通信技术来复合组网。智能用电的通信网络可分为远程通信网、本地通信网。

2. 智能用电通信组网技术模式

远程通信网络是指由各类智能终端设备至各类支持系统（如用电信息采集系统、智能用电双向互动支撑平台等）的远距离数据通信网络。远程通信网应具备较高带宽和传输速率，保障大量数据通信的双向、及时、安全、可靠传输。远程通信网一般以光纤为主，无线和电力线载波方式作为补充。

本地接入网是指配电变压器集中器、智能电能表、交互终端、智能用电设备等之间信息交互的短距离通信网络。本地接入网应具备一定的带宽和传输速率，保障数据通信的双向、低时延、稳定、可靠传输。对于本地接入网络中从配电变压器至用户的通信网络，主要采用宽带/窄带电力线载波、光纤复合低压电缆等方式，在部分场合可采用微功率无线技术；对于家庭或用户内部通信网络，主要采用 ZigBee/WiFi 等无线技术实现内部组网。

（六）用电可视化管理

用电环节直接面向终端用户，随着用户数量的增长和服务需求的多元化，仅依靠后台的分析与管理方式已经无法满足要求，与可视化手段的高效结合是未来的发展趋势。用电地理信息系统是实现用电可视化管理的重要实现方式。

1. 用电可视化管理技术在智能用电技术架构中的作用

用电地理信息系统是智能用电技术架构中的可视化辅助工具。通过地理信息系统向用电环节的延伸，将用户信息、设备信息、服务信息、故障信息等基础信息与地理信息高度融合，实现用电信息数据和可视化的统一，可以为各类智能用电业务提供可视化的辅助决策。

2. 用电可视化管理的主要功能

（1）信息可视化查询与定位管理功能。如供用电设备及客户位置定位、停电区域分布、台区范围图形化定位等。

（2）营销服务业务辅助决策功能。如业扩供电方案辅助制订、智能故障判断及查找等。

（3）基于地理信息的可视化监控功能。如采用系统模拟监控图等方式实现用电服务资源的优化调度、分布式电源接入可视化监控等。

第二节　用户用电信息采集

一、高级量测体系

1. 高级量测体系的提出

国外发达国家在 20 世纪 80 年代中期开始研究和应用远方抄表技术，即应用 AMR（automatic meter reading，AMR），该技术利用当时主要的通信技术手段，如无线通信技术、电力线载波通信技术等来远程完成用电信息采集任务，AMR 主要服务于电力营销中的"抄、核、收"问题。随着新型信息通信技术、电力芯片、信息安全技术等的快速发展，以及清洁能源接入、需求响应、节能减排等方面的现实发展需要，美国等发达国家本世纪开始逐渐推行高级量测体系（advanced metering infrastructure，AMI），利用现代通信技术手段，实现用电信息的实时抄收和信息双向通信，同时为用户侧分布式电源接入、电动汽车的充电及监控提供条件，为优化能源管理提供基础信息。

高级量测体系是实现供需双方信息交互的基础，是用来测量、收集、储存、分析和运用用户用电信息的完整的网络处理系统，由安装在用户端的智能电能表、采集终端，位于供电公司内的量测数据分析管理系统和连接它们的通信系统组成。其显著特点：基于开放式的双向通信网络，可以灵活、准确地定制远程读取信息的时间间隔，采集的信息量更加全面，支持多种电价机制，支持量测设备的高级管理，可以远程实现软/硬件升级，支持用户用电自动化，集成停电管理、需求响应等高级应用等。

2. 高级量测体系在国内外的实现形式

高级量测体系建设的重要性已经得到国内外广大智能电网研究者的高度重视，在部分国家和地区已经开始实施并取得很好的效果。由于各个国家的电力营销组织机制、技术基础条件等因素的不同，国内外对于高级量测体系的理解也存在一定的差异，并且目前对其内涵内容、技术范畴等的理解还处于不断发展与完善阶段。

对于以美国为代表的国家或地区，高级量测作为与用户建立通信联系、实现的基础，是智能电网建设项目的基础和首选。国外对高级量测技术的理解，除去要实现传统 AMR 中用户关口处电能量的信息采集处理，另外要支持更大范围内的电气及非电气参量信息采集，如用户侧供用电设备运行状态及用能信息、分布式电源运行信息、电动汽车有序充放电监控信息等，同时强调要支持与用户之间的友好交互。在高级应用层面，除去传统的用电营销应用，更加强调为用电信息采集、负荷管理、需求响应、停电管理、用能管理等提供统一的技术支撑平台，并且可以支持配电自动化、停电管理、配网规划、窃电分析、资产管理等多种高级业务应用。因此，可以说国外的高级量测体系基本涵盖了整个智能用电技术体系。

目前，国内对于高级量测体系的实践，主要集中在电力用户用电信息采集系统的大力实施、智能电能表的大规模应用，主要服务于自动抄表、预付费管理、负荷控制管理等电力营销业务。对于用户侧分布式电源接入管理、电动汽车充放电管理、用户侧用电自动化、用户用能管理等智能用电互动化服务业务的实践，基于信息安全、资产运维管理等方面的考虑，一般是采取单独建设配套装置、通信信道以及后台支持系统的方式，没有与用电信息采集系统等电力营销支持系统来共享通信信道、后台支持系统等资源，在应用层面也未进行有效地集成。因此，下面将着重对智能电能表、用电信息采集系统等技术基础进行介绍。

二、智能电能表技术基础

下面从智能电能表发展历程、各方对智能电能表的理解，以及智能电能表基本技术等方面进行介绍。

1. 电能表发展历程简介

自从 19 世纪末出现感应式电能表以来，迄今已经经历了感应式电能表、机电一体化式电能表、全电子式多功能电能表和目前广泛讨论的智能电能表等的发展历程。

感应式电能表是采用电磁感应原理，通过三个不同空间和相位的磁通建立起来的交变移进磁场，在这个磁场的作用下，转盘上产生了感应电流，根据楞次定律，这个感应电流使得转盘总是朝一个方向旋转。转盘的转动经蜗杆传递到计数器，累计转盘的转数，从而达到计量电能的目的。感应式电能表的好处就是直观、动态连续、停电不丢数据。但感应式机械电能表由于计量精度不够精准、适用频率窄、功能单一，以及对非线性负荷、冲击负荷计量误差较大等缺点，目前感应式电能表已经基本淘汰。

到 20 世纪末，针对电能表实现多功能、高精度以及支持自动抄表等需求，促使了各种新型的电子式电能表的发展。首先出现的是机电一体式电能表，一般是采用感应式电能表作为基表，同时应用电子电路实现分时和复费率、预付费等功能，具备 RS–485 或红外接口。

随着电子技术的发展，模拟—数字转换技术、大规模集成电路技术的逐步完善，全电子式的多功能电能表逐步成为电子式电能表的主流。目前，在国内广泛推广应用的就是这类电能表，集成了电能多功能计量、自动采集、预付费、阶梯电价等多方面功能，硬件平台的选择和产品设计更加注重运行速度、存储空间、功耗等因素，注重多种通信方式的兼容，即除原有的 RS–485 接口、载波 PLC 为基本接口配置外，还可以选配以太网、微功率无线通信等方式。

进入 21 世纪，尤其是随着近几年世界各国开始的智能电网的建设，电能表已经不再仅仅作为测量关口电能量的计量设备，而是作为智能电网中获得各类用户用电信息的"感知设备"，由此引出了智能电能表的概念。

2. 智能电能表概念的提出与各方理解

早在 20 世纪 90 年代就出现了智能电能表（smartmeter）的概念。对 smartmeter 的理解，目前国际上还没有统一的概念。欧洲通常采用 smartmeter 概念，而 smartelectricmeter 则特指智能电能表；美国则习惯采用 advancedmeter 的概念。

虽然 smartmeter 直译为智能仪表或智能表计，但主要是指智能电能表。

国际上不同的组织、研究机构和企业都结合相应的功能要求给出了 smartmeter 的不同定义。欧洲智能表计联盟（european smart metering alliance，ESMA）通过描述智能电能表的特性及实现的功能来定义：对计量数据的自动处理、传输、管理和使用；电能表的自动化管理；电能表之间的双向通信；为相关参与者（包括能源消费者）提供及时和有价值的能耗信息；支持改善能源利用效率和能源管理系统的服务。美国需求响应和高级计量联盟（demand response and advanced metering coalition，DRAM）认为智能电能表应能实现以下功能：计量不同时间段内的能源使用数据，包括每小时的或者权威部门制定的时间段；允许电力消费者、电力公司和服务机构以各种形式的电价进行电力交易；提供其他数据和功能以提高电力服务质量及解决服务中的问题。

国内通常以微处理器和网络通信技术应用为核心的电子式多功能电能表定义为智能电能表，除了电能量计量等基本功能外，智能电能表还需具备以下功能或特性：有功电能和无功电能双向计量，支持分布式能源用户的接入；具备阶梯电价、预付费及远程通断电功能，支持智能需求侧管理；可以实时监测电网运行状态、电能质量和环境参量，支持智能用电用能服务；具备异常用电状况在线监测、诊断、报警及智能化处理功能，满足计量装置故障处理和在线监测的需求；配备专用安全加密模块，保障电能表信息安全储存、运算和传输等。

另外，国内目前正在开始推广应用的智能电能表，出于信息数据安全、技术经济性等方面因素的考虑，是不直接实现用户信息互动、实时电价显示等智能用电互动业务的，而是通过另外的交互终端设备来承载具体智能用电互动业务。

3. 智能电能表主要功能

智能电能表由测量单元、数据处理单元、通信单元等组成，目前主流设计框架是基于集成计量引擎的模拟前端（AFE）和独立微控制器（MCU），在硬件平台的选择和产品设计上更加注重运行速度、存储空间、功率损耗等因素，具有高可靠、低功率损耗、高安全等级以及大存储容量等特点。另外，在通信接口和性能方面有较大的提升，除传统的 RS-485 接口、载波 PLC 为基本接口配置外，还可以集成以太网、微功率无线等通信方式。

主要功能除传统计量功能外，智能电能表一般根据应用场景还具备以下功能：

（1）提供有功电能和无功电能双向计量功能，能够支持具有分布式电源的接入方式。

（2）除电能量信息外，还需要可以监测电能质量和环境参数。

（3）具备阶梯电价、分时电价、实时电价等多种电价形式情况下的计量计费，支持需求响应。

（4）具备预付费及远程通断电功能。

（5）具备异常用电状况在线监测、诊断、报警及智能化处理功能，满足计量装置故障处理和在线监测的需求。

（6）可以进行远程编程设定和软件升级。

（7）配备专用安全加密模块，保障电能表信息安全储存、运算和传输。

4. 智能电能表的设计

智能电能表由测量单元、数据处理单元、通信单元等组成，主要包括电压/电流采样电路、计量芯片、微处理控制器（micro control unit，MCU）、电源模块、存储单元、控制回路、各类通信接口、载波通信单元等，图 4-3 为智能电能表的硬件结构示意图。

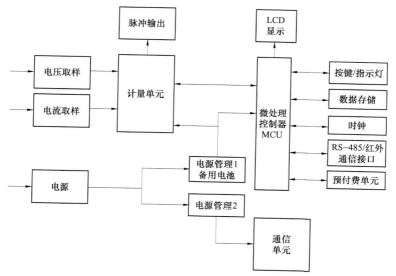

图 4-3　智能电能表硬件结构示意图

智能电能表应采用安全的嵌入式实时操作系统，目前主流设计框架是基于集成计量引擎的模拟前端（AFE）和独立微处理控制器 MCU，硬件平台的选择和产品设计需要十分注重运行速度、存储空间、功率损耗等问题。

智能电能表内部的微处理控制器宜采用 32 位 MCU，计量芯片应具有更高功能集成度，实现测量和控制功能，并具有强大的分析处理能力，可完成对采集的大量实时信息、上级装置下发的指令进行及时处理，数据存储通常可以采用 FLASH 芯片和 EEPROM 芯片，对外通信接口主要有红外通信接口、RS–485 通信接口、载波、以太网、小无线、无线公网等其他通信接口。对于智能电能表直接承载双向信息互动功能的设计思路，还需要具有显示设备和信息输入设备。

智能电能表的数据信息安全传输和可靠存储十分重要。智能电能表的数据安全防护包括硬件开关、密码验证和硬件数据加密等方式。硬件开关方式是指通过在编程开关外置封印来实现权限管理；密码验证是在数据传输中预留固定字段用于密码验证，在密码验证通过后进行数据读/写操作；硬件数据加密是指采用国家认可的硬件安全模块以实现数据的加/解密，其硬件安全模块内部集成有国家密码管理局认可的加密算法。各类数据安全防护方式各有侧重，在实际中需要合理配合使用，其中硬件数据加密方式是最重要的方式。

三、用电信息采集系统技术基础

用电信息采集系统是对电力用户用电信息采集、处理和实时监控，采集不同类型用户的电能数据、电能质量数据、负荷数据等信息，实现用电信息的自动采集、计量异常和电能质量监测、用电分析和管理。可以说，用电信息采集是作为智能用电技术体系中的核心基础环节，为营销业务自动化、智能用电互动服务、各类电能量交互业务、需求响应等各方面提供用电相关数据信息，为推进双向互动营销、快速响应客户需求、提升客户体验、优化营销业务奠定基础。

用电信息采集主要包括系统数据采集、数据管理、控制、综合应用、运行维护管理、系统接口等方面的功能。简单来说，用电信息采集可以按照设定的日期和时间，以实时、定时、主动上报等方式，采集不同类型用户的电能数据、电能质量数据、负荷数据、工况数据、事件记录数据等信息，实现自动抄表管理、费控管理、预付费管理、有序用电管理、电费电价分析、用电情况统计分析、信息发布，以及系统的自身运行维护、与外部系统接口等功能。

用电信息采集系统作为智能用电管理、服务的技术支持系统，为管理信息系统提供及时、完整、准确的基础用电数据，可以说用电信息采集是一种集成技术，智能电能表、通信网络等都是其中十分核心的支撑技术，本节侧重于从系统层面介绍用电信息采集技术，包括系统架构、主站设计、建设模式等方面，由于用电信息采集的技术内容十分庞大，限于篇幅这里只能简单介绍。

（一）用电信息采集系统架构

1. 逻辑架构

逻辑架构主要从用电信息采集实现的逻辑关系角度对用电信息采集系统从

主站、信道、终端等层面对系统进行逻辑分类。用电信息采集系统逻辑架构如图 4-4 所示。

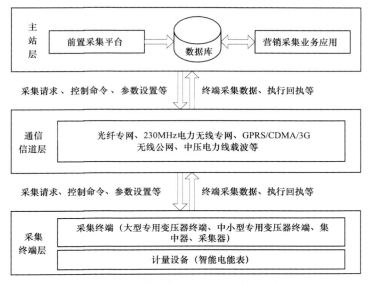

图 4-4   用电信息采集系统逻辑架构

用电信息采集系统的逻辑架构说明：

（1）用电信息采集系统在逻辑上分为主站层、通信信道层、采集终端设备层。系统通过接口的方式，统一与营销应用系统和其他应用系统进行接口。

（2）主站层分为业务应用、数据采集、数据库管理等三部分。业务应用实现系统的各种应用业务逻辑；数据采集负责采集终端的用电信息、协议解析，以及对带控制功能的终端执行有关控制操作命令；数据库负责信息存储和处理。

（3）通信信道层是为主站和终端的信息交互提供链路基础，分为远程通信和本地通信，分别提供采集终端至系统主站间的远程数据传输通信、采集终端至采集对象（智能电能表）之间的通信。

（4）采集终端设备层主要收集和提供整个系统的原始用电信息，负责各信息采集点的电能信息的采集、数据管理、数据传输以及执行或转发主站下发的控制命令。采集终端设备层可进一步分为终端子层和计量设备子层，终端子层（如集中器）是收集用户计量设备的信息，处理和冻结有关数据，并实现与上层主站的交互；计量设备子层（如智能电能表）是实现各类终端采集点的用电信息采集。

2. 物理架构

系统物理架构是指用电信息采集系统实际的网络拓扑构成，从物理上可根据部署位置分为主站、通信信道、现场终端三部分。用电信息采集系统物理架构如图4-5所示。

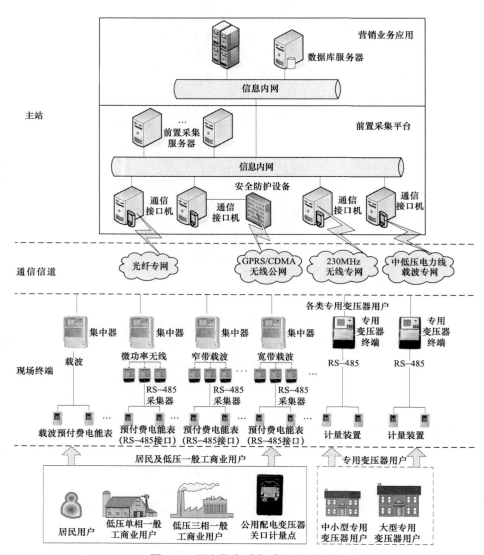

图4-5　用电信息采集系统物理架构

用电信息采集系统的物理架构说明：

（1）主站网络的物理结构包括前置采集服务器和营销系统服务器两部分。前置采集服务器主要包括前置服务器、工作站、GPS 时钟、安全防护设备等相关的网络设备；营销系统服务器由数据库服务器、磁盘阵列、应用服务器等设备组成。

（2）通信信道是指系统主站与终端之间的远程通信信道，主要包括电力光纤专网、GPRS/CDMA/3G 无线公网、230MHz 电力无线专网等。

（3）采集设备是指安装在现场的终端及计量设备，主要包括专用变压器终端、集中器、采集器以及智能电能表等。

（二）系统主站设计基本原则

1. 硬件设计

（1）用电信息采集主站硬件设计基本原则。

1）充分利用已有资源的原则：用电信息采集系统主站的硬件设备投资额度很大，需要综合考虑现有的硬件资源，在继承现有资源的基础上进行设计。

2）充分考虑未来需求的原则：要考虑未来可能的需求，注重硬件的可扩展性，便于以后的升级和性能提升。

3）高度重视安全性：要充分考虑系统安全因素，重视安全设备的设计和投入。

4）充分考虑技术经济性：不仅要考虑技术先进性、可靠性，还要充分注重硬件投入的经济性。

（2）数据库服务器。数据库服务器承担着系统数据的集中处理、存储和读取，是数据汇集、处理的中心。数据库服务器的设计应通过集群技术手段满足系统的安全性、可靠性、稳定性、负载及数据存取性能等方面的指标要求。

集中式电能信息采集与管理系统总体规模较大，工作站并发性访问众多，要求采用高性能的存储设备来满足系统性能、规模及存储年限等指标，存储设备一般可以采用存储域网络（storage area network，SAN）结构的磁盘阵列以方便数据库服务器集群的扩展，配置双控制器以具备负载均衡能力，需要满足部件和电源模块的可热插拔条件，同时能够根据要求进行灵活方便的在线、不间断、动态的扩展。

（3）应用服务器。应用服务器主要运行后台服务程序，进行系统数据的统计、分析、处理以及提供应用服务。应用服务器的设计应通过集群技术保障系统的可靠性和稳定性，通过负载均衡技术保障系统的负载以及工作站并发数据等性能指标要求。对于较大规模的系统，可以采用应用服务器集群并选择合适的集群模式，以提高性能。

（4）前置服务器。前置服务器是系统主站与现场采集终端通信的唯一接口，所有与现场采集终端的通信都由前置服务器负责，所以对服务器的实时性、安全性、稳定性等方面的要求较高。

对于前置服务器一般应该具有分组功能以支持大规模系统的集中采集，采用双机以主辅热备或负载均衡的方式运行保证安全性，根据接入系统的信道不同采取不同的安全防护措施，需要根据接入终端数量合理设计前置服务器的接入容量，对于较大规模的系统，一般需要采用前置服务器集群并选择合适的集群模式。

（5）接口服务器设计基本原则。接口服务器主要运行接口程序，负责与其他系统的接口服务，需要满足系统的安全性、可靠性、稳定性等要求。

2. 软件设计

用电信息采集系统的软件设计需要遵循可用性、安全性、可靠性、可伸缩性和扩展性的基本原则，需要充分考虑到用电信息采集系统业务种类多、应用环境复杂的特点，以及需要满足信息发布、功能扩展等需求，因此系统软件宜采用分布式多层架构体系，选用结构化设计和面向对象设计的方法。一般可以考虑采用 J2EE（Java 2 Enterprise Edition）企业平台架构搭建，在部分模块中也可以根据实际情况采用其他技术。用电信息采集系统软件可以分为数据层、服务层、应用层和表现层等四个层次。

（1）数据层。数据层主要完成采集数据、档案数据、参数数据等的存储，为系统提供数据的管理支持，一般采用大型商用数据库。采用数据中间层对关系型表结构进行封装，各应用只需要调用数据中间层的应用函数接口，就能以对象方式访问数据库，而无需关心数据库的实现形式和库表结构。

（2）服务支撑层。服务支撑层是指为应用提供显示、管理等各种中间公共服务，并实现本系统专用的业务逻辑服务，为业务应用层提供通用的技术支撑。公共服务偏向于通用的服务，而不像应用层是偏向于解决业务领域的问题。各种公共服务包括数据访问服务、图形服务、消息服务、告警服务、权限服务和报表服务等。系统服务一般采用中间件组件的方式实现，引入面向服务的体系结构（service oriented architecture，SOA）原则，将各种细粒度的服务进行有效编排，生成供各种应用使用的粗粒度服务。

（3）业务应用层。业务应用层主要完成用电信息采集相关业务的应用，实现具体业务逻辑，包括数据采集、数据管理、各类业务功能应用和对外业务接口等。由于部署在不同地区的用电信息采集系统规模有大小、功能有侧重点，因此业务应用层的设计宜采用跨平台和基于组件的分布式系统，通过不同硬件平台的混合配置和不同应用组件的拆分组合来组建出满足最终用户的不同系统。基于应用层的基本特点，一般可以采用 EJB（Enterprise Java Bean）组件方式实现，符合 EJB 规范的 EJB 组件可以在任意 J2EE 平台上运行，可以有效地满足可移植性。

（4）表现层。表现层主要是提供统一的业务应用操作界面和信息展示窗口，是系统直接面向操作用户的部分。结合用电信息采集系统的业务特点，采用 B/S（浏览器/服务器）体系架构，遵循 J2EE 的多层分布式架构思想和 Struts MVC 框架，在 J2EE 平台基础上进行开发。

（三）系统主要功能

用电信息采集系统（简称系统）的主要功能包括数据采集、数据管理、综合应用、运行维护管理、系统接口等。

1. 数据采集功能

根据不同业务对采集数据的要求，编制自动采集任务，包括任务名称、任务类型、采集群组、采集数据项、任务执行起止时间、采集周期、执行优先级、正常补采次数等信息，并管理各种采集任务的执行，检查任务执行情况。

（1）采集数据类型。采集的主要数据类型：总电能示值、各费率电能示值、总电能量、各费率电能量、最大需量等电能数据；电压、电流、有功功率、无功功率、功率因数等交流模拟量；开关状态、终端及计量设备等工况信息数据；电压、功率因数、谐波等电能质量越限统计数据；终端和电能表等记录的事件记录数据；预付费信息等。

（2）信息采集方式。主要采集方式有三种：① 定时自动采集方式，按采集任务设定的时间间隔自动采集终端数据，当定时自动数据采集失败时，系统应有自动及人工补采功能，保证数据的完整性；② 随机召测数据方式，根据实际需要可以随时人工召测数据，可以供特定事件分析；③ 主动上报数据方式，在全双工通道和数据交换网络通道的数据传输中，允许终端主动启动数据传输过程，将重要事件立即上报主站，以及按定时发送任务设置将数据定时上报主站。

（3）采集数据质量统计分析。检查采集任务的执行情况，分析采集数据，发现采集任务失败和采集数据异常，记录详细信息。统计数据采集成功率、采集数据完整率。

2. 数据管理功能

（1）数据合理性检查。提供采集数据完整性、正确性的检查和分析手段，发现异常数据或数据不完整时自动进行补采。提供数据异常事件记录和告警功能；对于异常数据不予自动修复，并限制其发布，保证原始数据的唯一性和真实性。

（2）数据计算分析。根据应用功能需求，可通过配置或公式编写，对采集的原始数据进行计算、统计和分析。例如电能质量数据统计分析，计算电能损耗、母线不平衡、变损，以及按照区域、用户类别、时间跨度等属性进行各类统计分析等。

（3）数据存储管理。采用统一的数据存储管理技术，对采集的各类原始数据和应用数据进行分类存储和管理；对外提供统一的实时或准实时数据服务接口；提供数据备份和恢复机制。

（4）数据查询。支持各项数据的综合查询，提供各类组合条件方式来查询相应的数据信息。

3．控制功能

系统通过对终端设置负荷定值、电量定值、电费定值以及控制相关参数的配置和下达控制命令，实现功率定值控制、电量定值控制和电费定值控制等功能；系统也可以直接向终端下达远程直接开关控制命令，实现遥控功能。

（1）功率定值控制。功率控制方式包括时段控、厂休控、营业报停控、当前功率下浮控等。系统根据业务需要提供面向采集点对象的控制方式选择，管理并设置终端负荷定值参数、控制开关轮次、控制开始时间、控制结束时间等控制参数，并通过向终端下发控制投入和控制解除命令，集中管理终端执行功率控制闭环控制。控制参数和控制命令下发应有操作记录。

（2）电量定值控制。电量定制控制方式主要为月电量定值闭环控制。系统根据业务需要提供面向采集点对象的控制方式选择，管理并设置终端月电量定值参数、控制开关轮次、控制开始时间、控制结束时间等控制参数，并通过向终端下发控制投入和控制解除命令，集中管理终端执行电量控制闭环控制。控制参数和控制命令下发应有操作记录。

（3）费率定值控制。系统可向终端设置电能量费率时段和费率以及预付费控制参数，包括购电单号、预付电费值、报警和跳闸门限值，向终端下发预付费控制投入或解除命令，终端根据报警和跳闸门限值分别执行告警和跳闸。

（4）远方控制。系统主站可以根据需要向终端或电能表下发遥控跳闸或允许合闸命令，控制用户开关；可以向终端下发保电投入命令，保证终端的被控开关在任何情况下不执行任何跳闸命令；可以向终端下发剔除投入命令，使终端处于剔除状态，此时终端对任何广播命令和组地址命令（除对时命令外）均不响应。

（5）综合应用功能。

1）自动抄表管理。系统可以根据采集任务的要求，自动采集系统范围内电力用户电能表的数据，获得电费结算所需的用电计量数据和其他信息。

2）预付费管理。预付费管理需要由系统主站、采集终端、电能表等多个环节协调执行，实施方式有主站实施、采集终端实施、电能表实施等三种形式。其中，主站实施预付费管理是由主站根据用户的预付费信息和剩余电费信息，当剩余电费等于或低于报警门限/跳闸门限值时，由主站下发催费告警命令或跳闸控制命令；采集终端实施方式和电能表实施方式则是由主站将预付费相关基础信息、控制参数下发到采集终端或电能表，当需要对用户进行控制时，下发相应的报警或跳闸控制命令，由采集终端或电能表根据报警和跳闸门限值分别执行告警和跳闸命令。

3）有序用电管理。系统可以根据有序用电方案管理或安全生产管理要求，编制限电控制方案，对电力用户的用电负荷进行有序控制。功率控制方式包括时段控、厂休控、营业报停控、当前功率下浮控等。执行方案确定参与限电的采集点并编制群组，确定各采集点的控制方式，负荷定值参数、控制开关轮次、控制开始时间、控制结束时间等控制参数。

4）用电综合统计分析。系统可以对大量用户用电基础信息进行深度挖掘分析，实现多种用电统计分析功能：支持负荷特性分析、负荷率分析、三相不平衡度分析等多种综合用电分析功能的实现；分析地区、行业等历史负荷、电能量数据，找出负荷变化规律，为负荷预测提供支持；通过对采集数据的当前值和历史值之间的比对，支持异常用电分析功能；实现电能质量数据统计分析、配电各环节损耗分析等功能。

（6）运行维护管理功能。系统具备系统对时、权限和密码管理、终端参数管理、档案管理、通信和路由管理、运行状况管理、维护及故障记录、报表管理、安全防护等运行维护管理相关的功能。

（7）接口功能。系统应按照统一的接口规范和接口技术，实现与营销业务应用系统连接，接收采集任务、控制任务及装拆任务等信息，为抄表管理、有序用电管理、电费收缴、用电检查管理等营销业务提供数据支持和后台保障。同时，系统还可与其他应用系统连接，实现数据共享、业务交互等目的。

（四）建设模式

1. **主站建设部署模式**

用电信息采集系统的主站部署方式应综合系统服务用户的规模、覆盖范围大小、内部信息网络基础条件等因素，合理选择部署模式。主站部署分集中式部署和分布式部署两种类型。

（1）集中式部署模式。集中式部署是在某一较大范围内（例如某一个省/直辖市/自治区）仅部署一套主站系统，使用一个统一的通信接入平台，直接采集范围内的所有现场终端和表计，集中处理信息采集、数据存储和业务应用。下属的各地区（如地级市/州）不设立单独主站系统，通过电力信息网络统一登录访问用电信息采集系统主站，根据各自权限访问数据和执行本地区范围内的运行管理职能。集中式部署方式主要适用于用户数量相对较少（如小于 500 万用户规模）、覆盖面积不特别大、企业内部信息网络坚强的地区。

集中式部署模式下，需要在系统主站部署完整的软件架构，包括数据层、服务支撑层、业务应用层和表现层。下属地区由于没有独立的主站系统，只是通过电力信息网访问系统，因此在只需部署表现层。对于无法实现通信信道统一接入的情况，某些信道可以作为通信子层在下属地区完成。

（2）分布式部署模式。分布式部署是在某一较大范围内（如某一个省/直辖市/自治区）的下属各地区（如地级市/州）分别部署一套主站系统（可以称为下级主站系统），独立采集本地区范围内的现场终端和表计，实现本地区信息采集、数据存储和业务应用。上级地区也部署一套主站系统（可以称为上级主站系统），通过电力信息网络从各下属地区抽取相关的数据，完成汇总统计和监管业务应用。分布式部署模式主要适用于用户规模大（如大于 500 万用户规模）、覆盖面积广、企业内部信息网络相对薄弱的地区。

分布式部署模式下，下级主站系统承担较为完整的用电信息采集业务，因此需要部署完整的软件架构，包括数据层、服务支撑层、业务应用层和表现层。对于上级主站系统，数据层主要存储的是从各下级主站系统抽取的汇总统计信息和部分重点客户档案信息，业务应用层则不需要部署数据采集等功能，表现层主要是满足业务需要的访问功能，可以访问上级系统提供的业务，也可以直接访问各下级系统的业务层。

2. 居民用户用电信息采集模式

用电信息采集的对象种类很多，大致可以分为大型专用变压器用户、中小型专用变压器用户、一般工商业用户以及居民用户等几类，其中居民用户的用电信息采集具有用户数量大、覆盖范围广、通信条件差等特点，因此居民用户的用电信息采集是建设的难点和重点之一，下面针对居民用户的用电信息采集模式进行介绍。

居民用户用电信息采集一般是以公用配电台区为采集单位，通过集中器采集该配电台区各个居民用户的用电信息，再通过远程通信信道将所辖的用户用电信息传给系统主站，并接受主站的各项管理控制命令。根据本地信道条件、智能电能表功能的不同，居民用户的用电信息采集可以有以下两种模式。

（1）集中器直接到电能表。配电变压器台区的集中器与具有载波通信模块（或 RS–485 通信等其他方式）的电能表直接交换数据，集中器与电能表的抄表数传通信主要采用低压电力线载波技术，电能表内需要内置载波通信接口（通称载波表）。具体如图 4–6 所示。

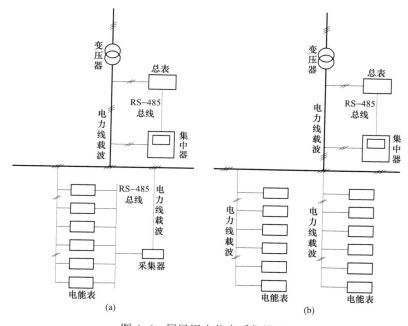

图 4–6　居民用电信息采集模式

（a）集中器直接到电能表；（b）集中器+采集器+RS–485 表

（2）集中器+采集器+RS–485 表。在配电台区范围内由采集器通过 RS–485 方式采集若干用户的用电信息，以表箱或楼层等为单位实现小范围集中，由集中器与各个采集器进行数据交换，实现配电台区范围内的用电信息采集。这种方式对本地通信信道的选择较多，除去低压电力线载波方式外，还可以采用微功率无线通信等方式。

第三节　智能小区与智能楼宇

一、智能小区

智能小区是通过综合运用现代信息、通信、计算机、高级量测、能效管理、高效控制等先进技术，满足居民客户日趋多样化的用电服务需求，满足电动汽车充电、分布式电源、储能装置等新能源、新设备的接入与推广应用需求，实现小区供电智能可靠、服务智能互动、能效智能管理，提升供电质量和服务品质，提高电网资产利用率、终端用能效率和电能占终端能源消费的比重，创建安全、舒适、便捷、节能、环保、智能、可持续发展的现代居住示范区。

（一）智能小区基本情况

1. 功能定位

智能小区的建设出发点包括：电网灵活开放，支持新能源新设备接入；客户广泛参与，用电需求自由响应；立足节能减排，能源资源最优配置；实时友好互动，服务方式便捷多样；多方合作共赢，经营领域不断拓展。从上述问题出发，结合国内外的智能小区建设实践，提出智能小区功能模型如图4-7所示。

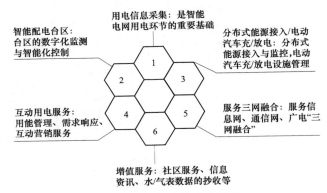

图 4-7　智能小区功能模型

智能小区的功能定位包括核心功能和拓展功能两大类。核心功能是指智能小区中与电能输送、使用和服务相关的功能，主要包括用电信息采集、互动用电服务、智能配电台区管理、电动汽车充电和分布式电源接入；拓展功能是指充分利用智能小区的信息通信资源，实现核心功能以外的延伸性功能，主要包括社区管理、智能家居、服务"三网融合"等。

智能小区的建设模式并不具备唯一性，而是应根据当地实际业务需求和技术经济现状，因地制宜地选择建设内容。一般而言，用电信息采集、智能配电台区等由于其在智能小区中的基础性作用，应作为重点建设内容；分布式清洁能源应用和互动用电服务可作为推荐建设内容；电动汽车充电站、智能家居、增值服务等可根据情况酌情开展。

2. 建设原则

智能小区建设的几点参考原则：

（1）通过优化低压电网结构、提高装备水平、部署自动化装置，确保电网控制系统和客户用电系统安全，提供更加安全可靠的电力供应。

（2）通过用电信息采集、交互终端设备、双向通信网络以及各类互动渠道，实现电网与客户双向交互，提供多样化的供电服务。

（3）优化调整客户用电行为，实现能效智能化管理，提高终端用能效率。

（4）支持新能源、新设备接入，提高清洁能源利用效率。

（5）开展增值服务，深化商业运营模式研究与实践，制定有效的激励措施和管理机制，探索适合智能小区可持续发展的商业运营模式。

（6）智能小区建设对通信基础条件、电网基础设施条件等要求较高，先期尤其适合在基础设施条件较好、影响辐射能力较强、用户需求多元化、负荷构成多样化的社区开展。

（二）智能小区系统构成

智能小区系统的基本架构方案如图 4-8 所示。由于智能小区建设模式的多样化特性，其功能配置、通信组网方式等也根据实际情况会有所不同。

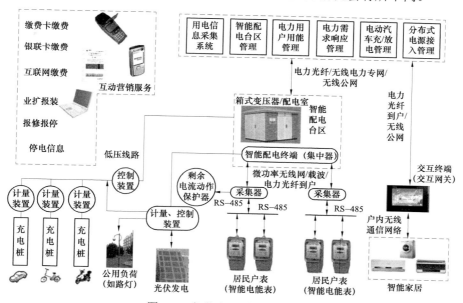

图 4-8　智能小区系统基本架构

（三）主要建设内容

1. 用电信息采集

用电信息采集系统通过采集终端、智能电能表、智能监控终端等设备，实现智能小区范围内用户（包括居民电能表、分布式电源计量电能表等）的用电信息进行实时采集、处理和监控，可以支持用电信息的自动采集、计量异常监测、电能质量监测、用电分析和管理、相关信息发布、分布式电源监控等多项功能。

2. 小区用户用能管理

小区用户用能管理是通过智能传感器、智能插座、智能交互终端等智能终端设备获取用户内部用能信息，通过一定的信息挖掘、分析，为用户提供用能策略、能效管理、科学用电和安全用电服务等，达到提高能源利用效率、科学用电、安全用电、提高电能占终端用能比例等目的。主要包括用户用能信息采集、用能信息分析、用能控制等功能。

3. 小区用户需求响应管理

小区用户需求响应是指通过智能交互设备、95598 互动网站、手机等渠道，向用户提供当前电网供需信息、检修计划及用电策略和建议，改善小区用户用电模式，引导用户科学用电，实现避峰填谷，高效使用电能的目的。主要包括供需信息发布、供需平衡策略与响应策略制定、用户负荷响应等内容。

4. 电动汽车充/放电管理

电动汽车充电管理系统对充电桩运行状态进行实时监控，并与用电信息采集等系统进行信息交互，通过柔性充电控制技术的应用，完成对充电桩充电控制；根据电网负荷情况，合理安排充电时段，实现电动汽车有序充电。未来根据电价政策、技术条件，可以逐步过渡到电动汽车充电、放电过程的有序管理，更好地发挥电动汽车对电网的支持作用。主要包括充电补给、充/放电状态监测、计量计费、充放电有序控制等内容。

5. 分布式电源接入管理

分布式电源与储能管理是指通过合理配置储能装置，同步部署双向计量、控制装置及分布式电源与储能管理系统，综合小区能源需求、电价、燃料消耗、电能质量要求等，结合储能装置，实现小区分布式电源就地消纳和优化协调控制。主要实现分布式电源和储能装置的灵活接入、并网监测与控制、双向计量计费、优化运行等功能。

6. 互动营销服务

互动营销服务是通过自助终端、智能交互终端、电脑、电话、手机等设备，借助 95598 互动网站、短信、语音、邮件等多种渠道，实现多种便捷、灵活的电力营销服务业务。主要包括停电计划、实时电价、用电政策、用户用电量、电费余额或剩余电量，以及分布式电源和电动汽车充电桩运行状态等信息查询，多渠道电费缴纳，以及故障报修、业扩报装、用电变更、服务定制等多种营销服务业务受理等功能。

7. 增值服务

借助于智能小区的信息系统、通信网络和各类智能终端设备，可以为小区用户提供更为丰富的增值服务。主要包括服务"三网融合"、智能家居服务、社区服务。

服务"三网融合"，利用智能小区高速、可靠的统一通信网络，实现电信网、广播电视网、互联网的三网信源接入小区通信网络，并开展相关业务，服务"三网融合"；智能家居服务，基于家庭内部部署的各类传感器和互联互通网络，实现对家庭用能、环境、设备运行状况等信息的快速采集与传递，实现智能家电控制、三表抄收、视频点播、家庭安全防护等智能家居服务；社区服务，接收物业公司提供的社区内部信息、房间信息、用户信息等查询，还可以具备设备维护、事件通知等功能。

二、智能楼宇

智能楼宇（intelligent building）是信息时代和计算机技术应用的重要产物，通常基于若干管理与自动化系统，如楼宇自动化、通信自动化、办公自动化系统等来实现。这些系统通常独立工作，但随着计算机技术、网络技术和用户管理需求的发展，对楼宇智能化的要求日益提高，因而需要综合集成各子系统信息，在硬件设备的基础上通过计算机通信网络建立起一个具有高度开放性、兼容性、便利性的智能楼宇集成系统。

1. 智能电网条件下的智能楼宇

随着智能电网概念的提出，智能用电的研究及实践工作不断发展，以及低碳环保、清洁能源利用等宏观需求，在传统智能楼宇概念和技术基础之上，新的智能楼宇概念更加强调楼宇的能量智能化管理和供用电增值服务，结合建筑光伏一体化、冷（热）储存、电蓄冷（热）、多能源互补等多种先进节能技术、清洁能源技术，进而实现办公楼宇的用能服务、自动化控制、多网集成业务管理、安全防范等各方面的高度集成，为用户提供安全、舒适、便捷、节能、可持续发展的工作和生活环境。

2. 主要建设内容

（1）楼宇内主要用能设备装设采集现场信号的各类传感器、量测装置和执行机构，例如智能电能表、光强传感器、热工表、电能质量监测装置、控制单元等，动态感知楼宇内各类用能设备实时状态。

（2）按照供电回路、楼层等分类依据，适当位置安装智能量测设备，测量各类负荷和各楼层的用电情况，包括电能及电能质量等用能数据。

（3）因地制宜开展建筑光伏、储能装置、电动汽车充电设施、冷（热）储存、电蓄冷（热）等建设内容，并在保证楼宇正常用能需求的条件下，以实现低碳节能为核心目标来进行楼宇内的能量优化管理与控制。

（4）传统楼宇控制中的各类项目，例如电梯监控、暖通空调控制、照明控制、给排水控制等。

（5）根据技术经济性比较结果，可选择在楼宇内低压线路通道中铺设光电复合缆，应用无源光网络技术，为电视、电话、数据三网融合接入提供支撑。

（6）楼宇安全防护系统，包括电视监控系统、防盗报警系统、门禁一卡通、巡更系统、无线对讲系统和停车场管理系统等。

（7）通过楼宇智能交互终端、信息交互网关等智能终端设备，借助电力通信网络、无线公网、Internet 网络等通信信道，实现智能楼宇系统与外部系统的信息交互，支持能效远程评测、需求响应等高级功能。

（8）智能用电楼宇综合管理系统，以网络集成、数据集成、软件界面集成、功能集成等一系列系统集成技术为基础，整合楼宇智能化设备及管理系统，实现楼宇用能管理、楼宇自动化控制、通信系统、安全防范系统、内外部信息交互、效果展示等功能的集成应用。

第四节　智能用电服务互动化关键技术基础

一、需求响应

（一）需求响应概述

1. 需求响应的概念与内涵

需求响应是指通过一定价格信号或激励机制，鼓励电力用户主动改变自身消费行为、优化用电方式，减少或者推移某时段的用电负荷，以确保电网电力平衡、保障电网稳定运行、促进电网优化运行的运作机制。可以说，需求响应本质上是一种基于用户主动性，以电力资源优化配置为目标的市场行为。它是电力需求侧管理的实现形式之一。

需求响应是用电环节与其他各环节实现协调发展的重要支撑环节。按照能量流动方向，电网可以划分为发电、输电、变电、配电和用电等各个环节，从终端电力用户角度来看，除用电环节外的发电、输电、变电、配电等各环节都可看作供应方，在用电环节中的各类电力用户、用电设备，包括客户侧分布式电源（含储能设备）、电动汽车等都可以看作需求侧资源。需求响应作为用户（需求侧资源）参与电力市场调节的重要途径，强调供需双方的互动性，重视电力用户的主动性，综合供需两方面信息来引导用户优化用电行为，实现缓和电力供求紧张、节约用户电费支出、提高电网设备运营效率等方面的综合优化目标。

2. 发展过程

自 20 世纪 70 年代美国电科院（EPRI USA）提出需求侧管理概念，得到世界各地的广泛关注，许多国家不同程度地采取需求侧管理措施，有效缓解电力供应紧张局面。21 世纪初，美国为应对加州电力危机创立了需求响应，强调电力用户主动参与供需双方关系的平衡，并在美国、英国、挪威、瑞典等发达国家得到了实施。

需求响应自概念提出以来，先后经历了手动、半自动和全自动三个发展阶段，自动需求响应作为最新的发展形态，主要是应用先进的设备技术、先进的控制方法以及先进的决策支持系统技术，强调的是信息交互的标准化、决策的智能化和执行的自动化。近年来随着世界各国智能电网建设的启动，得益于智能电能表、用电信息采集系统、智能通信网络、信息集成等关键技术的研究及推广应用，以及智能用电小区等智能用电互动方面的探索建设，为开展自动需求响应提供了一定的技术基础和实施基础。

3. 主要类别

按照需求侧（终端用户）针对市场价格信号或激励机制做出响应并改变正常电力消费模式的市场参与行为，需求响应实施项目一般可以分为基于价格和基于激励两类。基于价格型需求响应是指用户当接收到电价上升的信号时减少电力需求，而在其他时段则享受优惠电价；基于激励型需求响应是指用户在系统需要或电力紧张时减少电力需求，以此获得直接补偿或其他时段的优惠电价。在实际执行中，这两种类型的需求响应是相互补充、相互渗透的。基于价格型需求响应的大规模实施可以减少电价波动及电力储备短缺的严重性和频率，从而减少于激励型需求响应发生的可能性。

基于价格的需求响应是指用户根据收到的电价信息，根据自身情况主动调整电力需求，包括分时电价（time of use pricing，TOU）、实时电价（real time pricing，RTP）、尖峰电价（critical peak pricing，CPP）等实施类型。基于价格的需求响应一般是由实施方发布电价信息（或由政府监管机构制定），用户完全是根据自身意愿选择是否改变用电消费行为。

基于激励的需求响应是由实施机构根据电力系统供需情况制定响应策略，用户在系统需要或电力紧张时减少电力需求，以此获得直接补偿或其他时段的优惠电价，包括直接负荷控制（direct load control，DLC）、可中断负荷（interruptible load, IL)、需求侧竞价 (demand side bidding, DSB)、紧急需求响应 (emergency demand response, EDR)、容量市场项目 (capacity market program, CMP)、辅助服务项目 (ancillary service program, ASP) 等实施类型。基于激励的需求响应一般是通过事先签订协议合同的方式来约束双方的需求响应实施行为。

另外, 电力需求响应根据电力的紧张程度不同, 又可分为可靠性需求响应和价格需求响应两大类。可靠性需求响应是在电力高度紧张时以保证电网安全为主要目的; 而价格需求响应是在电力相对紧张时通过价格上调来影响用户的消费行为, 从而避免电力高度紧张局面或电力危机的出现。

4. 实施的基础条件

需求响应的实现, 需要先进的量测、营销、信息通信、控制等方面的技术支持, 涉及电力市场、电网优化调度与运行、智能决策等方面的理论研究, 需要电价政策、激励机制、能源政策等宏观政策, 可以说需求响应的实施是个复杂的系统级问题。一般来说, 实施需求响应需要的支撑条件主要包括电价机制、激励机制、需求侧用电信息、供应侧运行信息、营销业务支持、控制技术支持、决策技术支持等方面。在智能用电技术体系中, 需求响应通过高级量测系统获得需求侧各类用电信息, 通过电网调度系统等电网运行监控系统获得供应侧运行信息, 通过统一数据平台整合各类信息, 需求响应分析控制与仿真支持系统从统一数据平台中提取所需信息生成响应策略并下达到用户 (或者通过更新电价信息引导用户响应), 用户可以通过交互终端或其他控制设备实现需求响应控制。

(二) 技术现状

1. 需求响应实施案例

(1) 基于电价的需求响应实施案例。

1) 美国亚利桑那州分时电价项目。亚利桑那州位于美国西南部, 夏季天气炎热, 因此中央空调等负荷所占比例较高, 因此该州实施了大量的 TOU 项目, 在不同的时段采用不同的电价计费, 目前已经在 30%～40% 的居民用户中实行, 其中 Salt River Project (一家电力提供商) 已经在超过 20 万用户中实施 TOU。

2) 美国芝加哥实时电价项目。从 20 世纪 90 年代中期开始, 芝加哥已经针对工商业用户开展了全美最大规模的 RTP 项目, 包括大概 1200 个大中型工商业用户 (大于 250kW), 其中大多数用户选择了日前方式, 大约 100 个大型工商业用户参与了时前方式。据统计, 在中等价格时期的情况下, day-head、hour-head 参与者分别降低了大约 4%、10% 的用电负荷; 在高价格时期 high price day 的情况下, 两种参与者更是分别降低了 7%、30% 的用电负荷。

3）佛罗里达州尖峰电价项目。佛罗里达州的 Gulf Power 公司通过开展 CPP 项目，设置平段电价为 8 美分/kWh，而当电力系统处于尖峰负荷的一段时间将电价设置为平段电价的 4 倍。这个项目中还包括一种应用于家庭能量自动管理的支持系统，可以管理控制空调、热水器、采暖设备和抽水泵等 4 类设备。参与该项目的大概 8000 个用户，每户每月可以获得 5 美元的鼓励。据统计，参与项目的用户平均降低了 2kW 负荷，由此降低了电力系统尖峰负荷时段大概 40%～50%的用户负荷。

（2）PJM 需求响应市场体系。PJM （Pennsylvania NewJersey Maryland）需求响应发展比较完善，已形成比较完善的需求响应市场体系。PJM 电力批发市场已嵌入需求响应能量市场、需求响应容量市场、需求响应日前计划备用市场、需求响应同步备用市场与需求响应调节市场等多种类型。

1）在需求响应能量市场。PJM 经济负荷响应项目允许需求侧资源自愿响应节点边际价格。依靠日前的选择，CSPs 可以在实时运行前提交当节点边际价格达到某一经济敏感水平时能够削减的负荷，并可因此获得基于目前 LMPs 的补偿。

2）在需求响应容量市场。需求响应提供者能够以期货可靠性定价模型方式拍卖其负荷削减量，在交付年提供所出清的需求响应量或在交付年开始前的 3 个月作为完全紧急负荷响应资源使用，并因此得到按容量出清价格计算的补偿。

3）在需求响应日前计划备用市场。PJM 运行人员要能够调度足够的发电或需求侧资源，以便在第二天应付突发系统状况，确保系统的可靠性。

4）在需求响应同步备用市场。根据短期通知削减电能，需求侧资源可以与发电机组同等竞价，并提供同步备用服务，同步备用市场每小时出清 1 次，被出清的资源用来满足整个市场或受约束区域市场的要求，资源被调用的用户获得基于同步备用出清价格的补偿。为了保证用户在 10min 内削减负荷，并记录相关信息，需要安装必要的基础设施，提供有关同步备用调用的、不低于 1min 扫描速率的计量信息。

5）在需求响应调节市场。竞价需求削减的 CSPs 必须满足调节服务规定的所有要求，包括实时遥测要求。

（3）纽约电力调度中心 NYISO 需求响应项目。纽约电力调度中心（New York independent system operator，NYISO）有四种需求响应项目：

1）紧急负荷响应项目。当电力系统出现紧急状况时，用户在日前会收到可能削减负荷的通知，至少提前 2 h 告警用户，并期望用户削减 4h 以上。对用户的补偿等于负荷削减量乘以当地实时出清电价时与$500 /MWh 的较大者。即使用户不削减负荷也不会受到处罚。

2）日前负荷响应项目。如果用户或配电公司在出清前中标，那么他们必须在得到调度指令后中断相应的负荷量，并得到日前出清价格乘以中断负荷量的补偿；如果用户中标却未按要求实施负荷削减，则会受到数额为未完成的份额乘以日前或实时价格的较高者的罚款。

3）特殊资源项目。特殊资源负荷在容量市场出卖容量，承诺在电力网因容量不足使其安全运行受到威胁的特殊时期该负荷容量可以被调用削减，当真正被调用削减时对其补偿额度最高达$500 /MW，而未被调用时用户同样也会收到一定程度的补偿付款。

4）需求侧辅助服务项目。该项目使用户有机会通过遥测以及其他必备条件来投标负荷削减能力，按出清价格补偿用户备用和调节计划，对不削减负荷者没有处罚，是一种高风险、高回报、基于用户竞价的调用方式。

2. 需求响应技术平台与系统

（1）阿波罗平台系统。Comverage 是一家提供关于智能电网、需求侧管理和高效能源等相关业务的供应商，于 2009 年发布了阿波罗平台系统，此平台可以管理居民和商业用户的需求管理资源以及充电式混合动力汽车（PHEV）、可再生能源和作为用户资产的智能电网资源。此平台系统的特性包括：基于企业软件标准，运用最新网络技术的开放式架构；DR 控制设备、可编程通信温度调节器、商业和工业控制系统、PHEV 和可再生能源资源的无缝资产管理；符合NERC 安全标准；支持多种通信设施以及与传统 DR 设备的集成；实时运行的特性分析与优化功能；AMI 以及其他相关后台服务系统等网络集成。通过阿波罗平台，电力公司以融合传统 DR 平台和 AMI 以及智能电网系统，进一步操控智能电网的相关资产。

（2）Ziphany Demand Response Platform（ZDRP）。Ziphany 是一家提供减少负荷服务的供应商（或 DR 项目供应商），管理参与其 DR 业务的公司减少能源使用和提高能源效率。ZDRP 是 Ziphany 公司发布的有关需求侧响应项目的一套安全、主动、网络化的软件，可以对电力公司发起的 DR 项目实现管理与监督，它可以搜集和监督量测数据，发送 DR 事件，提供直接负荷控制；计算个人或区域性基本负荷；计算削减容量和能源节约费用的支付；跟踪监督 DR 事件；以电话、短信、邮件、传真等手段在事前或事中通告与激活；事件特性分析与负荷测量；生成客户报告等功能，从而为更好地削减用户用电负荷，提高用电效率服务，该平台已经被超过 25 家的需求响应服务提供商或电力公司使用。

（3）World DR Exchange。World Energy Solutions 公司于 2010 年 2 月发布了一款竞价平台，称为 World DR Exchange。此竞价平台允许公司对通过需求响应项目而减少高峰时段的用电量实现电价交易，帮助区域运营商更好地对负荷进行管理以及预防停电事故，帮助用户从多种电力供应的竞价中获利，并且可以促使用户更加深刻地意识到节约负荷所带来的好处。

（4）Auto Demand Response Platform。InThrMa 公司的自动需求平台为商业用户提供了一套在用电高峰时期有效管理与减少电力使用并节省成本的综合性方法。为用户量身打造为一种客户端自动 DR 策略，用户可以设定 HVAC、照明系统或家用符合在电费高峰时的响应方式，当该平台接收到电力公司高峰电价信号时，可以依照已经设定好的方式自动地对用电负荷进行调节。当电力公司设定好 DR 计划后，将以邮件形式告知客户，在事件开始进行的前 30min，用户将再收到一封提醒邮件。DR 启动后，电气和空调负荷将根据用户之前的设置进行调整。用户可以在 DR 事件进行的任何时间退回到初始阶段。该平台是对 OpenADR 协议的一个安全、有效的综合利用平台。

（5）GRIDresponse。2010 年 11 月 2 日，GRIDiant 公司发布 GRIDresponse，适用于电力公司以及削负供应商，意在最大化 DR 项目效率以及最小化对客户的影响。GRIDresponse 根据对配电网实际负荷和负荷损耗的相关研究，通过电网数据流为电力公司运营和规划者提供可操作数据。利用特有的排序方法，GRIDresponse 可明确设计出能使系统损失最小化的最优 DR 策略，还可达到成本、损失和资产载荷水平最佳的目的。

（6）Demand Response Quick Assessment Tool。对于不同类型与位置的建筑，通过建立需求响应控制，从而减少电力需求与节约成本的机会与效果是千差万别的。加州大学伯克利分校开发的 DRQAT 这个 DR 评估工具可以针对不同的需求响应策略、预测能源与负荷节约程度、经济成本节约程度以及对用户的冷热舒适度影响程度。软件用户输入建筑的类型、面积、围护结构、朝向、用户活动时间等信息以及所采用的需求响应策略，如预冷、冷水循环和空气循环设置点调整等后，该评估工具便会通过特定仿真模型来计算该需求响应策略的负荷的减少潜力以及经济节约能力。

（三）需求响应关键技术基础

1. 需求响应业务信息流程

需求响应总体业务信息流程主要包括实施前期工作、事件决策规划、事件信息交互、用户侧响应执行以及执行效果评价与结算等环节，如图 4-9 所示。

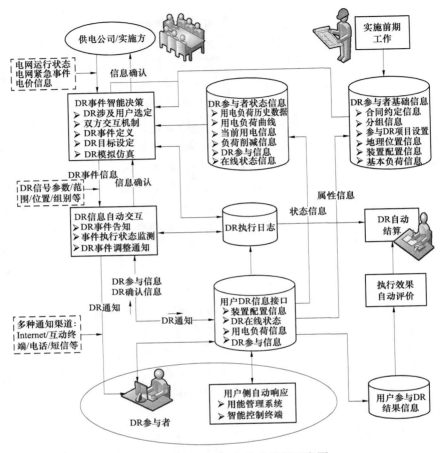

图 4-9　需求响应业务信息流程示意图

（1）需求响应项目实施前期工作。项目前期首先由需求响应实施方选定参与用户进行谈判并签订合同，明确各自约束、收益等，并将参与用户的分组位置信息、项目设置信息、装置配置信息、基本负荷信息等作为属性信息整合进入需求响应支持系统。

（2）需求响应事件智能决策。需求响应支持系统通过信息共享平台从电网运行监控系统、高级量测系统等及时获取供需两侧动态信息，调用供电侧需求响应智能决策算法库来自动或辅助制定事件策略，并调用动态仿真算法库来模拟仿真执行效果，按照既定审核流程通过后，将事件信息下发。

（3）需求响应信息自动交互。需求响应事件计划在执行过程中，一方面需要将事件信息、调整信息等通过多种可选渠道自动、及时地下发到用户侧，同时还需要用户在收到事件信息后及时返回是否参与该事件的信号（用户手动操作回复或由交互装置按照预先设定条件自动回复）。事件执行过程中还需定期监测用户执行情况，为响应效果评价和结算提供依据。这部分交互主要针对激励型需求响应项目，对电价型项目则不需这个环节。

（4）用户侧响应。用户侧收到需求响应事件信息后，由用户用能管理系统或智能控制终端等根据用户选定的需求响应控制模式，调用用户侧需求响应智能决策控制方法，生成具体的响应策略，由用户侧系统/装置自动（同时支持手动方式）执行。

（5）执行效果评价与结算。需求响应事件结束后，支持系统根据获取的用户执行情况信息，调用效果评价算法库自动得出响应效果评价结果，再根据合同约定的奖惩机制得出结算方案，由智能用电互动化支撑平台的信息总线将结算信息传送到营销业务系统来完成自动结算。

2. 需求响应经济学原理

需求响应无论是价格型还是激励型，都离不开对电力用户经济性的引导作用，需求响应能够实施的基础原理便是其经济学原理。需求响应项目的关键影响因素是电力需求价格弹性的大小，同时需求响应对电力市场稳定效应的作用也体现在对长期需求弹性的提升。

弹性是指两个参数之间的相关系数。通常所说的电力需求弹性是指电力需求与自身价格之间的相互关系，电力需求弹性对需求响应项目的设计与实施来说非常关键，这一参数为测定和预计市场价格变化将带来的需求调整规模提供了一种工具。然而计算电力需求弹性是件比较困难的事情，对消费者个体而言，不同主体的电力需求弹性不尽相同，此外，电力需求弹性也会随着家庭或产业收入、新能源替代的潜力、电力与其他商品和服务的相对价格等因素的改变而改变，这一参数的度量需要综合考虑不同的市场划分、不同的用户属性以及大量的市场调查等各种因素的影响，通过集成和加权平均的方法计算得到。

对需求响应一般采用需求—价格弹性进行分析，即一定时间段内电价的相对变动所引起的用电量的相对变动，可表示为电量变动百分率与相应的价格变动百分率的比值

$$\xi = \frac{\Delta d / d_0}{\Delta p / p_0} \tag{4-1}$$

式中　　Δd ——需求的变化量；

　　　　d_0 ——某一均衡点对应的原始需求量；

　　　　Δp ——价格的变化量；

p_0 ——某一均衡点对应的原始价格。

需求—价格弹性表明了价格的相对变化所引起的商品需求的相对变化量。在实际电力市场中，需求随着时间和价格的变化而变化。价格和需求在不同的时间段内是相互关联的。因此，在某一时间段内价格相对应的负荷，同时也会对其他时段价格所对应的负荷产生交叉影响。这些交叉影响可以通过较长时间系数来描述。本部分的分析中需要定义两个系数，称为自弹性系数与交叉弹性系数。分别表示为

$$\xi_{ii} = \frac{\Delta d(t_i)/d_0}{\Delta p(t_i)/p_0}$$

$$\xi_{ij} = \frac{\Delta d(t_i)/d_0}{\Delta p(t_j)/p_0}$$

自弹性系数 ξ_{ii} 表明在第 i 时段下的负荷对价格的影响；交叉弹性系数 ξ_{ij} 描述了第 i 时段的负荷和第 j 时段价格之间的关系。一般来说，自弹性系数是一个负值，交叉弹性系数是一个非负值。

考虑到一天 24h 中每小时的负荷变化量，可以建立一个 24 阶的矩阵 E 对弹性系数进行排序。

$$E = \begin{bmatrix} \xi_{1,1} & \xi_{1,2} & \cdots & \xi_{1,24} \\ \xi_{2,1} & \xi_{2,2} & \cdots & \xi_{2,24} \\ & & \vdots & \\ \xi_{24,1} & \xi_{24,1} & \cdots & \xi_{24,24} \end{bmatrix}$$

矩阵中，对角线元素表示自弹性系数，副对角线元素为对应的交叉弹性系数。矩阵中的列表示某时段价格的变化量对其他时段负荷的影响。在对角线上的非零元素表示用户面对高价格做出提前消费的反应。对角线下的非零元素表示用户延迟消费以避免高价格时期的消费。如果用户在所有时段中都有能力重新计划其用电，则非零元素将变得离散。重新安排用电方式意味着用户减少了在一些时段的电力消费，而增加了其他时间的消费量。由用户期望的日前价格的误差引起的时点 i 的负荷变化量表示为

$$\Delta d_i = \sum_{j=1}^{24} \xi_{ij} \times (\Delta p_j / p_0) \times d_0 \tag{4-2}$$

式中　Δd_i ——时点 i 的负荷变化量；

　　　ξ_{ij} ——弹性系数，其中当 $i=j$ 时为自弹性系数，否则为交叉弹性系数；

　　　Δp_j ——用户在时点 j 的期望价格的误差值。

因此，24h 的负荷变化量可表示为

$$\Delta d = E \times (\Delta p / p_0) \times d_0$$

式中　Δd ——24h 负荷变化量的向量；

　　　E ——弹性矩阵；

　　　Δp ——价格误差的向量。

3. 信息通信技术

需求响应现在正处于半自动化阶段并向着全自动化阶段发展，而无论是半自动化还是自动化，其实现的基础都是信息通信技术的支撑。信息通信技术主要包括精细化的传感技术、标准化的双向通信技术，以及 DR 主站与其他相关系统之间交互技术。

（1）精细化的传感技术。需求响应若要实现自动化智能化，首先需要的便是全面而准确的数据支撑，包括电力系统运行信息、用户侧用电设备负荷信息以及天气气象的自然环境信息。多元化的数据必须依托精细化的传感技术。传感技术的精细化主要体现在以下三方面：

1）感知范围的细粒化。需求响应的实施涉及电力供应侧、电力需求侧以及外界环境三大领域，供应侧涉及电力系统各项运行信息；而需求侧不仅有用电信息采集系统所获得的用户的基本负荷信息，更要细致到用户内部各用电设备，采集分时段用电负荷和电量、高峰和低谷负荷发生时间，时段电量比例等实际数据；此外，还需要对负荷运行期间外界环境的温度、湿度、风力等各项指标进行细致监测。

2）数据采集的精确化。对于上述各项数据指标的采集，要用更加精确的传感计量设备获得精度更高的实时数据信息。

3）数据采集的高频化。尤其对于用户侧负荷信息而言，无论是用电信息采集系统还是用电设备监测系统，为更好地描述负荷曲线，更好地服务于需求响应，数据采集需要采用高频化的采集方式。

（2）标准化的双向通信技术。需求响应的自动化实现离不开通信技术的支撑，并且主要体现在通信的双向化与通信的标准化两方面。需求响应计划的实施，涉及多个不同系统与对象，而相互关联的系统或对象之间都有着必不可少的通信连接。

（3）DR 主站与其他相关系统之间交互技术。DR 主站系统在制定具体的 DR 计划时，电力系统运行信息、电力调度信息、用电信息采集系统的用电信息、各种环境信息等，都需要发送至 DR 主站系统进行统一的处理与分析，而这便需要 DR 主站与配电自动化系统、调度系统、营销管理系统、用电信息采集系统等多个相关系统进行信息双向交互。对于需求响应所涉及的主站系统与其他相关系统之间主要通过以以太网为主的信息通信网。

1）DR主站系统与电力用户之间。电力供应侧制定的DR计划，包括实时电价、分时电价等多种电价信息、DR计划实施的起始时间、持续时间、需要削减量以及补偿机制等信息都需要传输到用户侧以供用户参考，而用户同意响应后的反馈信息需要反馈回供电侧，从而进行补偿要求，这些便涉及DR主站系统与用户之间的信息双向交互。对于主站系统与用户之间的信息交换则更主要通过电力线载波、3G/GPRS、光纤通信或230MHz电力专用无线专网等技术实现。

2）电力用户与用户内部用电设备之间。用户参与响应后对其本地的各类可控负荷实行的调节控制指令需要传输至被控负荷。上述种种需求响应计划实施过程中的信息传输过程无不需要通信技术的支撑，也无一不是双向化通信技术的体现。用户内部控制中心与各可控用电设备之间因工商业或普通居民用户性质的不同而丰富多样，除最为传统的以太网技术以外，应用于电力需求响应中的主要还有3G/GPRS/CDMA、230MHz电力专用无线网络（中国特有）、Zigbee、蓝牙、WiFi、电力线载波、光纤通信等方式均可采用。

由于各个环节所传输的数据格式、数据内容、数据容量不尽相同，所采用的通信方式也千差万别，然而为了需求响应更好地实施与发展，应该制定相应的通信技术标准。目前，国外已经设计出了一套完整的通信协议标准，以更好地促进需求响应自动化的进程，称为OpenADR（open automated demand response communications specification），描述了一个开放的基于标准通信数据模型来促进电力公共事业单位或独立系统运营商与电力用户之间通过需求响应价格和可靠信号进行公共信息的交换，定义了一种通信数据模型，通过预先安装和编程的控制系统对事件信号做出相关的反应，使需求响应事件及对应用户侧措施自动完成。

4. 智能决策与自动控制技术

需求响应发展至今，已经从手工阶段进入半自动化阶段并向着全自动化阶段迈进，决策的智能化和执行的自动化是自动需求响应的重要特征，智能的决策技术、先进的控制技术、人性化的人机交互技术则是技术核心。

（1）智能决策技术。智能决策技术是需求响应技术的核心与灵魂，没有智能化的决策，自动化便无从谈起，只有实现DR决策的智能化，才能真正实现DR的自动化。智能决策在需求响应的整个实施过程中有三个层次，即主站级、子站级与用户侧。

1）主站级。主站级智能决策主要指部署在省级或市级电力公司的需求响应管理主站系统，从全局角度统一管理当地需求响应计划的制定与实施。通过统一综合主站电力系统运行数据、用电信息采集系统的电力负荷预测数据、外界天气环境数据、电力市场买入价与销售价格信息等，构建多目标组合优化数学模型，设计合理的智能决策算法，最终输出宏观的需求响应计划内容，包括哪一个子站级系统在何时要削减多少负荷，持续多长时间等，以及对应的电价或激励补偿信息等。

2）子站级。子站级智能决策主要指介于系统主站与最终用户之间的包括如变电站、配电所或配电台区等区域性管理系统，从局部角度管理本地需求响应计划具体内容的制定与实施。通过接收到主站所发送来的需求响应计划指令信息，结合本地系统运行数据、天气环境数据、用电信息采集数据、所辖用户可控负荷数据、已签订需求响应计划的合同数据等，设计合理的优化模型与对应的决策算法，制定出面向用户（或下一级子站）的需求响应计划内容，包括各个用户在何时削减多少负荷，持续多长时间等，并为用户计算出通过参与本次需求响应计划所能获得的大致收益水平，一并传输至用户侧。这里要说明的一点是，需求响应系统的部署方案也可以直接由主站对用户侧实现扁平化交互，而无需构建子站系统，这种情形下主站级与子站级功能将合二为一。

3）用户侧。用户侧智能决策主要指电力用户内部的智能化决策系统，对用户内部各用电设备的具体调控方案进行优化设计。用户门户网关接收到上级主站所发送来的需求响应计划指令信息，结合本地所有用电设备的可控属性，通过智能决策算法依托不同的优化为用户设计出若干种典型响应模式，如经济性则以最大化用户经济收益为主要优化目标，舒适型则以最小化用户感受程度为主要优化目标，普适型则通过更改部分用电设备用电时间为优化目标，而安全型也以保证部分特殊用电设备的电力供应为优化目标，用户根据自身当前所处环境与状态选择某种典型模式实现参与，用户侧智能决策系统最终将通过先进控制技术对用电负荷进行调节，从而自动化地参与需求响应计划。

目前，无论需求响应哪个层次的智能决策问题，都涉及多个因素，而其之间很多都是相互矛盾与相互制约的，即一个目标的改善有可能会引起另外一个或几个目标性能的降低，同时使多个子目标一起达到最优值是不可能的，而只能在它们中间进行协调和折中处理，使各个子目标都尽可能地达到最优值，故面向需求响应的智能决策问题主要是多目标优化问题，也因此其智能决策的全局最优结果也并非唯一。

（2）先进的控制技术。需求响应的目的是要通过一定的机制引导用户调整用电方式从而在特定时间内降低电力负荷，因此需求响应的最终落脚点必定是用电负荷的控制与调节，若不能真正落实在最终的用电设备控制上从而降低负荷的话，精确的计量、标准的通信与智能的决策便都是徒劳，需求响应的目的最终也无法实现，因此先进控制装置技术是保证需求响应计划顺利实施的末端支撑技术。

过去用电设备都是由用户人工进行开关控制或功率调节，但这种控制方式的实时性、调节精度、可靠性与安全性均受到很大的限制，随着 DR 项目的开展与推进，越来越需要对负荷进行高精度、高时效、高可靠的控制，同时嵌入式技术、短距离无线通信技术、电子技术以及传感计量技术等多种技术的发展也使其成为可能。

电力负荷控制主要有三类方式：① 开断式或称 0/1 式，即非开即短。如智能插座便是一种最为简单的电力负荷先进控制装置。② 离散可调式，即设备有若干种离散的运行状态。对其实现 DR 控制，便是从一种高能耗状态调节到另外一种相对低能耗状态的控制方式，如大型灯光系统负荷，可将全部灯具打开、部分灯具打开等若干运行状态。③ 连续可调式，即用电设备的运行状态可连续调节。可对其负荷实现平滑调节，DR 控制时可以在其负荷范围内依照 DR 计划的负荷削减需求进行平滑调节，如空调系统的温度调节、灯光系统的光照强度调节或旋转系统的转速调节，都属于此种控制方式。

5. 需求响应效果评价技术

需求响应是通过给予需求侧一定的价格引导或额外补偿从而达到减少系统运行峰值负荷或降低电力经营成本的目的，最终目标为用户侧、供电侧以及生态环境的三方共赢。需求响应计划制定是否合理需要通过相应的技术方法进行验证，需求响应计划的实施是否达到了三方共赢，也需要通过相应的效果评价技术进行评估。

（1）用户基本负荷计算。用户负荷削减量（将在下文介绍）对于需求响应计划实施效果的评估而言是最为重要的一个评估标准，而无论是绝对削减量还是相对削减量，其测量计算过程中都需要首先设定用户的负荷基准量，否则仅凭实际测量实际负荷也无法评价需求响应计划的实施效果。用户基本负荷（customer baseline load，CBL）计算的原则是公平合理、准确简明、数据典型、最小化投机机会、最大化需求响应收益。不同类型的计算方法一般不同，但基本上都包括数据选择原则、计算方法和修正算法三要素。

（2）用户参与需求响应计划的负荷削减量评价。需求响应计划的目的是引导用户降低其负荷，因此对于用户负荷削减量的测量与评估显得尤为重要。针对用户负荷削减量主要有两个评价指标。

1）绝对负荷削减量。绝对负荷削减量主要是指用户电能表计量的实际用电量与其基本负荷的差额，负荷削减量越大，说明用户响应性能越好。

2）相对负荷削减量。各种用户的用电量不尽相同，因此仅用绝对负荷削减量来评估 DR 效果并不完全合理，因此提出采用相对负荷削减量来对用户参与 DR 的效果进行评估。该方法以基本负荷计算为基础，为方便比较不同规模或类型用户的响应性能而设计，主要有两类性能指标计算方法：① 认缴性能指标法（subscribed performance index，SPI）。SPI 是用户实际每小时削减的负荷与其认缴负荷削减量之比，它用来评价用户完成其承诺的真实性能。② 峰荷性能指标法（peak performance index，PPI）。PPI 是用户在事故期间实际每小时平均负荷削减量与非同时峰荷需求的比值。

（3）用户参与需求响应计划后的恢复过程评价。需求响应计划有一定的计划时长，当用户在参与 DR 计划之后，若同时在 DR 计划结束时恢复响应前的负荷，甚至负荷较响应前更重，则会形成反弹效应，即在原本认定相对较为平衡的电力供需过程，由于 DR 计划结束时大量负荷的重新投入，使得电力需求突然大增，形成新的供需紧张。因此若用户能在 DR 计划结束后持续保持一定时间的响应过程，将很好地避免反弹效应的形成。因此对于 DR 的效果评估需要考虑用户的延续效果。主要考虑两个方面:用户在 DR 计划技术后依旧削减的负荷量以及用户延续削减的时长。这两个因素都将影响电力供需的平衡以及对用户响应效果的评价。

（4）用户收益评价。用户之所以参与需求响应计划，是因为其会有所收益。用户收益主要分为两种：一种是经济收益；另一种为非经济收益。

1）经济收益。包括电价收益与经济激励收益。电价收益主要指用户基于分时电价、尖峰电价或实时电价等基于电价的 DR 计划，将部分负荷从高电价时段推移到低电价时段用电，从而节约电费，而节约的电费即为用户的电价收益。经济激励收益主要是指用户参与基于激励的 DR 计划，通过在高峰时削减自身负荷，从而获得政府或公用事业（供电）公司或削减服务运营商处所给予的经济补偿，可以为直接经济补偿，也可以为间接经济补偿，如个人税收减免、电价计算折扣等。

2）非经济收益。主要是指用户参与基于激励的 DR 计划，通过在高峰时削减自身负荷，从而从政府或公用事业（供电）公司或削减服务运营商处所给予的非经济性补偿，这里的非经济补偿可以有很多种方式，如用户信用评级、紧急限电时高评级用户的优先保障权、其他智能用电业务费用的减免（如用能管理分析系统为用户免费分析用电情况）等。

3）用户负收益。主要指用户明确参与基于激励的 DR 计划，然而未按照合同约定履行减负义务的情形下，政府或公用事业（供电）公司或削减服务运营商对用户所进行的惩罚，包括经济性惩罚与非经济性惩罚，如经济赔偿或信用评级下降等，通常也称为用户惩罚。

（5）系统收益评价。DR 计划是由电力供给侧发起，期望并引导用户侧进行响应的过程，故系统侧也会有相应的收益，而系统侧收益主要包括系统安全收益与经济收益两方面。

1）系统安全收益。电力供给侧发起 DR 计划的一个很重要的触发因素便是电力的供需不平衡，供给能力无法满足需求水平，而这种不平衡将会影响甚至严重影响到电网的运行安全，因此通过负荷削减量对电网系统的安全性可以做出一定的评估，可以借用不施行 DR 计划而为了保障系统安全的系统投资来近似评估 DR 计划为系统所带来的安全收益。

2）经济收益。电力供给侧发起 DR 计划的另外一个触发因素则是由于批发电价的提高而引起的成本上升，因此如果通过给付用户一些经济或非经济补偿，从而降低高批发电价时的用电量，可以在一定程度上降低电力公司的运营成本。

（6）用户参与度评价。根据用户参与 DR 计划的积极性与响应程度，可以对 DR 计划的制订合理与否与实施效果进行评价，而用户参与度便是很重要的一种评价指标。可以细分为包括用户体验度、信任度、参与率、违约率等指标。

二、电力用户用能管理

（一）电力用户用能管理概述

1. 概念与内涵

电力用户用能管理（也可称为用户侧能量管理，简称用能管理）是优化用户用能行为，提高用电效率和电能占终端用能比例，降低用能成本、减少能源浪费的重要手段。通过用户用能信息的采集、分析，为用户提供用能策略查询、用能状况分析、最优用能方案等多种用能服务，可以为能效测评和需求侧管理提供辅助手段；还可为用户侧的分布式电源、储能元件和电动汽车充放电设施等提供运行和管理手段，促进清洁能源利用效率的提高。充分体现智能电网在节能减排、指导客户科学用电和安全用电等方面的作用。

2. 用能管理系统主要类型

电力用能管理系统按照管理对象可以分成家庭能量管理系统（home energy management system，HEMS）、建筑能量管理系统（building energy management system，BEMS）、企业能量管理系统（enterprise energy management system，E2MS）

等类型。用能管理与智能电网中可视化技术、需求响应技术、能效管理策略等相结合，为用户提供合理的用能管理手段，支持社会节能及需求侧管理目标。

（二）技术现状

1. 美国堪萨斯电力电灯公司能效管理实验项目

该项目从 2009 年开始，覆盖 4 万用户、历时 5 年。试点安装了智能电能表、智能交互终端、调温设备、能源审计、高效的热泵、热水器等设备，开展家庭能量管理系统、建筑能量管理系统、节能家电、尖峰时刻自动需求响应等项目，用户可以通过网站、各类交互终端等实现设备用电信息的查询及监控。

2. 美国杜克能源公司智能电网项目中关于用能管理的实验项目

该项目计划给用户安装 4 万个高级测量设备，部署了家庭能量管理系统。2011 年已实现家庭能量管理系统的第一阶段，允许用户控制恒温器、热水加热器和池塘水泵等，结果显示使用家庭能量管理系统的用户平均每月节约能源 8%。

3. 美国德克萨斯州和加利福尼亚州关于用能管理的实验项目

美国德克萨斯州以及加利福尼亚州的电力企业，专门在智能电能表附加了用于向家庭内信息终端（户内显示器）传送数据的通信模块，尝试将智能电能表用作一种家庭网关，开展了家庭能量管理相关的实验。户内显示器可显示出不同时间段的电力收费标准等信息，当消费者发现进入高收费时间段时，往往会自行关闭用电设备等的电源，从而节省了电力消耗。

4. 美国博尔德智能电网城市中关于用能管理的实验项目

美国科罗拉多州的博尔德市（Boulder），在 2007 年 12 月由 Xcel 能源公司牵头，联合另外 7 家科技、工程和软件公司共同投资智能电网城市项目。这个项目的建设重点是分析和研究消费者行为变化，主要包含：① 通过即时读表、及时反馈信息、分时计价等干预手段，观察消费者用电行为的变化；② 让消费者根据分时定价的消息预设家用电器；③ 通过网络由电力公司根据需要，远程控制用户家的空调和电热水器的温度。

5. 日本关于用能管理的实证项目

2009～2011 年，日本开展了为期三年的居民用电实证，实证中采用用电可视化并以价格为杠杆验证居民用电消费习惯改变对电网负荷曲线影响，其中东芝公司负责设备开发及工程实施，三菱综合研究所负责参与家庭的招募及数据分析。

实验人员在用户家中安装实时计量用户用电情况的设备，在体验者家中安装空调自动控制装置，以此自动获得用户在不同时间段的用电量相关数据。在此基础上实施分段计价、空调自动控制及用电量可视化三类试验分别影响家庭用电量，同时对节能和移峰填谷的效果进行调研分析、综合评价。

（三）电力用户用能管理技术基础

1. 用户用能可视化

用能可视化是通过用户侧的智能电能表、智能交互终端、智能插座、各类传感器等设备感知、测量、捕获用户用电、设备状态等各类信息，并依托互联互通的通信网络进行传递，实现用户用能行为的可视化展现，从而使用户及时获取自身用能信息并相应地改进自身用能行为。

经过国内外近年来对用能可视化的研究实践，通过用能信息的可视化展现可以有效提高终端用户能效，并且具有成本低廉、便于实施等优势，可以不依赖于复杂的设备和高额的投资。同时，用能可视化及分析的结果，需要与用户进行充分的信息互动，才能发挥价值；并且用能可视化不仅仅是对用户用能数据的简单展示，而是力求掌握数据背后所蕴涵的规律和信息，只有这样才能充分体现用能可视化的作用。

用能可视化的主要展示内容包括：

（1）不同时间段的耗电量、自发电量、买卖电量、电价电费、二氧化碳排放量等信息。

（2）可以按照用能区域、时间跨度等不同设定条件展示用户用能的各类曲线。

（3）用户侧分布式电源、储能装置的输出功率情况、储能容量等信息。

（4）用户近期用能情况在类似用户中的对比分析，如排名、同组均值、最小值、最大值等。

（5）用户年度用能在类似用户中的情况对比分析。

（6）用户自身近期和同期用能情况对比分析。

（7）提高能效的相关建议。

2. 用户能效监测与管理

用户能效监测与管理的对象可以认为是影响能源总量消耗、能源利用效率的相关因素，主要是针对用户能源消耗、用能成本、能效指标、用能设备状态等进行全方位的信息监测和管理，一般针对大型电力用户开展。

用户能效监测与管理的主要内容包括：

（1）实时监测用户能源系统运行状况。通过对单位各种能源消耗的监控、能源统计、能源消耗分析、重点能耗设备管理、能源计量等多种手段，实时统计各部分能耗及费率，使管理者及时掌握能源成本比重、发展趋势。

（2）用能系统节能运行管理。对用能系统能源消耗情况进行记录和分析，包括各相负荷情况、运行效率、功率因数、电能质量、电能损耗等状况，为管理者提供实时决策分析、优化用电的可靠依据，找出能源使用的缺陷，使用能系统处于经济运行状态。

（3）故障报警、远程诊断及处理。准实时监控、记录单位各重点能源消耗及电能质量情况，实现状态报警、超限报警，尽早发现设备隐患和电能损耗点，掌握早期故障信息，及时做好预防检修等相关工作。

（4）能效指标比对与能效评估。通过系统提供的评估模型，结合能耗标准数据、电力消耗数据、设备消耗数据等指标进行分时段对比，对用能系统进行能效评估。为节能指标的制定与考核、节能改造项目的评定提供依据。

（5）能源使用成本管理。实现能源消耗信息的统计与管理，自动生成能源消耗信息的统计图形、曲线和报表，对能源消耗进行精细化分析，对历史能源使用数据的对比、分析。

（6）用户所属供配电网络的节能运行分析。根据供配电网络的具体情况和准实时数据，提供节能运行管理的方案和措施，并为管理人员提供辅助决策工具。

3. 用能管理系统

电力用户用能管理需要专业的支持系统实现。用能管理系统由各计量装置、智能传感器、控制执行设备、通信信道和主站组成，可以分为终端用能设备层、控制与传输层、运行管理层、管理与决策层等层次。

系统可以通过智能电能表、智能插座（带计量装置）、热工表等计量装置获得用户内部各类用能设备的用能信息，通过用户内部通信信道将用能信息汇总到智能用电交互终端，由交互终端通过通信信道（例如 GPRS、互联网、电力光纤专网等）将信息上传至主站，由主站进行分析决策后将用能状况分析、最优用能方案等信息下发到智能用电交互终端（或用户联网的计算机等），帮助用户实现科学、合理地用能。

电力用户用能管理的主要功能包括：

（1）实现用户用能信息的采集，为用户提供用能状况分析、用能优化方案等多种用能管理服务功能。

（2）为电力用户提供控制内部各类智能用电设备的技术手段。

（3）实现用户侧分布式电源、储能装置、电动汽车充放电等的运行管理。

（4）可以对用户各类用能系统能耗情况进行监视，找出低效率运转及能耗异常设备，对能源消耗高的设备进行有效的节能运行调解控制。

（5）实现分类能耗统计分析、分项能耗统计分析及各项能耗指标的统计分析功能。

（6）为能效测评和需求侧管理提供辅助手段。

三、用户侧用电互动化关键设备

（一）智能用电交互终端

智能用电交互终端（简称交互终端）是一种可以承担信息交互、信息展现并承载多种智能用电互动服务业务的智能终端设备，可以增强电网综合服务能力，满足智能用电双向互动营销需求，提升服务水平。需要说明的是本部分所指交互终端的概念，涵盖了信息交互网关和展示操作终端，作为实体设备，则可能是信息交互网关、展示操作终端一体化设计，也可能分开设计实现。

1. 技术概况

交互终端由电源系统、控制系统、存储系统、通信系统、显示系统五部分组成。电源系统完成终端各模块系统的直流稳压电源供给，负责提供工作电源；控制系统以 ARM 等控制芯片为基础，包括 RTOS 与应用程序等在内的一系列嵌入式软件完成交互终端各模块的管理与控制功能；存储系统通过 RAM、FLASH、MicroSD 等多种存储介质，实现采集数据与程序数据的存储功能；通信系统包括通过通信模块接收外部控制命令或向智能插座等设备发送信息等功能；显示系统通过液晶显示屏等显示设备将各种数据信息向用户进行展示，实现与用户的互动。

2. 主要功能

智能用电交互终端的功能架构如图 4-10 所示，支持的主要功能包括：

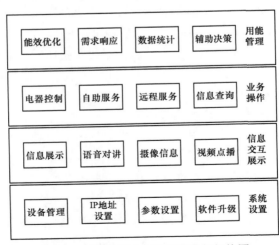

图 4-10　智能用电交互终端功能架构图

（1）系统设置。

1）设备管理。对智能插座、安防设备、智能电器等进行管理，包括对电器名称、设备所处位置信息等的添加、修改、删除。

2）IP地址设置。支持静态IP地址设置。

3）参数设置。对电价设置、账号管理、密码管理、显示参数等相关设备参数进行配置管理。

4）软件升级。可实现远程无线软件升级与出厂设置恢复等设置。

（2）信息交互展示。

1）信息展示。可以显示如电价信息、缴费信息、停电信息等来自供电企业发布或主动查询的各类信息；可以展示用能管理功能分析计算的各种报表、饼图、曲线等统计决策信息；可以显示终端自身电量信息、存储容量信息等维护信息。

2）语音对讲。可以实现与供电企业的远程语音对讲功能；可以实现对楼宇安防对讲、小区对讲、社区用户之间的语音对讲等功能。

3）摄像信息。可使用终端访问IP摄像头并查看实时或历史摄像信息。

4）视频点播。可通过网络实现视频点播等增值服务功能。

（3）业务操作。

1）电器控制。可以对用户内部设备进行实时开关、实时调节、定时开关、定时调节等控制功能，以及典型控制模式的设定与一键控制功能；可以实现对分布式电源的能量流动方向的调节功能等。

2）自助服务。可以实现自助缴费、报修、报装、参与需求响应计划等相关营销业务的自助办理。

3）远程服务。可以实现社区服务、远程医疗、远程教育等辅助增值服务功能。

4）信息查询。可以实现客户侧分布式电源接入、电动汽车充/放电等电能量双向流动的监测与查询；可以实现电价信息、业务套餐、剩余电量、透支电量、剩余电费、业务进展情况等所有传统营销业务信息查询功能。

（4）用能管理。

1）能效优化。终端应能够根据用户主要用电设备的用能情况与分布式电源的发电情况，发掘电能使用异常监测与能耗均衡分析等功能，对能源利用效率进行分析计算，实现能源高效使用。

2）需求响应。终端应能自动接收供电侧需求响应计划信息，根据用户设定判定是否参与需求响应计划；对节电效果进行计量与评价；支持用户编辑需求响应参与方式与设备参数配置等合同内容，实现需求响应业务。

3）数据统计。终端应能提供用户内部各个用电设备的用能数据信息，实现横向统计对比、历史数据同比/环比等一系列数据统计功能。

4）辅助决策。终端可以根据内部用电数据历史统计信息与用户常用设定模式，自动学习用户用电特性，根据需求响应计划、电价政策等信息，自动生成多种电器控制策略，为用户提供多种能效优化模式，以供用户选择执行。

说明，由于用户需求的多元化、电力营销机制的差异化，以及承载智能用电互动业务的不同，交互终端的上述功能并非必须配置，其所支持功能也应该体现灵活选择、柔性扩展的特点。此外，交互终端作为各种互动营销业务最后执行者的身份，需要与后台业务主站系统进行交互。

（二）智能插座

智能插座是一种实现用户内部用电信息采集、设备运行监测及控制的复合功能插座，主要实现功能有测量显示、通断控制、控制命令的透明传输等。智能插座的主要作用是实现末端用电设备的信息采集和控制，一方面可以为用户用能管理提供各用电设备的电压、电流、功率、功率因数等各项基础信息；另一方面可以作为终端控制装置实现用电设备的通断控制等功能，为需求响应等提供控制手段。另外，智能插座的应用还可以使用户了解自身用电设备的运行情况，为用户提供一些辅助信息。

1. 技术概况

智能插座由电源系统、采集系统、控制系统、通信系统四部分组成。电源系统完成交流到直流稳压电源的变换，负责提供工作电源；采集系统由电压传感器、电流传感器和温度传感器以及模/数变换电路组成，负责用电参数的信息采集；控制系统由微处理机和执行器件组成，一方面控制采集部分的模拟量到数字量转换，另一方面接受命令并传递命令到执行单元来完成切断用电器电源等控制功能；通信系统是通过通信模块，负责接收外部控制命令、向外发送信息等。

2. 主要功能

智能插座的功能架构如图 4-11 所示，支持的主要功能包括：

（1）设备管理。

1）电源控制。包括接通或断开。其中，接通是指在保证安全的条件下，能对智能插座进行控制，接通与用电设备

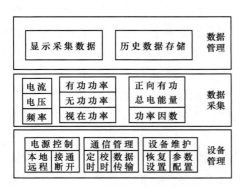

图 4-11 智能插座的功能架构

相连的电源。断开是指在保证安全的条件下，能对智能插座进行控制，断开与用电设备相连的电源。接通与断开的控制模式包括本地控制与远程控制两种模式，其中远程控制需要一定的网络通信支持。

2）通信管理。

a. 数据传输。智能插座可通过电力线载波或短距离无线方式与智能家庭网关进行数据通信，采用定时发送或召测方式向智能家庭网关发送所采集的数据，此外，对重要参数和数据还应具有加密功能。

b. 校时。智能插座具有校时功能，可接收智能家庭网关广播校时，智能插座采用软时钟。

c. 定时。智能插座具有定时功能，可接收智能家庭网关的指令，在任意时间点设置电源的接通或断开。

3）设备维护。智能插座应能接收智能家庭网关下发的指令，对其运行参数进行在线设定与软件升级，或将智能插座恢复为出厂设置。

（2）数据采集。智能插座应能采集当前接入用电设备的工作电流、工作电压、工作频率、有功功率、无功功率、视在功率等数据信息，并具有正向有功总电能量计量功能与功率因数计算等功能。

（3）数据管理。

1）显示采集数据。可具有显示功能的智能插座可显示当日和当前累计用电量、当月和上月累计用电量、电能量示值、当前日期和时间。

2）历史数据存储。智能插座能够根据智能家庭网关设置的采集时间点、采集时间间隔对采集数据进行存储，对包括当前累计用电量、日累计用电量、月累计用电量和年累计用电量等在内的多种累计用电量进行计量与存储，存储时间应达到 3 年以上。

四、电力智能营业厅

（一）电力智能营业厅概述

电力智能营业厅（简称智能营业厅）是智能用电环节建设中电力营销管理系统的重要环节，是以可靠通信为支撑，以用电信息采集系统、用户用能服务系统为主要信息源，以智能家居、智能楼宇、传统客户为服务对象，为用户提供友好、快捷、高效、多元化的双向互动服务式系统，是充分体现电力公司新型用能服务理念，以全新运营模式建设的智能化电力营业大厅。

（二）智能营业厅系统框架

智能营业厅从系统构成来说，包括 24h 95598 电话热线及咨询服务、自助服务终端、Internet 网络服务终端、E-mail 短信平台、视频终端、液晶综合信息展示屏等部分，可以划分为系统主站层、通信信道层和支持系统层三个层次。其系统架构如图4-12所示。

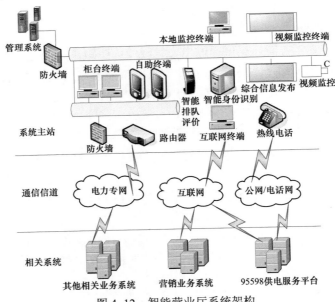

图4-12　智能营业厅系统架构

（三）主要建设内容

智能营业厅核心功能包括自助服务（报装报修、缴费、账单、查询、投诉举报等）、智能用电互动展示与体验、排队预约、业务预办理等，特色服务功能包括智能身份识别、互动洽谈、互动信息窗口等。

1. 自助服务

智能营业厅自助服务是其核心功能之一，也是提高服务水平的重要手段。通过在智能营业厅放置自助缴费终端、自助业务办理终端、自助查询终端、互联网终端等各类自助终端，支持客户自助开展服务信息查询、电费缴纳、票据打印等业务。

可以设置24h自助服务区（类似于24h银行），安装自助缴费终端、自助业务办理终端等设备，为客户提供24h自助服务。服务区内应该配置必要的照明、监控、门禁、消防等设施。

2. 智能用电服务互动化展示

通过电子橱窗、电子展板、3D显示屏、3D模型等展示手段，可以将供电公司的服务理念传递给客户，使用户感受到智能电网，尤其是智能用电方面的建设成果和未来蓝图。

3. 智能用电新业务体验

在营业厅可以设置用户体验区，可以现场体验智能家居、用能服务、电动汽车充/放电等智能电网新业务。

4. 智能排队评价

支持网站、手机等多渠道的预约排队功能；实现"一票通"功能，在营业厅内仅需一次取号即可完成所有需办业务及缴费的智能排队，实现职能交叉队列分配功能；与互动业务办理系统共同实现智能评价功能；可以对整套系统状态及数据实时监控，汇总服务信息作为绩效考核的依据。

5. 业务预办理

提供业务预办理书写台，可查询业务办理流程、政策、业务申请表填写范例、用户档案信息、流程信息、电费信息，用户台可以预先填写业务申请单，办理增容等变更业务时，可以将营销业务应用于该用户的档案、用电信息预填到业务申请单中。用户预填写业务申请单保存到营销业务应用中。

6. 业务办理互动化

可以通过建立互动柜台，即在业务办理区柜面上放置触摸屏，可与柜面内部业务办理终端相连接，需要客户输入或确认信息可由营业员将输入界面切换到客户显示屏，客户只需在触摸屏上进行信息输入并确认即可。还可以在传统的收费区柜台玻璃上附上投影膜，并在窗口旁设置触摸屏，将影像或文字等信息清晰显示，客户可以查看收费政策和收费标准等信息，客户可通过触摸屏查看收费金额等信息，并可以单击屏幕进行确认。

7. 智能身份识别

通过应用射频识别技术识别用户身份、处理业务数据，对电力用户进行管理和业务操作。可以远距离地识别用户卡并实时自动通知业务人员，自动调阅用户资料，从而可以根据客户的历史信息和个人资料为用户提供个性化服务。

五、智能用电互动化支撑平台

智能用电互动化支撑平台（简称互动化支撑平台）是智能用电技术架构中的核心内容之一，是实现各类智能用电互动业务的综合支撑平台，提供数据信息支撑、互动业务支撑、用户交互支撑三大支撑功能，支持服务信息互动、营销业务互动、用能服务互动、电能量交互四类互动业务。

（一）技术概况

1. 业务集成技术

互动支撑平台基于统一的业务模型，将需求响应、用能管理等各类互动业务支持系统进行业务集成,将网站门户、智能交互终端、智能营业厅、手机、自助终端等多种互动渠道进行统一接入管理,从而形成直接面向供电公司和用户的统一业务支撑平台,支持信息互动、营销业务互动、电能量交互、用能互动等各类业务。

2. 信息集成技术

互动支撑平台基于统一、规范的信息模型,合理抽取并有机整合高级量测系统、智能用电交互终端、电网运行监控系统等所提供的基础信息,同时为智能用电互动业务提供基础的信息交换和接口服务,供各系统实现统一便捷的存取访问、标准化交互和共享,提高信息资源的准确性和利用效率。

(二)主要功能

1. 信息集成功能

实现与营销信息系统、用电信息采集系统、用户用能信息采集系统、分布式电源信息采集系统以及电动汽车管理信息采集系统等主要信息采集系统的数据库实现安全无缝对接,基于这些数据库进行数据统一接入、海量数据挖掘、数据模型统一、业务数据抽取、数据安全分区等功能实现。

2. 业务集成功能

实现与用能管理业务系统、需求响应系统、营销业务系统、负荷控制与管理系统、分布式电源管理系统以及电动汽车充电桩管理系统等多种智能用电业务系统进行对接,对其所集成系统提交的业务请求,按照该业务的统一规则进行处理,如果需要其他业务应用系统处理,则调用路由引擎,将该业务转到相应的应用系统进行处理,实现用户需求业务的自动识别与转发、业务需求任务的下发、业务需求数据库的选择、业务系统数据分发、可视化统一管理等功能。

3. 交互渠道管理功能

实现主要与智能营业厅、客户端系统、95598热线系统、用户服务网站等多种用户交互渠道实现对接,并进一步由这些渠道通过自助服务终端、智能交互终端、电话、互联网设备等相关渠道接入设备,实现与电力用户的交互,并针对不同的互动渠道,实现多种交互方式接入的统一支持、大规模用户并发接入的处理、用户接入的交互数据分析、业务系统相关数据信息的多渠道分发等功能。

4. 平台管理功能

主要实现包括用户权限与安全管理、系统时间管理、档案管理、通信路由管理、维护故障记录管理、自身数据库管理、可视化人机交互界面管理等功能。

第五章

配用电一体化通信

配电网将通过先进的计算机技术、数字系统控制技术和宽带网络通信技术实现对电网运行的全面、高效、精确地掌控，从而保证电网的安全可靠运行、企业效益的持续提高、社会满意度的不断提升、社会的和谐发展。智能化配电网是对数字化配电网的进一步延伸，将实现电力系统、通信系统和信息系统的高度集成，通过电子化控制在非常大的弹性范围内提供广泛的需求响应，以自愈方式处理紧急状况，及时地把问题和故障就地处理并隔离，从根本上提高系统的稳定性和可靠性，并且可以正确、及时地响应能源市场和电力公司的业务需求，从电力行业的整体出发，站在更高的角度提出具有前瞻性和创造性的先进观点和理论。

第一节　配用电一体化通信体系

一、配用电通信网的发展需求

（一）配电网的发展现状

现阶段是我国全面建设小康社会，向工业化、城镇化、信息化和现代化深入推进的重要发展时期，经济社会将继续保持平稳、较快发展。这一时期，也是我国加强节能减排，建设"资源节约型、环境友好型"社会，实现能源与经济社会和谐发展的关键时期。新型社会建设要求新一代的配电网在确保安全可靠的前提下，着重提升其运行效率和灵活管理能力，需要配电网提供更为稳定可靠、经济优质、灵活互动、友好开放的电力智能控制方式，可以实现用户与电网双向互动，根据用户需要及峰谷电价调整用电时间，提高用户用电的可靠性和经济性；同时，用户可以灵活选择服务质量更好和价格更优的电力供应商；现代配电网要求适应分布式电源大规模接入电网，能够适用于目前和未来的商业环境，包括市场需求和用户的需要，同时满足自我调节和扩展，以实现清洁能源的高效利用并获得一定的经济效益。

为满足上述目标，更进一步改善供电可靠性，降低运行损耗，提高电能质量和经济效益，电力公司提出建立数字化、智能化配电网的战略构想，通过加快配电网相关产业科技进步和设备升级，提高配电网的信息化、数字化、自动化和互动化运行水平，提升配电自动化水平，不断提高配电网的运行灵活性和友好互动功能，丰富配电网的服务内容和服务质量，满足未来经济社会发展要求以及发电企业、电力用户不断提高的多元化服务需求。

无论是数字化配电网，还是更高级的智能化配电网，均需要采用现代化的运行监测、故障分析和自动控制等技术手段提高配电网的运行管理水平。配用电通信网是建设数字化配电网的关键内容，配用电通信网是数字化智能配电网的基础支撑，是智能配电网各种管理和控制信息的传输平台。通信网络的好坏在很大程度上决定了智能化配电网的实现程度，良好的通信网络是实现功能完善的智能化配电网的基础。

因此，配用电通信网发展的主要目的是满足配电网络发展需要，根据智能配电网功能要求、规模、当前通信和计算机技术的发展现状、通信技术现状和技术实施的可行性，对实现配电通信网络发展进行规划，为智能配电网建设实施提供依据。

（二）配用电通信网的发展方向

1. 配用电通信网业务类型

随着通信技术的快速发展，许多新的通信技术、通信设备都纷纷涌入配用电通信网，使网络的面貌日新月异。新设备的大量涌入使得配用电通信网络的智能化程度不断提高，功能日益强大，配置、应用也日趋复杂。配用电通信业务也由调度电话、低速率远动发展到高速、数字化、大容量的用户业务。智能电网的发展，使得大量的智能设备涌入电力系统，如智能变电站、智能开关设备、智能用电设备等，配用电通信网的业务呈 IP 化大幅度增加。配用电通信网的结构也已从单一服务于调度中心的简单星形方式发展到今天多中心的网状网络，以保证能为日益增长的电力信息传输需求服务。

2. 配用电通信网与智能电网的关系

智能电网是将现代的信息、通信、控制及管理等先进技术与传统电力系统的技术和业务模式相融合的发展模式，而配用电通信网提供了智能电网需要的信息采集、控制和管理的通道，是实现智能电网的基本保证。智能电网在业务技术应用、网络技术、运行模式方面都提出了新的要求，对配用电通信的安全性和稳定性有了更高要求，以我国智能电网研究为例，规定适用于智能电网的通信技术主要具备以下特征：① 具备双向性、实时性、可靠性特征，出于安全性考虑理论上应与公网隔离的电力通信专网；② 具备技术先进性，能够承载智能电网现有业务和未来扩展业务；③ 最好具备自主知识产权，可具有面向电力智能电网业务的定制开发和业务升级能力。

3. 配用电一体化通信规划的基本要求

配用电通信规划应充分考虑新区整体发展态势，结合电网规划，建立结构合理、安全可靠、绿色环保、经济高效、覆盖全面的高速通信网络，实现区域内输电、变电、配电、用电等关键环节运行状况的无盲点的监测和控制，实现实时和非实时信息的高度集成、共享与利用，从而实现对配电自动化、用电信息采集、智能设备及电力光纤到户的全面支撑。

配用电一体化通信规划主要包括高压配电通信网规划、中压配电通信网规划和低压配电通信网规划。其规划原则如下。

（1）通信网规划应结合智能电网整体规划及通信功能、应用业务发展需求和通信技术发展前景，遵循统一规划、分步实施、适度超前、局部规划服从整体规划的总体原则，以避免部门间、专业间重复建设。

（2）各级通信规划必须在规划思路和技术政策等方面保持统一，确保各级通信网络有效衔接，管理方式协调一致。

（3）配用电通信网通信方式的选用应根据智能电网示范工程各种业务需求，结合通信技术的发展，充分考虑配网改造工程多、网架频繁变动的特点，遵循实用性、可靠性、可扩展性、可管理性的原则，合理选择成熟、经济、安全、实用的通信方式，统筹兼顾经济性和对新技术及新业务的适应性。

二、配用电一体化通信模式

配用电通信网络集变电、配电、用电、调度信息于一体，按网络结构划分为传输层、汇聚层和接入层，包括高压配电通信网、中压配电通信网、低压配电通信网。根据配用电通信网的要求和多种通信技术特征，考虑充分发挥各种通信技术的优点，减弱各种技术应用缺点，建立以光纤网络为骨干，无线技术、载波为补充的网络结构，配用电一体化通信体系架构如图5-1所示。

传输层是指主站与主站之间，子站与子站之间，即变电站之间、供电公司与营业厅之间的通信，传输介质为光纤，网络结构以环网为主，主要技术体制有 SDH、DWDM、ASON、OTN 等。目前，大多数电力公司的调度中心与变电站之间已经建立了光纤通信网络，传输层的通信系统可以借用这个通道，以节

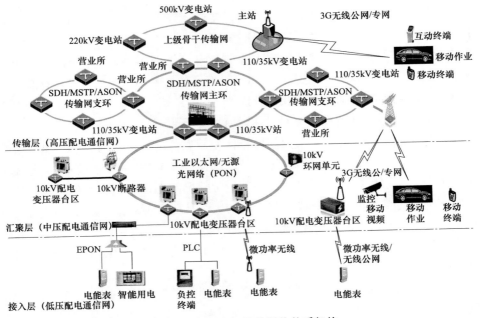

图 5-1 配用电一体化通信体系架构

省再次铺设通信线路的投资。配用电通信网传输层以光纤环网为主，应用模式基本相同。

汇聚层是指主站与子站之间的通信，即 10kV 配电变压器台区到 110kV/35kV 变电站之间的通信，通信介质为光纤、电力线（PLC）、无线（3G/4G），其中光纤通信技术主要为无源光网络技术（PON）和工业以太网技术。汇聚层主要应用为高级配电自动化、自愈控制等。通信网技术主要有无源光网络、电力线载波、无线公网（3G/4G、GPRS）。

接入层是指用户到 10kV 配电变压器台区的通信，即电能表、负控终端、智能用电等与台区的通信，通信介质为光纤、电力线（PLC）/无线（3G/4G），其中，光纤通信技术主要为无源光网络技术和工业以太网技术。接入层主要的应用为智能互动、用户信息采集系统。低压配电通信网技术主要有无源光网络、电力线载波、微功率无线、无线公网（3G/4G、GPRS）。目前，国内的低压配电网结构复杂，不同地区、不同配电网结构都不相同，接入方案尚无法统一。

（一）以有线通信为主的配用电通信模式

配用电通信网的汇聚层通信介质为光纤或电力线，在城区或有联络的线路采用工业以太网/无源光网络技术构成环网，部分单辐射线路也可采用中压电力线载波通信技术；接入层通信介质为电力线和光纤，在光纤入户的智能小区可采用 EPON 或工业以太网进行组网，本地通信还可采用低压电力线路载波和 RS–485 通信技术组网。其架构如图 5–2 所示。

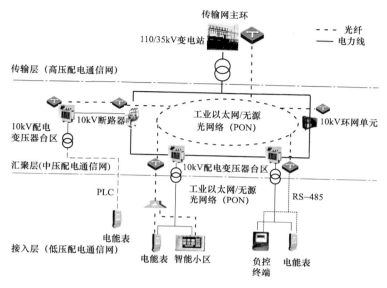

图 5–2　以有线通信为主的配用电通信模式架构

（二）以无线通信为主的配用电通信模式

配用电通信网的汇聚层和接入层通信介质均为无线宽带，无线网覆盖 10kV 设备、台区及重要用户终端等，承载业务包括语音、视频、数据业务，技术体制为无线专网（WiMAX/McWiLL/LTE）。接入层分为远程通信或本地通信，远程通信采用无线专网、无线公网（GPRS/3G/4G），本地通信可采用微功率无线和 RS–485 组网，微功率无线技术体制为 WSN、ZigBee、RF433、WiFi。方案如图 5–3 所示。

（三）有线和无线通信混合的配用电通信模式

配用电通信网的汇聚层通信介质为光纤、电力线和无线，在城区或有联络的线路采用光纤通信，利用通过工业以太网和 EPON 组网，单辐射线路可采用中压电力线载波或无线专网；接入层通信介质为光纤、电力线和无线，在光纤入户的智能小区可采用无源光网络或工业以太网进行组网，本地通信可采用低压电力线载波、RS–485 和微功率无线技术组网，其架构如图 5–4 所示。

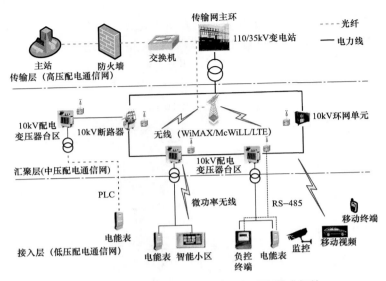

图 5-3　以无线通信为主的配用电通信模式架构

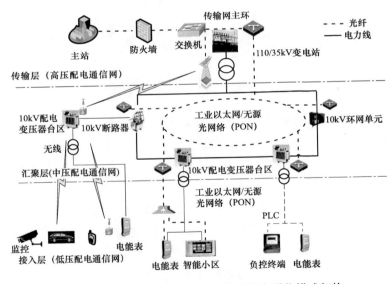

图 5-4　以有线和无线通信混合的配用电通信模式架构

（四）以有线通信为主，无线通信备用的配用电通信模式

　　配用电通信网的汇聚层通信介质为光纤、电力线，10kV 线路采用光纤通信或中压电力线载波组网，无线专网覆盖 10kV 线路开关设备、台区和重要用户终端，作为有线通信的备用；接入层通信介质为光纤、电力线和无线，低压线

路采用光纤或低压电力线载波组网，无线专网/公网作为有线通信的备用。

配用电一体化通信技术的特性，见表 5-1。

表 5-1　　　　　　　　　　配用电一体化通信网技术的特性

技术体制		网络结构	主要特点	适用范围
高压配电通信网	SDH/MSTP		应用广泛、技术成熟，支持多种业务接入，具有严格同步的技术体制特点	适用于所有大中型城市
	ASON		以 SDH 为基础的自动交换传送网，通过智能控制平面来完成配置和连接管理的智能光传送网	适用于通信业务量大、网络结构复杂的高压通信网建设，成本较高
中压配电通信网	光纤工业以太网		应用较为广泛，网络结构以环形为主，采用自愈保护方式，数据传输较可靠	适用于通信业务量小、点对点传输距离远、可靠性要求高的地区，建设成本高

163

技术体制		网络结构	主要特点	适用范围
中压配电通信网	无线专网（3G/4G）		安全可靠性高，传输容量大，布置灵活，支持语音、数据、视频、移动作业等业务	适用于点多面广、数据保密性强、移动业务较多的地区；需架设网络，成本较高
	无线公网（3G/4G）		技术成熟，建设成本低、接入灵活，施工难度低，支持语音、数据、视频、移动作业等业务，受通信公司业务影响较大	适用于公网覆盖范围内、点少面广、光纤通信难以到达的区域；初期成本较低，后期运营成本较高
低压配电通信网	无源光网络（PON）		网络结构以树形为主，采用多种保护方式，接入带宽较高	适用于光纤入户、有互动业务需求、可靠性要求高的区域；建设成本高
	微功率无线		自组网、自适应、多跳等优点。安装方便，功率损耗低	适用于覆盖范围小，通信距离短，障碍物少的区域；建设成本低

技术体制		网络结构	主要特点	适用范围
低压配电通信网	电力线载波		无需另外架设通信线路，模块成本低，数据传输稳定性受电力线路功率波动、谐波干扰较大	适用于功率波动小、谐波干扰较小的区域；建设成本低
	无线公网（3G/4G、GPRS）	网络结构图同中压配电通信网	3G/4G 同中压配电通信网，GPRS 带宽和传输容量较低，受通信公司业务干扰较大	同中压配电通信网
特殊通信	北斗卫星导航系统		覆盖范围广、精度高、可靠性好，可以提供定位、导航、对时服务，并兼具短报文通信能力	适用于可靠性要求高或有特殊需求的区域

三、配用电通信网面临的新要求

（一）配用电通信网与配电网协调发展

配用电通信网建设不仅要依据电网基础，还要考虑智能电网的发展要求，目前一般的建设方案：对电网基础较好的地区，适当提高用户侧通信建设标准，优先选择先进的通信技术；而对电网基础薄弱的地区，可着重发展电网基本通信，然后逐步向多业务通信发展。这就需要考虑配用电通信网如何与城市电网协调发展，即配用电通信网是超前于电网发展还是与电网同步发展；在考虑节能和设备陈旧问题情况下，该如何合理分配用电通信网投资；如何解决多种通信技术共存的问题。与其他国家相比，我国电力通信网与电网的投资比例较低，且大部分都应用于高压传输网络的构建，对于配电网通信投入较少，使得配电网通信建设非常薄弱。

配用电通信网作为最末端的电力通信网，承载电网与用户的信息交互，是电网业务向服务化转型的最前沿。而现有的低压侧通信大部分都采用无线公网技术，尚不能承载日益庞杂的信息量，如何应对用户侧的信息交互是电力通信网研究中的一个难题，还需要考虑的是此类信息的储存问题。智能电网发展将为电力通信网带来新的挑战，也是电力通信网全面发展的契机。

（二）配用电通信网的发展需求

1. 高压配电通信网

随着智慧城市和智能电网的全面建设和现代化管理的进一步深化，未来高压配电通信网建设将面临新的要求：

（1）智慧城市和智能电网的建设对通信网络可靠性、传输容量、接入灵活性等方面均提出了全新的要求。智慧城市是城市发展的崭新模式，通过接入绿色能源，优化能源结构，实现城市信息化、智慧化、互动化的特征；智能电网提出利用先进的通信、信息和控制技术，构建以信息化、自动化、互动化为特征的自主创新、国际领先的坚强智能电网的战略发展目标，对高压配电通信网的传输能力、灵活性和可靠性提出了全新的要求。

（2）随着服务对象范围的不断扩大，对高压配电通信网带宽要求将不断提高。配用电通信网应作为基础设施一方面支撑智能电网的发展，另一方面应突破传统发展模式为智慧城市的发展提供坚强的通信支撑。随着居民光纤到户、营销系统、配用电系统建设的全面开展，通信网的服务对象更广泛，需求更加多样，导致对先进通信技术和带宽要求的急剧上升。

（3）各类业务不断向网络化方向融合发展。现有的通信系统主要设计原则是针对调度及生产应用，且主要基于时分复用模式（time division multiplexing，TDM）技术体制，对线路带宽要求较低。随着各类业务向网络化方向融合发展，要求高压配电通信网在接入方式、带宽容量、业务保护方面应更加适应 IP 业务的需求。

（4）智慧城市的发展对服务公众的通信接入提出了更高的要求，电力系统作为通道资源最丰富、组建网络成本最低廉的单位，承担为社会提供网络接入通道的重任。通过建设配用电一体化通信网络，构建惠及人民大众的高带宽、高可靠性的光网络，解决城市信息通信网络"最后一千米"重复建设的问题，为电信网、计算机网、有线电视网"三网融合"提供通道基础设施。

2. 中压配电通信网

中压配电通信网主要承载电力设备监测、控制及低压用电信息传输。中压配电网网架结构多样，电网各类设备基数较大，随着电力市场化的推进，新能源的分散接入、家用电器的多样化和电动汽车快速发展，国家将出台更灵活、更市场化的分时电价政策，中压配电通信网承载的业务量将呈几何数量级增长。同时还需要满足电力用户对于电力供应和市场信息的需求，供电企业需要掌握各类负荷变化趋势和用电营销信息，必然要求电网具备较强的双向互动、互相协调的能力，以实现电力资源优化配置。

3. 低压配电通信网

低压配电通信目前主要应用于用电信息采集业务，按使用对象划分主要为负荷控制和集中抄表，按网络结构划分为远程通信信道和本地通信信道。目前，国家电网公司系统内支撑用电信息采集系统等营销核心业务运行的通信网络资源不足，大量业务应用依赖于无线公网通信，虽然在一定程度上解决了用电业务的通信需求，但存在的问题仍不可忽视。此外，随着智能电网建设的推进，用电业务向宽带化方向发展，传统的无线公网通信将无法满足未来用电业务的发展需求。建设更加先进高效的通信网络来承载营销现有业务及未来用电业务是今后低压配电通信网的主要趋势。

第二节　有 线 通 信 技 术

一、高压配电通信技术

高压配电通信网以光纤为媒介，网络结构以环网为主，技术体制主要有SDH、MSTP、DWDM、ASON、OTN等。

（一）SDH技术

同步数字体系（synchronous digital hierarchy，SDH）技术是目前电力系统采用最广泛、最成熟的传输网技术体制，其严格同步的技术体制特点适合电力系统特有保护、安全稳定等业务的需求。SDH技术的主要特点如下：

（1）SDH是一种基于时分复用的同步数字技术。对于上层的各种网络，SDH相当于一个透明的物理通道，在这个透明的通道上，只要带宽允许，用户可以开展各种业务，如电话、数据、数字视频等，而业务的质量将得到严格的保障。

（2）兼容性良好。SDH传输系统在国际上有统一的帧结构，数字传输标准速率和标准的光路接口，使网管系统互通，因此有很好的横向兼容性，它能与现有的PDH完全兼容，并容纳各种新的业务信号，形成了全球统一的数字传输体制标准，提高了网络的可靠性。

（3）SDH 接入系统的不同等级的码流在帧结构净负荷区内的排列非常有规律，而净负荷与网络是同步的，它利用软件能将高速信号一次直接分/插出低速支路信号，实现一次复用特性，克服 PDH 准同步复用方式对全部高速信号进行逐级分解然后再生复用的过程，大大简化了数字交叉连接（DXC），减少了背靠背的接口复用设备，改善了网络的业务传送透明性。

（4）采用了较先进的分插复用器（ADM）、DXC，使网络的自愈功能和重组功能显得非常强大，具有较强的生存率。因 SDH 帧结构中安排了信号的 5%开销比特，其网管功能显得特别强大，将网管范围扩展至用户端，简化维护工作，并能统一形成网络管理系统，为网络的自动化、智能化、信道的利用率以及降低网络的维护管理费和生存能力起到了积极的作用。

（5）SDH 有多种网络拓扑结构，它所组成的网络非常灵活，能增强网络监控、运行管理和自动配置功能，可优化网络性能，同时也使网络运行灵活、安全、可靠，使网络的功能非常齐全和多样化。

（6）SDH 具有传输和交换的性能，其系列设备的构成能通过功能块的自由组合，实现不同层次和各种拓扑结构的网络，应用十分灵活。

（7）由于 SDH 大部分采用自愈环的网络结构，具有可靠性高、业务恢复时间短等特点，符合现代传输网的发展趋势。

（8）从 OSI 模型的观点来看，SDH 属于最底层的物理层，并未对其高层有严格的限制，便于在 SDH 上采用各种网络技术，支持 ATM 或 IP 传输。

（9）SDH 是严格同步的，从而保证了整个网络稳定可靠、误码少，且便于复用和调整。

（10）标准的开放型光接口可以在基本光缆段上实现横向兼容，从而降低联网成本。

目前，各地区配电管理中心之间、各个子站（变电站）之间一般建设了强大的 SDH 光纤通信网络，SDH 通信设备一般可提供 2MHz 或 10MHz 的数字通信接口，可将配电主站、配电子站置于 SDH 光环链路上，形成高速数据传输网。采用这种通信方式，如果 SDH 系统提供的是 2MHz 的数字通道，需要在配电主站及各个配电子站配置 E1/10&100Base-T 网桥或直接配置路由器，利用 E1 通信线路，在配电主站与配电子站之间建立带宽为 2MHz 的数据传输通道。如果 SDH 直接提供 10&100MHz 网络接口，则可以直接接入配电子站网卡和配电主站局域网，承担数据从位于变电站的子站到配网自动化主站的通信。SDH 组网示意如图 5-5 所示。

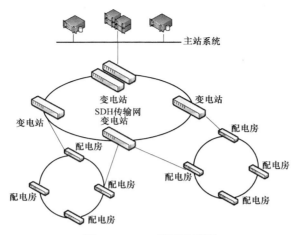

图 5-5 SDH 组网示意图

目前，城市配电网中环形供电方式最普遍，采用光纤自愈式环网的承担变电站到子站之间的通信也是最可靠、经济的。采用常规的总线型或单环光通信结构中，如果光纤或光收发器发生故障，则故障点之后的 FTU 就无法与配电主站进行通信，而自愈式环网光纤通信可大大提高通信的可靠性，自愈式光纤通信环网工作原理示意如图 5-6 所示。

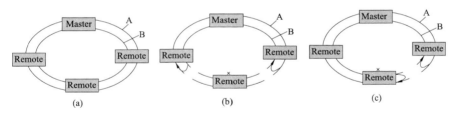

图 5-6 自愈式光纤通信环网工作原理图

（a）自愈式环网；（b）一个光转发器故障；（c）光纤故障

自愈式环网由两个环网组成，即 A 环和 B 环，其数据流的方向刚好相反，如 A 环、B 环是相互备用的。一旦其中一个光转发器故障，如图 5-6（b）所示，相邻的光转发器能测出数据流断开而自动形成两个环工作，即一个为 A 到 B 的环，另一个为 B 到 A 环，仅将故障设备退出并通知主站。如果光纤发生故障，如图 5-6（c）所示，则故障两侧的光收发器自动构成回路而形成双环工作，不影响系统的通信，并将故障点通知主站。

（二）MSTP 技术

基于 SDH 的多业务传送平台（multi-service transport platform，MSTP）技

术是在传统的 SDH 设备上增加了以太网和业务的接入、处理、传送能力，并提供统一网管的多业务节点。它既继承了 SDH 稳定、可靠的特性，又融合了数据网灵活、多样的业务处理能力。SDH 与其他技术相比传输容量稍小，通道开销大，频带利用率低，采用指针调整技术使设备复杂性增加，大规模使用软件控制且业务集中于少数几个高级链路及交叉点上，使人为错误、软件故障的危害较大。MSTP 的出现满足了局域网多业务的需求，它在 SDH 技术的基础上集成了对多种业务的支持功能，能对多种技术进行优化组合，提供多种业务的综合支持能力，实现了对城域网业务的汇聚。

通信网络的建设一般要通过建设成本、运营成本和网络稳定性等综合因素考虑通信制式的选择。由于目前我国高压配电通信网中 SDH 网络的覆盖范围较广，如采用 MSTP 技术可在原有传输网络的基础上，融合多方面的发展需求，具有良好的经济效益。作为下一代网络的衔接技术，MSTP 技术不仅能满足网络可靠和稳定性要求，还具有良好的经济性，适用于我国高压配电通信网下一步发展需求。

（三）DWDM 技术

密集型光波复用（dense wavelength division multiplexing，DWDM）能组合一组光波长用一根光纤进行传送，是一项在现有光纤骨干网上提高带宽的技术，能够充分节约光纤资源。DWDM 系统除了极大地提高传送容量外，还可以降低系统成本，其主要特点如下：

（1）可以节约成本。EDFA 的透明性可以同时放大多路波长，从而大大减少 SDH 再生器的数目，降低系统成本。

（2）提高系统的可靠性。由于 DWDM 系统大多数是光电器件，而光电器件的可靠性很高，因此系统的可靠性也可以得到保证。

（3）可以充分利用光纤的巨大带宽资源，使一根光纤的传输容量比单波长传输增加几倍至几十倍。

（4）波分复用通道对数据格式是透明的，即与信号速率及电调制方式无关。一个 DWDM 系统可以承载多种格式的业务信号，SDH、IP 或者将来有可能出现的信号，DWDM 系统能实现透明传输。

（四）ASON 技术

自动交换光网络（automatically switched optical network，ASON）是以 SDH 为基础的自动交换传送网，用控制平面来完成配置和连接管理系统，以光纤为物理传输媒质，是由 SDH 等光传输系统构成的具有智能的光传送网。ASON 是在选路和信令控制下，完成自动交换功能的新一代光网络，是一种标准化了的智能光传送网，代表未来智能光网络发展的主流方向，是下一代智能光传送网络的典型代表。ASON 首次将信令和选路引入传送网，通过智能的控制层面来建立呼叫和连接，使交换、传送、数据三个领域又增加了一个新的交集，实现了真正意义上的路由设置、端到端业务调度和网络自动恢复，是光传送网的一次具有里程碑意义的重大突破，被广泛认为是下一代光网络的主流技术。根据其功能可分为传送平面、控制平面和管理平面，这三个平面相对独立，互相之间又协调工作。

与传统传送技术相比，ASON 技术的最大特点是引入了控制平面，控制平面的主要功能是通过信令来支持建立、拆除和维护端到端连接的能力，并通过选路来选择最合适的路径，以及与此紧密相关的需要提供适当的名称和地址机制。SDH/MSTP 技术与 ASON 技术对比见表 5-2。

表 5-2   SDH/MSTP 技术与 ASON 技术对比

技术体制	SDH/MSTP 技术	ASON 技术
网络结构	环网	网状
保护方式	环网保护	智能保护（永久 1+1 保护、重或不重路由 1+1 保护、重路由恢复等保护）
自愈恢复率	较高	高
同步性	严格同步	严格同步
带宽分配	带宽动态分配能力较差	动态分配能力强
业务应用	支持语音、数据、视频等多业务应用	支持语音、数据、视频等多业务应用
网络管理	统一网络管理系统，运行维护方便	统一网络管理系统，运行维护方便
误码率	低	低
节点连通	大于 2	大于 3
资源利用率	低	高

（五）OTN 技术

光传送网（optical transport network，OTN）是以波分复用技术为基础、在光层组织网络的传送网，是下一代的骨干传送网。OTN 是通过 G.872、G.709、G.798 等一系列 ITU-T 的建议所规范的新一代数字传送体系和光传送体系。将解决传统 WDM 网络无波长/子波长业务调度能力、组网能力弱、保护能力弱等问题。

光传送网面向 IP 业务、适配 IP 业务的传送需求已经成为光通信下一步发展的一个重要议题。OTN技术包括光层和电层的完整体系结构，各层网络都有相应的管理监控机制，光层和电层都具有网络生存性机制。OTN技术可以提供强大的OAM功能，并可提供完善的性能和故障监测功能。OTN设备基于ODUK的交叉功能使得电路交换粒度由SDH的155Mbit/s提高到2.5G/10G/40Gbit/s，从而实现大颗粒业务的灵活调度和保护。OTN设备还可以引入基于ASON的智能控制平面，提高网络配置的灵活性和生存能力。

二、中压配电通信技术

中压配电通信技术主要有光纤通信技术，光纤通信技术是在封闭的自有通道上传输，没有电磁辐射、信息不易泄露，具备较高的安全级别，是比较安全的通信方式之一。与其他方式相比，光纤方式具有施工难度大，初期投资成本高的特点。光纤通信在通信容量、实时性、可靠性、安全性等方面和其他通信方式相比有较大优势。目前，较适合配用电通信网的光纤技术包括无源光网络（PON）技术和工业以太网技术。

（一）无源光网络（PON）技术

PON技术是一种点到多点的光纤接入技术，它由局侧的OLT（光线路终端）、用户侧的ONU（光网络单元）以及ODN（光分配网络）组成。xPON技术的优势体现在以下几方面：

（1）通信容量大，有较强的多业务接入能力。

（2）组网灵活，拓扑结构可支持树形、星形、总线形、混合形、冗余形等网络拓扑结构，比较适合配电网目前的树形或总线形网络结构。

（3）光分路器为无源器件，设备使用寿命长，工程施工、运行维护方便。

（4）可抗多点失效，安全可靠性高，任何一个终端或多个终端故障或掉电，不会影响整个系统稳定运行。

（5）带宽分配灵活，支持VLAN划分，支持多个优先级队列实现QOS的业务区分，业务的服务质量有保证。

EPON（以太网无源光网络）、GPON（吉比特无源光网络）是目前PON技术的主流方式，下面对这两种技术进行介绍。

1. EPON

EPON是几种最佳的技术和网络结构的结合。EPON采用点到多点结构，在以太网上提供多种业务，经济而高效，从而成为连接最终用户的一种最有效的通信方法。10Gbit/s以太主干和城域环的出现也将使EPON成为未来全光网中最佳的"最后一千米"的解决方案。一套典型的EPON系统由OLT、POS、ONU组成。

（1）光线路终端（optical line terminal，OLT）可以是一个L2交换机或者L3

路由器。在下行方向，它提供面向无源光纤网络的光纤接口；在上行方向，OLT 将提供 GE（Gigabit Ethernet）。将来 10Gbit/s 的以太网技术标准定型后，OLT 也会支持类似的高速接口，为了支持其他流行的协议，OLT 还支持 ATM、FR 以及 OC3/12/48/192 等速率的 SDH/SONET 的接口标准。OLT 通过支持 E1 接口来实现传统的 TDM 语音接入。在 EPON 的统一网络管理方面，OLT 是主要的控制中心，实现网络管理功能。如在 OLT 上通过定义用户带宽参数来控制用户业务质量、通过编写访问控制列表来实现网络安全控制、通过读取 MIB 库获取系统状态以及用户状态信息等，还能提供有效的用户隔离。在局端机房放置 OLT 设备，通过多级无源树状分配网连接远端用户侧的 ONU 设备，从而实现各主站和子站间的网络互联。

（2）无源光纤分光器（passive optical splitter，POS）是一个连接 OLT 和 ONU 的无源设备，其功能是分发下行数据和集中上行数据。无源分光器的部署相当灵活，由于是无源操作，几乎可以适应于所有环境。一般一个 POS 的分线率为 8、16，并可以进行多级连接。

（3）光网络单元（optical network unit，ONU）放在用户驻地侧（custom premier equipment，CPE），EPON 中的 ONU 主要采用以太网协议。在中带宽和高带宽的 ONU 中实现了成本低廉的以太网第二层交换甚至是第三层路由功能。这种类型的 ONU 可以通过堆叠来为多个最终用户提供很高的共享带宽。由于使用以太网协议，在通信的过程中就不再需要协议转换，可实现 ONU 对用户数据的透明传送。从 OLT 到 ONU 之间可以实现高速的数据转发。

EPON 网络连接如图 5-7 所示。

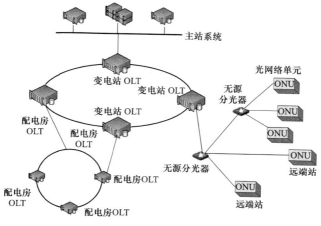

图 5-7　EPON 网络连接

EPON 技术实现用电信息采集示意图如图 5-8 所示。

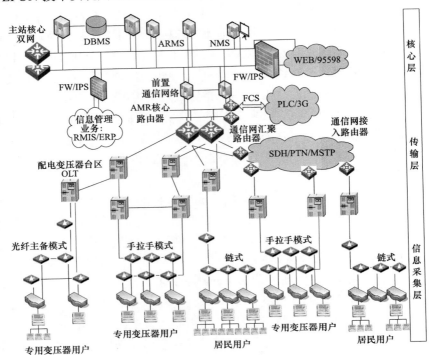

图 5-8　EPON 技术实现用电信息采集示意图

在一个 EPON 中，不需任何复杂的协议，光信号就能准确地传送到最终用户，来自最终用户的数据也能被集中传送到中心网络。在物理层，EPON 使用 1000BASE 的以太网 PHY，同时在 PON 的传输机制上，通过新增加的 MAC 控制命令来控制和优化各光网络单元（ONU）与光线路终端（OLT）之间突发性数据通信和实时的 TDM 通信，在协议的第二层，EPON 采用成熟的全双工以太技术，使用 TDM，由于 ONU 在自己的时隙内发送数据报，因此没有碰撞，不需 CDMA/CD，从而充分利用带宽。另外，EPON 通过在 MAC 层中实现 802.1p 来提供与 APON/GPON 类似的 QoS。

2. GPON

在以太网接入联盟（EFMA）提出 EPON 概念的同时，全业务接入网论坛（FSAN）提出了 GPON，FSAN 与国际电信联盟（ITU）对其进行了标准化，其技术特色是在第二层采用 ITU-T 定义的 GFP（通用成帧规程）对 Ethernet、TDM、ATM 等多种业务进行封装映射，能提供 1.25Gbit/s 和 2.5Gbit/s 下行速率，及 155Mbit/s、622Mbit/s、1.25Gbit/s、2.5Gbit/s 几种上行速率，并具有较强的 OAM 功能。当前在高速率和支持多业务方面，GPON 有优势，但技术的复杂和成本目前要高于 EPON，产品的成熟度逊于 EPON。GPON 技术与 EPON 技术对比见表 5–3。

表 5–3　　　　　　　　GPON 技术与 EPON 技术对比

项 目	GPON（ITU–TG.984）	EPON（IEEE 802.3ah）
下行速率	2500Mbit/s	1250Mbit/s
上行速率	1250Mbit/s	1250Mbit/s
分光比	1:64，可扩展为 1:128	1:32
下行效率	92%，采用：NRZ 扰码（无编码），开销（8%）	72%，采用：8B/10B 编码（20%），开销及前同步码（8%）
上行效率	89%，采用：NRZ 扰码（无编码），开销（11%）	68%，采用：8B/10B 编码（20%），开销及前同步码（12%）
实际下行带宽	2300Mbit/s	900Mbit/s
实际上行带宽	1110Mbit/s	850Mbit/s
每用户实际下行带宽	72Mbit/s（1:32），36Mbit/s（1:64）	28Mbit/s（1:32）
运营、维护（OAM&P）	OMCI 必选，对 ONT 进行全套 FCAPS 管理	OAM 可选且最低限度地支持：对 ONT 的故障指示、环回和链路监测
网络保护	50ms 主干光纤保护倒换	未规定
TDM 传输和时钟同步	内置	电路仿真
光纤线路检测	OLS G.984.2	无

由于数据业务具有很强的突发性，以太网包到达间隔的统计分布具有自相似性和长范围相关性，采用静态带宽分配的方法会严重影响系统的性能。静态带宽分配 PON 系统中，即使在负载不重时，上行的以太网包也遇到较长的延时，所发放的上行带宽也时有浪费。所以 PON 系统一般采用动态带宽分配方法，根据对数据流定义的带宽和 QoS 策略，由系统根据 DBA 算法，对系统可用的带宽进行动态分配，对带宽进行复用、收敛。

（二）工业以太网

光纤工业以太网是指在技术上与商业以太网（即 IEEE 802.3 标准）兼容，但在产品设计时，材质的选用、产品的强度、适用性以及实时性等方面能够满足工业控制现场的需要，也就是满足实时性、可靠性、安全性以及安装方便等要求的以太网设备，光纤工业以太网可以在极端条件下（如电磁干扰、高温和机械负载等）正常工作。近年来，光纤工业以太网技术已广泛应用于工业控制领域。

工业以太网技术比较成熟，可靠性高，电力系统应用较多，对于部分地区已建成基于工业以太网技术的配电光纤通信网则可以沿用工业以太网技术，保护原有投资和网络运行的持续稳定。

以太网技术引入工业控制领域，其技术优势非常明显：

（1）Ethernet 是全开放、全数字化的网络，遵照网络协议不同厂商的设备可以很容易实现互联。

（2）以太网能实现工业控制网络与企业信息网络的无缝连接，形成企业级管控一体化的全开放网络。

（3）软/硬件成本低廉。由于以太网技术已经非常成熟，支持以太网的软/硬件受到厂商的高度重视和广泛支持，有多种软件开发环境和硬件设备供用户选择。

（4）通信速率高。随着企业信息系统规模的扩大和复杂程度的提高，对信息量的需求也越来越大，有时甚至需要音频、视频数据的传输，目前以太网的通信速率为 10Mbit/s、100Mbit/s 的快速以太网开始广泛应用，千兆以太网技术也逐渐成熟，10GHz 以太网也正在研究，其速率比目前的现场总线快很多。

（5）可持续发展潜力大。在信息瞬息万变的时代，企业的生存与发展将很大程度上依赖于一个快速而有效的通信管理网络，信息技术与通信技术的发展将更加迅速，也更加成熟，由此保证了以太网技术不断地持续向前发展。

工业以太网交换机典型组网方案如图 5-9 所示。

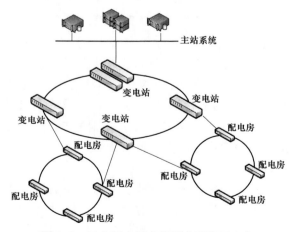

图 5-9　工业以太网交换机典型组网方案

工业以太网技术与 EPON 技术对比见表 5-4。

表 5-4 工业以太网技术与 EPON 技术对比

项 目	工业以太网技术	EPON 技术
网络结构	以环形为主	以树形为主
保护方式	自愈环,一般采用私有协议,自愈时间在 100ms 以内	骨干光纤保护倒换方式、光纤全保护倒换方式、双总线的保护方式
接入带宽	100MHz 共享(千兆以太网设备支持 1000MHz 共享)	1.25GHz 共享
传输距离	根据光接口类型不同,点到点距离达 80km	所有节点距离限制在 20km
节点数目	多数厂家一个环支持 255 个节点	32 个 ONU
抗多点失效	不支持	部分支持,设备损坏或掉电对系统无影响
VLAN 功能	支持	支持
施工	简单	简单
成本	较高	适中
电力应用	广泛应用于电力系统及其他工业控制领域	目前主要应用于运营商宽带接入市场,电力系统有部分试点

工业以太网技术比较成熟,可靠性高,电力系统应用多,但成本偏高;EPON 技术发展前景很好,建网成本适中,特别是组网方式非常适合配电网结构,EPON 技术在电力系统应用的相关技术、测试标准也正在制定完善中。在实际应用中,针对部分地区已建成基于工业以太网技术的配电光纤通信网则可以沿用工业以太网技术,保护原有投资和网络运行的持续稳定。

(三)特种光缆

配用电通信网的光缆主要分为普通光缆、电力特种光缆两大类,电力特种光缆主要为光纤复合相线(optical phase conductor,OPPC)、架空地线复合光缆(optical power grounded waveguide,OPGW)、无金属自承式光缆(all dielectric self-support,ADSS)。普通光缆、OPGW 和 ADSS 在配用电通信网中应用较为广泛,此处不再赘述。

OPPC 是在传统的相线电缆中嵌入光纤线缆的一种新型特种复合光缆,可以同时、同路、同走向传输电能和信息，并随时监测线路的工作状态。光纤复合相线充分利用了电力系统自身的线路资源，特别是针对电力配网系统，具有传输电能与通信业务的双重功能。

OPPC技术的优点有：

（1）光电一体，充分节约管道资源。

（2）光电合一，在传输电能的同时传输信息，并能检测线路工作状态。

（3）电缆部分与光缆部分保持相对独立的结构，便于安装时的引入、引出和连接。

近年来，OPPC技术在电力系统部分地区试点应用。总体来看，作为一种新兴的电力特种光缆技术，OPPC技术具有很多优点，但是由于目前还没有统一的技术标准，没有经过各种机械环境实验，没有成熟应用的经验。在实际应用中，光纤和电力线路在一起，会增加运维检修的难度，造成一定的不便。

三、低压配用电通信技术

电力线通信（PLC）又称为电力线载波通信，是电力系统所特有的通信方式，主要指利用电力线缆作为传输媒质进行数据传输的一种通信方式。目前，在配用电通信领域使用较多的技术为低压宽带电力线通信和低压窄带电力线通信。

1. 低压宽带电力线通信

低压宽带电力线通信技术，主要是指利用电力线缆进行高速数据传输（一般指通信速率超过1Mbit/s）的一种通信方式。宽带电力线通信使用频率在1～40MHz范围内，使用1536路具有正交特性的载波信号实现高速数据传输，数据物理层传输速率理论最高可达200Mbit/s。

宽带电力线通信技术可为配用电通信网络提供高速的实时通信通道，为信息采集系统的实时性、可用性及实用性提供技术保障。宽带电力线通信技术采用OFDM自适应载波调制、RS编码、可编程频谱等技术，能够很好地适应低压电力线信道特性，保证了通信可靠性；在信道访问机制及通信协议设计上考虑了自动中继路由及网络重构功能，使得通信无盲区；通过时分中继、频分中继、智能路由计算、自动中继等技术手段实现网络重构，可实现整个低压配电线路的通信网络覆盖。低压宽带电力线通信示意图如图5-10所示。

宽带电力线通信技术利用电力线路作为传输通道，具有不用布线、覆盖范围广、连接方便、传输速率高、与电网建设同步等优点，在住宅小区宽带接入和用电信息采集本地通信方面可大量应用。

目前，宽带电力线通信还处在发展初期，技术还很不成熟，易受到用电网

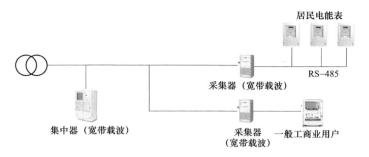

图 5-10 低压宽带电力线通信示意图

络结构的限制，干扰较为严重，实际传输带宽与理论水平相差较大。在技术成熟时，有大范围成功应用经验时，可以适时应用宽带电力线通信技术。

2. 低压窄带电力线通信

窄带电力线通信技术是指频带限定在 3～500kHz、通信速率小于 1Mb/s 的电力线载波通信技术，其调制解调方式多采用普通的调频或调相技术、直序扩频技术和线性调频技术等。

窄带电力线通信技术实施简单，可以方便地将电力通信网络延伸到低压用户侧，实现对用户电能表数据的采集，具有双向传输、投资小、适应性强等特点，但传输速率较慢、易受干扰、可靠性不高。

3. 本地有线技术

本地有线主要包括 RS-485、以太网技术，由部署在小区及楼内的屏蔽通信线缆直接构成，利用有线通信技术对小区域实现通信覆盖。其技术较为简单，应用非常成熟，但成本与其他方式相比偏高，施工难度较大。

第三节 无 线 通 信 技 术

一、城域无线通信技术

城域无线通信技术是以无线通信技术为基础，实现远端终端的信息采集，其主要特点是无需敷设光缆或其他有线通信线缆，只需利用无线信号实现接入，具有接入灵活、快捷的特点，适用受道路、河流等外部环境复杂的地区，无需破路挖沟等线路施工。根据建设主体的不同，城域无线技术分为无线专网和无线公网两种方式。

（一）无线专网通信技术

传统的配电网无线专网通信技术以 230MHz 无线数传电台为主，存在着带宽小、稳定性差、业务功能单一的问题，已经不能满足现有配电网应用需求。随着近年来无线通信技术的快速发展，电力无线专网通信将以 WiMAX、McWiLL、LTE 等技术为代表的无线宽带技术为主进行建设，为打造专业无线网络平台提供了一种全新的解决方案，在配用电侧建立全面覆盖、接入方式便捷的无线宽带综合业务通信平台提供了很好的技术选择。

1. WiMAX 技术

WiMAX 是一项基于 IEEE 802.16 标准的宽带无线接入城域网技术，主要用于为家庭、企业以及移动通信网络提供"最后一千米"的高速宽带接入，主要面向公众移动通信业务。WiMAX 系统应用特点如下。

（1）技术成熟，标准化程度高，得到 IEEE 等标准化组织的支持，厂商众多，能够确保技术和产品的持续性发展。

（2）网络结构倾向于高数据流量，可以满足配用电通信网中视频监控等带宽需求较大的业务。

（3）在我国商业应用存在政策风险，无合法使用频率，面向电力配网应用的终端较少，尤其是缺少可供二次开发的芯片级别终端，造成实际应用困难，WiMAX 作为无线宽带专网的一个可选方案，在政策导向、资金投入和无线频谱资源分配等方面尚需确定。

2. McWiLL 技术

McWiLL 是我国提出的 TD–SCDMA 的后续演进技术，属于 TDD 体系，已被 ITU 采纳为宽带无线接入国际标准（ITU M.1801）；属于宽带无线城域网接入及区域性的、以多媒体集群为特征的宽带无线接入技术，主要面向行业信息化市场。McWiLL 系统应用特点如下：

（1）采用了智能天线、CS–OFDMA 等核心技术，系统具有覆盖能力强、并发业务信道多、抗干扰能力强等特点，满足配用电通信网多点并发和高实时性的要求。

（2）基于扁平化、全 IP 网络架构，接入部分简化为基站和核心网控制器两个网元，具有低成本、易建设的特点。

（3）可提供综合业务解决方案，系统可以提供数据采集、视频监控、语音通信、多媒体集群调度、移动视频监控等业务功能。

（4）针对电力行业应用特点开发了电力专用数据采集终端设备和可供二次开发的芯片级别产品，产品成熟度高。

3. LTE 技术

LTE 技术是基于 OFDMA 技术，由 3GPP 组织制定的全球通用标准，包括

FDD 和 TDD 两种模式，用于成对频谱和非成对频谱。TD-LTE 由 3GPP 组织涵盖的全球各大企业及运营商共同制定，LTE 标准中的 FDD 和 TDD 两个模式实质上是相同的，TD-LTE 系统应用特点如下。

（1）网络容量大，满足配用电通信网多点并发和高实时性的要求。

（2）动态组网模式，可以随着需求情况随时增加基站数量和组网，满足多业务对带宽和容量的需求。

（3）可提供综合业务解决方案，系统可以提供数据采集、视频监控、语音通信、多媒体集群调度、移动视频监控等业务功能。

（二）无线公网通信技术

无线公网主要由位于电力公司的配用电管理系统、互联接口、公网平台、数据采集终端组成。数据采集终端将配用电信息协议封装后通过内置的公网无线模块传送至运营商的无线网络，然后通过公网运营商与电力公司的互联接口，将数据传送至配用电管理系统，实现配用电信息和配用电管理中心系统的通信连接，如图 5-11 所示。目前，无线公网主要利用移动、联通、电信公网运营商的现有无线平台进行采集信息，与其他方式相比，无线公网方式有初期建设成本低、接入灵活、施工难度低的特点，但是后期运行租赁费较高。

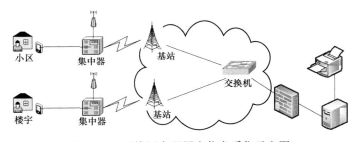

图 5-11　无线网实现用电信息采集示意图

目前，无线公网通信主要包括 GPRS、CDMA、3G、4G 等技术，提供服务的通信运营商主要有中国移动、中国联通、中国电信等。GPRS 是一种基于 GSM 系统的无线分组交换技术，数据传输速率一般可以达到 57.6kbit/s，峰值可达到 115～170kbit/s。CDMA 技术从扩频通信技术基础上发展起来，传输速率高，理论峰值 307.2kbit/s，实际应用可达到 153.6kbit/s，传输速率优于 GPRS。3G、4G 技术的成熟应用，使得无线公网的传输能力得到大幅提升，应用范围也将进一步扩大。

受无线公网通信技术体制、运营性质和通道安全性制约，导致相关业务应用标准和技术指标降低，信息安全存在风险，严重制约智能配用电的发展。

（三）特种通信技术

北斗卫星导航系统（COMPASS）是中国自主建设、独立运行，并与世界其他卫星导航系统兼容共用的全球卫星导航系统，可在全球范围内全天候、全天时为各类用户提供高精度、高可靠的定位、导航、授时服务，并兼具短报文通信能力。与美国的 GPS、俄罗斯的格洛纳斯、欧洲的伽利略并称为全球四大卫星定位系统。

北斗卫星导航系统可以向全球用户提供高质量的定位、导航和授时服务，包括开放服务和授权服务两种方式。开放服务是向全球免费提供定位、测速和授时服务，定位精度 10m，测速精度 0.2m/s，授时精度 10ns。授权服务是为有高精度、高可靠卫星导航需求的用户，提供定位、测速、授时和通信服务以及系统完好性信息。特种通信技术示意图如图 5-12 所示。

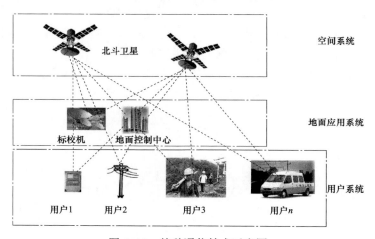

图 5-12 特种通信技术示意图

特种通信技术主要特点如下。

（1）短报文通信。北斗系统用户终端具有双向报文通信功能，用户可以一次传送 40～60 个汉字的短报文信息。可以达到一次传送达 120 个汉字的信息。在应急通信中有重要作用。

（2）精密授时。北斗系统具有精密授时功能，可向用户提供 20～100ns 时间同步精度。

（3）定位精度。水平精度 100m（1σ），设立标校站之后为 20m（类似差分状态）。

在配电网中可用于配电自动化终端对时、通信和定位；生产指挥系统中用于人员、车辆定位和应急抢修通信；状态检修中用于资产管理；分布式电源系统中用于通信等。

二、本地无线通信技术

本地无线通信技术是采用无线技术解决短距离通信，主要技术包括无线传感器网络（Wireless Sensor Networks，WSN）、ZigBee、RF433、WiFi 等。其设备的发射功率一般在 100MW 以下，同时对散射功率、功率谱密度等都有严格的限制。本地无线通信技术具有低成本、低功耗、对等通信及组网灵活等优点，但是其覆盖范围较小、穿透能力较弱。

1. ZigBee

ZigBee 是一种无线网络协定，由 ZigBee Alliance 制定，ZigBee 技术理论最高数据传输速率 250kbit/s，覆盖范围 10～100m，具有功耗低、数据传输可靠、网络容量大、实现成本低等特点。ZigBee 通信网络应用领域主要包括：空调系统的温度控制、照明的自动控制、窗帘的自动控制、煤气计量控制、烟雾探测器监测、家用电器的远程控制等。

2. RF433

RF433 是工作在 433MHz 频段的无线通信系统，该频段属于 ISM 工作频段（工业、科学和医用频段，无须申请频点）。RF433 无线数传模块具有通信简单，易于实现，成本低，可用小功率和小尺寸天线实现通信等优点，可广泛应用于各种场合的短距离无线通信、工业控制领域。

3. WiFi

WiFi 属于无线局域网技术，是由无线访问点（AP）设备组成的无线局域网络，组网简单，成本低廉，应用灵活。WiFi 所使用的无线电频段属于公用频段，不受无线电频率申领的限制。WiFi 同时支撑更加丰富的终端，经济节约，可以在办公场所、变电站内部署 AP 设备，对小区域实现无线通信覆盖。

4. WSN

WSN 综合了传感器技术、嵌入式系统技术、网络无线通信技术、分布式信息处理技术等，能够通过各类集成化的微型传感器节点实时监测、感知和采集各种环境或监测对象的信息，而每个传感器节点都具有无线通信功能，并组成一个无线网络，将测量数据通过自组多跳的无线网络方式传送到监控中心。

总体上本地无线组网方式通常包括星形结构、簇状网络和网状网络三种网络结构，其中星形结构适合中心辐射式、距离较近的设备联网，网状结构可以跨越很大的物理空间，适用于距离较远、比较分散的结构，且具有很强的网络健壮性和系统可靠性。

第六章

分布式发电与微电网技术

第一节 分布式发电与并网

低能耗、低污染、低排放的低碳经济是解决生态环境和气候变化问题的新型经济模式。随着能源问题和环境问题的日益突出，可再生能源利用逐渐得到国家重视，并已成为我国的重点发展战略之一。本章重点介绍分布式发电及微电网技术的发展现状和主要技术内容。分布式发电技术是充分开发和利用可再生能源的重要方式之一，它具有规模小、清洁环保、供电可靠和发电方式灵活等优点，可以对未来大电网提供有力补充和有效支撑，是未来电力系统的重要发展趋势之一。

分布式发电（Distributed Generation，DG）一般指为满足终端用户的特殊需求、接在用户侧附近的小型发电系统，而 IEEE 1547 定义的分布式资源（Distributed Resource，DR）则包括分布式电源和分布式储能系统，其规模一般不大，通常为几十千瓦至几十兆瓦。与远离负荷中心依靠远距离输配的传统电源相比，分布式发电具有如下特点：

（1）节能环保，污染小。由于分布式发电大量采用可再生能源和清洁能源（如风力发电、太阳能发电和生物能源发电等），因而相对火力发电更加环保。

（2）提高供电能力和可靠性。由于分布式发电装置与大电网的接入和断开具有相对自主性，当大电网发生故障时，可通过启动断开装置使分布式发电与电网断开，由分布式发电独立为用户供电。

（3）投资少，分布式电源安装和运营具有更高的灵活性。由于容量及体积均较小，因此易于找到合适的安装地点，可以方便地为边远地区供电。同时，分布式电源多采用性能先进的中小型、微型机组，操作简单，负荷调节灵活。

一、分布式发电技术现状

（一）分布式能源发展规模

分布式清洁能源发电是国外分布式电源的一种主要形式。自 20 世纪 90 年代以来，清洁能源发展迅速，世界上许多国家都把清洁能源作为经济和社会可持续发展的一个重要突破点。根据世界分布式能源联合会（WADE）《2006 年分布式能源世界调查》报告，丹麦分布式能源发电量占本国总发电量的比例最高，达到 53%，在芬兰、德国、荷兰、捷克已达 38%，日本和印度分别达到 14% 和 18%。

我国分布式能源的发展战略已写入了国家"十二五"发展规划。2011 年 4 月，国家能源局下发了《发展天然气分布式能源指导意见征求意见函》，提出到 2020 年，在全国规模以上城市推广使用分布式能源系统，装机容量达到 5000 万 kW，并拟建设 10 个具有各类典型特征的分布式能源示范区域。根据我国能源发展战略部署与规划，2020 年我国分布式电源规划总装机容量约达到 2.1 亿 kW（接入 110kV 及以下电压等级），占全国总装机容量的 12.4%，其中小水电 0.75 亿 kW、天然气冷热电三联供 0.5 亿 kW、风电 0.3 亿 kW、光伏发电 0.15 亿 kW、生物质发电 0.3 亿 kW（摘自国家能源局《实现 2020 年 15% 非化石能源目标路径研究》）；国家电网公司预计 35kV 及以下电压等级分布式电源规划总装机容量约 1 亿 kW，占全国总装机容量的 5.9%，具体见表 6-1（摘自国家电网公司《分布式电源发展趋势及对公司的影响分析》）。

表 6-1　　　　　　　　　2020 年我国分布式电源装机规划

分布式能源类型	2010 年		2020 年			
			能源局规划		国家电网公司规划	
	装机容量（万 kW）	全国占比	装机容量（110kV）（万 kW）	全国占比	装机容量（10kV 以下电压）（万 kW）	全国占比
传统能源	2922	3.0%	8500	5.0%	4500	2.7%
新能源	355	0.4%	12 500	7.4%	5500	3.2%
合计	3277	3.4%	21 000	12.4%	10 000	5.9%

（二）分布式电源并网技术发展现状

近年来，发达国家针对分布式电源和微电网开展了广泛的研究。英、美、日等国家在分布式电源研究、开发及应用方面处于领先地位。欧盟在第五、第六和第七框架计划（The 5th，6th and 7th Framework Programme）的"能源、环境与可持续发展"主题下支持了一系列与可再生能源和分布式发电接入技术有关的研究项目；美国政府通过资助其国内为数众多的研究机构、高等学校、电力企业和国家实验室开展专门的或交叉项目的研究；日本新能源产业技术综合开发机构 NEDO 在 2004 年资助了大阪和仙台地区的两个新型供电网络项目（2004～2007 年），目的是发展含分布式电源和无功补偿装置的新型配电网络。这些项目的实施为分布式发电技术的成熟化、规模化应用奠定了良好的基础。同时，各国陆续制定了自己的法律法规、指导方针和标准等［如美国能源部（DOE）、美国电科院（EPRI）等官方和民间机构成立了研究分布式电源的部门］，通过分析分布式电源并网对电力系统的影响，为分布式电源的研究和应用提供指导。国际电气电子工程师学会也研究和制定了分布式电源接入系统的相关准则，即 IEEE 1547 标准。英国颁布了分布式电源接入系统的 G59/1、G83/1 及 G75 标准。在分布式电源并网规划设计及评估技术方面，国外开展的项目主要涉及分布式电源并网的相关技术，包括接入标准和规范的制定，分布式发电系统与大电网的相互影响。这些项目具有相同的目的，即将可再生能源和分布式电源接入未来电网，使其在未来激烈的竞争环境下能够向工业界提供持久可靠的电力供应。

国内近年来开展了大量分布式电源及其并网技术方面的研究。国内清华大学、天津大学、合肥工业大学、华北电力大学、上海交通大学、西南交通大学等高校及中国电力科学研究院、国网电力科学研究院等科研机构都在积极地参与分布式电源并网技术的研究，并建有几个初具规模的分布式电源并网实验室。

在分布式电源并网标准方面，国家电网公司于 2009 年制定了分布式电源并网技术标准体系规划，并将其作为智能电网配电环节技术标准体系的重要组成部分。2010 年制定并发布了国内首个分布式电源并网标准 Q/GDW 480—2010《分布式电源接入电网技术规定》。目前，有 Q/GDW 480—2010、《分布式电源接入电网测试规范》、NB/T 33012—2014《分布式电源接入电网监控系统功能规范》、《储能系统接入电网技术规定》和《储能系统接入电网运行控制规范》已发布，初步建立了分布式电源并网的标准体系。

二、分布式发电技术类型

在不同的应用领域，分布式发电有不同的分类方法。根据所使用的一次能源类型，分布式发电包括以液体或气体为燃料的内燃机、微型燃气轮机、燃料电池，以及光伏发电、风力发电、生物质发电等可再生能源发电；根据电源规模，可以分为小型（小于 100kW）、中型（100kW～1MW）和大型（大于 1MW）；根据与电力系统的并网方式，可以分为直接与系统相联（机电式）和通过逆变器与系统相联两大类。

目前，分布式发电的研究热点之一是可再生能源发电技术，其中水力发电、生物质能发电属于比较成熟的技术，而光伏发电、风力发电、太阳热发电、地热及潮汐发电等都属于新兴的发电技术。对于使用燃料的分布式发电技术，燃料电池发电技术和微型燃气轮机发电技术是目前关注的焦点。下面简要介绍目前几种重要的分布式发电技术。

（一）光伏发电

光伏发电是利用半导体光生伏打效应将太阳辐射能转换为电能的发电方式。光伏发电系统的基本部件包括光伏电池阵列、逆变器、控制器和测量装置。根据需要，有的光伏发电系统还可以包括蓄电池（组）和太阳跟踪控制系统。光伏发电的特点是可靠性高、使用寿命长、不污染环境、能独立发电又能并网运行，具有广阔的发展前景。

光伏发电系统分为独立太阳能光伏发电系统和并网太阳能光伏发电系统。独立太阳能光伏发电是指太阳能光伏发电不与电网连接的发电方式，典型特征为需要蓄电池来存储夜晚用电的能量。独立太阳能光伏发电在民用范围内主要用于边远的乡村，如家庭系统、村级太阳能光伏电站；在工业范围内主要用于通信、卫星广播电视、太阳能水泵等，在具备风力发电和小水电的地区还可以组成混合发电系统，如风力发电/太阳能发电互补系统等。并网太阳能光伏发电是指太阳能光伏发电连接到电网的发电方式，成为电网的补充。民用并网太阳能光伏发电多以家庭为单位，商业用途主要为企业、政府大楼、商场等的供电。

光伏发电具有不消耗燃料、不受地域限制、规模灵活、无污染、安全可靠、维护简单等优点，但是光伏电池光电转换效率比较低，同时光伏电池的输出功率受日照强度、天气等因素影响，光伏发电成本比较高。

（二）风力发电

风力发电技术是将风能转化为电能的发电技术。由于风力发电环保可再生、全球可行、成本低且规模效益显著，已受到越来越广泛的欢迎，成为发展最快的新型能源之一。

风力发电机组主要由两大部分组成：① 风力机部分，其作用是将风能转化为机械能；② 发电机部分，其作用是将机械能转化为电能。根据风力机类型的不同，风力发电机组可分为水平轴风机和垂直轴风机两类；根据发电机部分的类型不同，风力发电机组可分为异步发电机型和同步发电机型两大类。

风力发电形式可分为离网型和并网型。离网型风力发电机单机功率从几十瓦到几十千瓦不等，可以为边远地区的边防连队哨所及海岛驻军等公共电网覆盖不到的地方提供电能。并网型风力发电场通常由多台大容量风力发电机组成，它们之间通过汇流母线，连接到升压变压器进而接入电网实现并网发电。并网型风力发电场具有大型化、集中安装和控制等特点，是大规模开发风电的主要形式，也是近几年来风电发展的主要趋势。但是风能具有很大的随机性、不可预测性和不可控性，风电场输出功率波动范围通常较大，速度也较快，对电网安全稳定及正常调度运行造成一定的影响。

（三）微型燃气轮机发电

微型燃气轮机是指功率为 $25\sim75kW$，以天然气、甲烷、汽油、柴油等为燃料的超小型燃气轮机。微型燃气轮机发电的典型特点为将燃气轮机和发电机设计成一体，因此相比传统的发电技术，整台发电机组的尺寸明显减小，质量更轻。

与现有的发电技术相比，微型燃气轮机的发电效率较低，满负荷运行时效率为 30%，半负荷运行时效率为 10%～15%，若采用热电联产，效率可提高到75%。回热微型燃气轮机排气温度为 250～300℃，用于分布式供电时靠近用户，可方便地按用户需要利用排气热量来供暖、供冷和供热水等，这些热负荷相互重叠和衔接，使供热负荷波动减少，提高了能源有效利用的程度。目前，美国、欧洲、日本已有多家公司将多个系列的微型燃气轮机产品投入了国际市场。与内燃机相比，微汽轮机目前最主要的劣势是成本高。我国对微型燃气轮机的广阔应用前景也十分重视，已有包括国家"863"计划在内的多个项目在拟议和实施中。

（四）生物质能发电

生物质能发电是利用生物质所具有的生物质能进行的发电技术，是可再生能源发电的一种形式，包括农林废弃物直接燃烧发电、农林废弃物气化发电、垃圾焚烧发电、垃圾填埋气发电、沼气发电等。

生物质发电在可再生能源发电中电能质量好、可靠性高，比小水电、风电和太阳能发电等间歇性发电要好得多，可以作为小水电、风电、太阳能发电的补充能源，尤其是在常规能源匮乏的广大农村地区，具有很高的经济价值。生物质能是世界第四大能源，仅次于煤炭、石油和天然气。我国可开发为能源的生物质资源到 2010 年可达 3 亿 t。随着农林业的发展，生物质资源还将越来越多。我国规划重点发展的生物质发电包括农林生物质发电、垃圾发电和沼气发电，规划到 2020 年，农林生物质发电总容量达到 2400 万 kW，沼气发电达到 300 万 kW，垃圾发电 300 万 kW。

（五）燃料电池发电

燃料电池是一种将存在于燃料与氧化剂中的化学能直接转化为电能的发电装置。自从威廉·格鲁夫（W.Grove）于 1839 年发明了燃料电池以来，其开发使用至今已逾 150 年了。从其外表上看，有正、负极和电解质等，像一个蓄电池，但实质上它不能储电，而是一个"发电厂"。按照采用的电解质的类型来分，燃料电池大致可以分为质子交换膜燃料电池、碱性燃料电池、磷酸燃料电池、固体电解质燃料电池、熔融碳酸盐燃料电池和直接甲醇燃料电池六种。

与常规发电方式相比，燃料电池发电方式具有以下优点：① 效率高且不受负荷变化的影响；② 清洁无污染、噪声低；③ 模块化结构，扩容和增容容易，安装周期短、安装位置灵活；④ 负荷响应快，运行质量高，在数秒钟内就可以从最低功率变换到额定功率。然而，目前燃料电池的造价仍较高，这成为了阻碍燃料电池大规模推广应用的重要因素。

三、分布式电源的典型并网方式

分布式电源应根据电源类型、装机容量、技术经济分析结果和当地电网实际情况，选择合适的接入电压等级与接入模式，额定容量 400kW 及以下的分布式电源宜接入 220/380V 电压等级，额定容量 400kW 以上的分布式电源宜接入 10kV 及以上的电压等级。

按照分布式电源并网电压等级和并网方式，分布式电源接入配电网主要有以下几种方式。

1. 低压分散接入

小容量分布式电源接入低压配电网，所发电量优先本地自发自用，多余电量上网，电网调剂余缺，接入点配置双向计量电量。分布式电源可以采用以下三种方式接入低压配电网：① 直接专线接入公用配电变压器 380V 侧；② 直接 T 接形式接入 380V 配电网；③ 接入用户后接入 220/380V 配电网。其接线方式如图 6-1 所示。

2. 中压馈线接入

大容量分布式电源就近接入 10kV 馈线，一般采用 T 接形式接入。根据分布式电源与用户负荷的位置关系，可分为直接接入配电网和接入用户内部电网后接入配电网两种方式。其接线方式如图 6-2 所示。

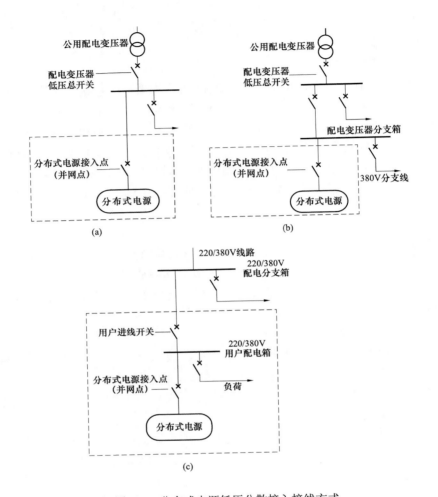

图 6-1　分布式电源低压分散接入接线方式

（a）分布式电源专线接入公用配电变压器 380V 侧；（b）分布式电源 T 接形式接入 380V 配电网；

（c）分布式电源接入用户后接入 220/380V 配电网

3．专线接入

当分布式电源容量较大且输出功率波动较大时（如风力发电等），分布式电源可采用专线形式接入公共变电站 10kV 侧。根据分布式电源与用电负荷的位置关系，专线接入可以分为分布式电源直接接入配电网和分布式电源接入用户内部电网后专线接入配电网两种方式，其接线方式如图 6-3 所示。

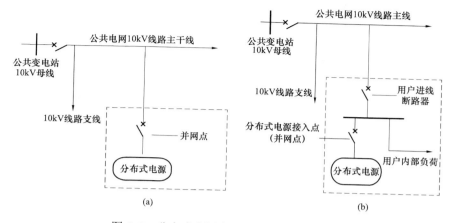

图 6-2   分布式电源中压馈线接入接线方式

（a）分布式电源 T 接接入 10kV 配电网；（b）分布式电源接入用户内部电网后 T 接接入 10kV 配电网

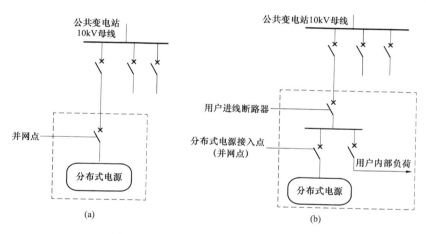

图 6-3   分布式电源专线接入接线方式

（a）分布式电源直接专线接入 10kV 配电网；（b）分布式电源接入用户内部电网后专线接入 10kV 配电网

四、分布式电源并网对配电网运行的影响

目前，我国的中、低压配电网主要是放射状无源网络。大量分布式电源并网运行将给配电网原有的运行控制及保护等带来多方面的影响。此外，分布式电源的接入不可避免地增加了配电系统的复杂性，给配电网安全稳定运行带来不利的影响。

（一）分布式电源并网对配电网电能质量的影响

分布式电源接入配电网后会引起配电网的各种扰动，从而对系统的电能质量产生影响。其影响主要表现在以下三方面：

1. 对稳态电压分布的影响

传统配电网一般呈辐射状，稳态运行情况下，电压沿馈线的潮流方向逐渐降低。接入分布式电源后，在稳态情况下（视负荷恒定不变），由于馈线上的传输功率减少以及分布式电源输出的无功功率的支持，使得沿馈线的各负荷节点处的电压有所提高。而电压被抬高多少与分布式电源所接入的位置及总容量的大小有关。

图 6-4 为一个典型的链式配电馈线，沿馈线将每一集中负荷视为一个节点。若 K 节点上的分布式电源投入运行，分担了 K 节点上的部分或者全部负荷，甚至在 K 节点上发生功率倒送。分布式电源的接入减少了馈线中的传输功率，同时还因为有分布式电源无功输出功率的支持（若是同步电动机），会使得 K 节点及其后节点的电压升高。

设分布式电源总容量为 4MW，功率因数为 0.9。将分布式电源集中放置在单独节点上，改变分布式电源接入网络的位置，令其分别接入系统母线、线路中点、线路末端，并且与不接入分布式电源的情况做比较。分布式电源接入位置对中压线路电压分布的影响如图 6-4 所示。

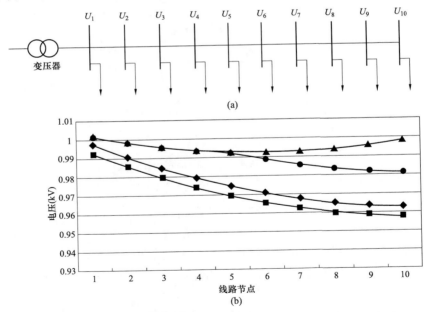

图 6-4 分布式电源接入位置对中压线路电压分布的影响

―■― 未接入分布式电源 ―◆― 电源接入系统母线 ―●― 电源接入线路中点 ―▲― 电源接入线路末端

2. 对系统电压波动的影响

传统配电网中，有功、无功负荷随时间变化会引起系统电压波动。如果负荷集中在系统末端附近，电压波动会更大，一般应采取措施尽量避免这种情况的发生。分布式电源接入配电网后，会影响系统电压的波动，使其增大或减小：① 若分布式电源能与当地的负荷协调运行，即当该负荷增加（或减小）时，分布式电源的输出量相应增加（或减小），此时分布式电源将抑制系统电压的波动；② 若分布式电源未能与当地的负荷协调运行，如利用自然资源发电的分布式电源，由于其输出量受自然资源的属性（如风速、太阳光辐射强度等）影响很大，一般很难控制，此时分布式电源将可能增大系统电压的波动。

3. 对配电系统谐波的影响

光伏、风电、微型燃气轮机等分布式电源往往经过基于电力电子技术的逆变器接入配电网，这些电力电子设备会对配电网造成谐波污染。谐波的类型和严重程度取决于功率变换器技术和分布式电源的互联结构。在分布式电源安装时需要评估其谐波影响，以确定是否符合电压变形标准，谐波是限制在分布式电源处还是注入了电力系统。对较大的分布式电源单元和具有复杂谐波的情况，需要对电力系统的谐波进行测量和模拟。

（二）分布式电源并网对配电网继电保护的影响

分布式电源在并入配电网后，会使得传统的辐射状配电网的潮流方向发生变化，潮流不再单向从变电站母线流向用户负荷，原有保护配置可能不能满足新情况的要求（10kV 线路保护一般只装设无方向选择的电流速断和过电流保护），从而引起继电保护的失效、误动或拒动。

（1）导致保护的灵敏度降低及拒动。如图 6–5 所示，当分布式电源接在保护装置下游，在分布式电源下游 F1 点发生故障时，分布式电源和系统都向故障点提供短路电流，但流过 QF1 的电流只有来自系统的短路电流，导致保护装置的灵敏度降低，严重时甚至拒动。

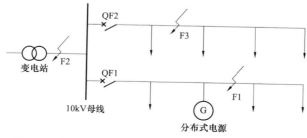

图 6–5 中压馈线接入的分布式电源对电流保护的影响

（2）导致本线路保护误动。如图 6-5 所示，当分布式电源接在保护装置下游、系统侧 F2 处或者 10kV 母线其他馈线 F3 处发生故障时，分布式电源对 QF1 将产生逆流，当分布式电源的短路电流足够大时，将可能导致保护误动。为此，需考虑限制接入分布式电源的短路电流，必要时考虑为电流保护加装方向元件。

（3）导致相邻线路的瞬时速断保护误动，失去选择性。如图 6-5 所示，当 10kV 母线其他馈线 F3 处发生故障时，分布式电源会向相邻线路提供短路电流，增加流过 QF2 的短路电流，将可能导致其速断保护躲不开线路末端故障而误动，从而失去选择性。

除了对电流保护产生不利影响外，分布式电源接入还会对配电网的自动重合闸产生影响：

（1）非同期重合。分布式电源接入配电网后，当故障出现在系统电源和分布式电源之间的线路上时（见图 6-6 所示的 F1 处），则保护 QF1 动作切出故障线路，若分布式电源未能在重合闸动作前退出，或者在并网动作与配电网重合闸时间不配合，将可能在自动重合闸动作时造成非同期合闸，导致重合闸失败。当分布式电源为容量较大的旋转电动机时，非同期合闸还将产生较大的冲击电流，可能会对配电网和分布式电源产生冲击。

若短路故障发生在系统电源和分布式发电以外的线路上时（见图 6-5 所示的 F2 处），分布式电源和系统电源仍然保持电气联系，但由于分布式电源并未连接在故障线路上，因此自动重合闸动作时不会发生非同期合闸现象。

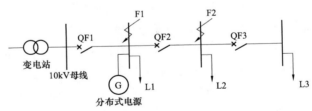

图 6-6　中压馈线接入的分布式电源对自动重合闸的影响

（2）故障点电弧重燃。配电网中断路器因故障跳闸后，必须有充足的时间使故障点的电弧熄灭，才能保证重合闸成功。但在含有分布式电源的配电网中，当断路器跳闸后，若分布式电源不能及时解列，分布式电源仍然向故障点提供电流，电弧持续燃烧，故障将继续。当进行重合闸时，由于电网电源的作用，可能会引起故障电流跃变，使得故障点电弧燃烧时间延长，导致绝缘击穿，进一步扩大事故。

配电系统现有自动重合闸动作时限一般为 0.5s，较短的时限有 0.2s，在含有分布式发电的配电网中，自动重合闸时限过短，分布式电源未退出运行，将可能导致非同期重合闸和电弧重燃现象，若增大自动重合闸时限，用户供电可靠性将会降低，因此，分布式电源需要能够快速检测到所在线路的故障，并在故障发生后立刻退出运行。

（三）分布式电源并网对配电设备的影响

1. 增加配电网短路电流水平

按照分布式电源接口类型可分为逆变器接口类型（如光伏发电、逆变器接口的风机、电池储能等）和旋转电动机类型（如燃气轮机、柴油机等）两类。机端短路时，逆变器接口类型的分布式电源提供短路电流仅为其额定电流的 1.5～2 倍，旋转电动机类型分布式电源提供短路电流可达其额定电流的 6～10 倍。因此，容量较大的燃气轮机、柴油机等旋转电动机类型的分布式电源接入配电网，将会显著增加配电网的短路电流水平。

对采用低压分散方式并网的分布式电源，由于机组容量较小且大多数为光伏发电，机组短路电流较小，对低压配电网短路电流水平的影响较小。

对采用中压馈线接入或专线接入的分布式电源，机组容量较大，燃气轮机、柴油机等旋转电动机类型的分布式电源会对配电网短路电流水平造成较大影响。近年来，随着城市配电网的快速发展，配电网短路电流水平呈逐年上升趋势，特别是一些负荷密集的东部城市，部分城市配电网现有 10kV 断路器遮断容量为 20kA，预计未来两三年部分地区 10kV 母线短路电流水平将会接近规划上线，一旦大容量旋转电动机类型分布式电源并网，将使短路电流水平超过系统断路器遮断容量，需要投入大量资金对现有断路器进行更换（据统计，断路器遮断容量升高一个档次，设备价格提高 15%～20%）。

2. 降低配电设备利用率

采用低压分散方式并网的分布式电源，由于分布式电源普遍具有随机性和波动性的特点（如光伏、风电、径流式小水电等可再生能源分布式电源输出功率呈间歇性特点；热电联产机组往往采用以热定电的方式发电，供热要求变动将引起输出功率的变动），出于建设成本考虑，小型分布式电源普遍没有配置足够的储能装置，不能提供持续、稳定、优质的电能供应，而分布式电源供电的用户对供电要求却没有降低。因此，配电网必须要为其提供足够的备用容量，分布式电源接入的配电变压器和上级线路的负载率将受到影响，配电设备利用率将会有所下降，下降程度由分布式电源所需备用容量决定。

采用中压馈线接入的分布式电源发电能通过电网供应给系统用户。为保证其检修、启停、输出功率波动都不会影响用户，配电网必须提供备用容量，备用容量大小要等于分布式电源容量。目前，公司为加强配电网建设，不断减少用户停电时间，配电网正逐步提高满足 $N-1$ 安全准则的线路比例，即单联络线路负载率原则上不得高于 50%，三联络线路负载率原则上不得高于 66%。分布式电源接入后，将导致现有配电线路负载率进一步降低，降低程度由分布式电源容量决定。

（四）分布式电源并网对配电网运行可靠性的影响

分布式电源并网可能对配电网运行可靠性产生不利的影响，也可能产生有利的影响，需要视具体情况而定。

1. 不利影响

（1）大系统停电时，由于燃料中断或辅机电源丢失，部分分布式电源可能会同时停运，这种情况无法提高供电可靠性。

（2）若分布式电源与配电网的继电保护配合不好，可能使继电保护误动，降低供电可靠性。

（3）不适当的安装地点、容量和连接方式可能会降低配电网的运行可靠性。

2. 有利影响

（1）分布式电源可部分消除输配电网的过负荷和堵塞，在系统负载率较高的情况下可增加输配电网的裕度，提高系统可靠性。

（2）在一定的分布式电源配置和电压调节方式下，可缓解电压暂降，提高系统对电压的调节性能，从而提高系统的可靠性。

（3）特殊设计的分布式电源可在大电力输配电系统发生故障时继续保持运行，提高系统可靠性水平。

（五）分布式电源并网对系统运行维护的影响

当配电网因供电故障事故或停电维修而跳脱时，接于已失电线路上的分布式电源和周围的负荷形成一个电力公司无法掌控的自给供电区域，这种现象称为非计划孤岛（islanding）效应，会对系统运行维护安全带来不利影响。非计划孤岛现象引起的主要问题包括以下几点：

（1）当一条线路本应断电但由于孤岛中的分布式电源继续供电而带电时，将使线路维修的工作人员或者其他人员有触电危险。

（2）当孤岛系统重新与配电网并列运行时，若分布式发电设备与系统不同步，将产生较大的冲击电流，可能损坏发电设备，也有可能导致系统的重新解列。

（3）由于配电网不再控制孤岛系统中电压和频率，如果孤岛系统中分布式电源本身不能提供电压和频率调节，没有配置限制电压和频率偏移的继电保护，则用户电压和频率将产生很大的波动，造成用电设备的损坏。

为了阻止孤岛的形成，与配电网并联运行的分布式电源必须能够感应连接点上的电压骤降，在电网发生故障时立刻断开与电网的连接。

五、分布式电源接入配电网的关键技术

为确保配电网的安全运行和供电质量，分布式电源并网要满足以下基本要求：① 不应对电网的安全稳定运行产生任何不良影响；② 分布式电源接入电网后公共连接点处的电能质量应满足相关标准的要求；③ 不应改变现有电网的主流保护配置。

为了满足以上要求，分布式电源接入配电网的关键技术有以下几方面：

1. 含分布式电源的配电网电能质量控制技术

分布式电源的并网运行往往会带来如电压波动、谐波等电能质量问题。目前，国内外含分布式电源的配电网电能质量控制技术主要包括以下几种：

发电机端电压的可调范围一般在其额定电压的 15%以内。采用发电机作为并网接口的分布式电源，可根据发电机调压维持机端电压。

（1）分布式电源机组调压技术。旋转电动机和逆变器机端电压的可调范围一般在其额定电压的 15%和 10%以内，可根据分布式电源机组调压维持机端电压。

（2）静止无功补偿器（SVC）。SVC 在控制系统电压、提高动态和静态稳定性、限制瞬时电压等方面具有很好的效果。SVC 的基本功能是从电网吸收或向电网输送可连续调节的无功功率，以维持装设点的电压恒定，并有利于电网的无功功率平衡。

（3）电力有源滤波器（APF）。APF 是一种用于动态抑制谐波、补偿无功的新型电力电子装置，它能够对大小和频率都变化的谐波以及变化的无功进行补偿，该装置需要提供电源，其应用可克服 LC 滤波器等传统的谐波抑制和无功补偿方法的缺点（传统的只能固定补偿），实现了动态跟踪补偿，而且可以只补偿谐波不补偿无功。三相电路瞬时无功功率理论是 APF 发展的主要基础理论。APF 有并联型和串联型两种，前者用得多。该装置的主要缺点是复杂、成本高，限制了其应用。

（4）电能质量调节器。该调节器由动态电压调节器（DVR）和有源电力滤波器（APF）串联在一起组合而成。其目的在于根据配电网的实际情况和要求，全面集中地对电网的电能质量进行综合补偿，从而全面、经济地解决配电网的电能质量问题，为用户提供可靠的高质量电能。

2. 含分布式电源的配电网保护技术

分布式电源并网后，地区电网成为多电源结构，致使潮流方向频繁变化，原有继电保护配置与配合、保护方式不能适应这种变化。目前，适应分布式电源接入的配电网保护技术主要包括以下几种：

（1）改进的距离保护。与阶段式电流保护相比，距离保护性能更加完善，其 I、II 段的测量元件都有明确的方向性，受系统运行方式影响较小，理论上适合将其应用到含有 DG 的配电网中。然而距离保护受短路点过渡电阻的影响很大，在实际整定过程中一般只考虑电抗而忽略电阻的影响。在配电网中，电阻值通常很大，不能直接忽略，只有对其影响进行分析后才能决定是否忽略。目前，四边形特性的距离继电器开始广泛应用在微机线路的保护中，它具有测距、方向判别和躲负荷的功能，不仅要求整定三段式电抗定值，还要求整定电阻分量。虽然这在一定程度上可以满足 DG 接入配电网的要求，但是这方面的运行整定经验仍然很欠缺，需要进行更多的研究和探索。

（2）自适应保护。自适应保护是指能根据电力系统运行方式和故障状态的变化而实时改变保护自身性能、特性或定值的保护。但现有自适应保护尚未充分利用计算机的潜在智能和电力系统固有的分布性来构筑保护系统。针对 DG 引入配电网对保护引起的问题，有学者提出了一种自适应保护的解决方案。分区域自适应保护如图 6-7 所示，该方案将配电网分成几个区域，区域之间以带有检同期装置的断路器相互连接。安装在变电站侧的主继电器在对配电网数据进行接收、存储和计算分析后，确定故障类型、位置，并最终提出合适的保护命令清除故障恢复供电。例如，若 Zone 内发生故障，主继电器将给 QF2、QF3 和 Zone 内的所有分布式电源发出跳闸信号，然后给 QF2 送重合闸信号，若是瞬时性故障，则重合闸成功后对 QF3 送同期合闸信号，并且将所有位于 Zone 内的分布式电源恢复供电。

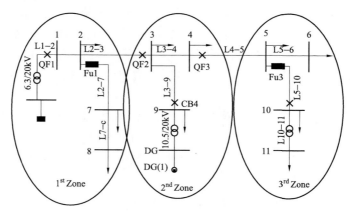

图 6-7　分区域自适应保护

这种自适应保护的实质是把采集到的电气量信息与计算机存储的信息进行对比，从而确定故障区域和故障点，由于保护的快速性要求，目前，这种方案还有待改进。

（3）广域保护。广域保护系统一般认为是以广域测量系统为基础的保护，它采用 GPS 精确定时的 PMU 技术来对电力系统进行实时监测与控制带，对电气量进行精确采集和分析计算。配电网引入分布式电源后，由原来的单一电源形成双电源甚至多电源供电，对保护的要求也变得十分苛刻，需要对系统中各个节点电压、电流等电气量进行精确采集，从而在整体上精确计算同一时刻的电气量。因此广域保护的技术特点比较适合应用到含分布式电源的配电网中。当前，Internet、Ethernet、光纤、卫星等通信方式在配电网中都得到了不同程度的应用，其中采用 SDH/Sonet、ATM 等协议的光纤通信的平均延时仅为几十毫秒，完全能够满足为区域电网提供实时快速、可靠的数据要求。但现在广域保护本身也存在一些问题，如对故障发生的原因了解不足，通信的实时可靠性方面存在缺陷等。

3. 分布式电源并网保护技术

分布式电源并网保护除分布式电源机组保护外，还需要配备孤岛运行保护，简称孤岛保护。

孤岛是指配电线路或部分配电网与主网的连接断开后，由分布式电源独立供电形成的配电网络。变压器低压侧断路器跳开后，分布式电源和母线上其他线路形成的独立网络就是一个孤岛。这种意外的孤岛运行状态是不允许的，因为其供电电压与频率的稳定性得不到保障，并且线路继续带电会影响故障电弧的熄灭、重合闸动作，危害事故处理人员的人身安全。对于中性点有效接地系统的电网来说，一部分配电网与主网脱离后，可能会失去接地的中性点，成为非有效接地系统，这时孤岛运行就可能引起过电压，危害设备与人身安全。

在分布式电源与配电网的连接点上，需要配备自动解列装置，即孤岛保护。在检测出现孤岛运行状态后，迅速跳开分布式电源与配电网之间的联络开关。一般来说，在孤岛运行状态下，分布式电源发电量与所带的负荷相比，有明显的缺额或过剩，从而导致电压与频率明显变化，据此可以构成孤岛运行保护。孤岛保护的工作原理主要有以下三种。

（1）反应电压下降或上升的欠电压/过电压保护。

（2）反应频率下降或上升的频率变化率保护。

（3）反应前后两个周期电压相量变化的相量偏移保护。

反映频率变化率的孤岛保护在电力系统功率出现缺额导致频率下降时也可

能动作，这导致在电力系统最需要功率支持的时候切除分布式电源，使电网情况更为恶化。因此，实际应用中不宜将低频解列保护整定得过于灵敏，以避免这种不利局面的发生。

在线路故障切除方面，重合闸时需要与孤岛运行保护配合，其等待时间要确保分布式电源解列并留有足够的故障点熄弧时间。

4. 虚拟电厂技术

虚拟电厂技术，在国外一些国家也称为可再生联合电厂，与最近几年国内提的"能效电厂"不是一个概念。后者虽然也称为虚拟电厂，但它是一种节能技术，主要通过在用电需求方安装一些提高用电效能的设备来节约能源；而前者则是分布式新能源的一种接入技术，是一种可以不用从根本上改变现有电网基础设施的方法，将太阳能、风能等不同种类的分散电源，用一个统一的新能源电网连接起来，组成一个统一的单位，如同一个巨大的发电站。

每一种可再生的能源，例如风能、太阳能或者沼气，都有各自的优点和缺点。虚拟电厂意味着不同可再生能源的优点可以得到最佳组合。风电装置和太阳能电池板根据可供支配的风力和阳光照射的情况产生电力；通过沼气和水力发电则可对其进行均衡补偿——根据需要被转化为电力或暂时被存储起来，以平衡短期的波动。当风能和太阳能不足时，沼气设备和泵存储厂必须在几秒钟之内顶替上来，提供缺少的电力，以免电网瘫痪；而当可用电力过剩时，泵存储厂开始工作：将水抽到存储池中，等需要的时候再放出来，再次变为电能。这样，通过利用广域范围内的资源互补性的特点平衡电网内的功率波动性和不稳定性。从大电网的角度来看，这样一个由许多个网络空间的分布式发电机捆绑在一起组成的广域虚拟发电厂，就可以被当成传统电站一样对待。这样，不需要对现有电网设施进行大规模改造，只需对现有的电网运行控制技术进行改进，就能实现可再生能源的大规模利用。

目前，国外对虚拟电厂技术的研究已经由理念付诸实施。在西班牙阿拉瓦省（álava），虚拟电厂项目已于 2009 年 9 月启动。该项目也是欧盟第六框架计划下 2005～2009 年完成的 FENIX 项目的一部分。FENIX 项目团队正利用当地可再生能源发电产生的实时数据，研究如何将可再生能源电力重新打包进入虚拟电厂。在德国，弗劳恩霍夫风能和能源系统研究所（IWES）与 Enercon 公司、Schmack Biogas 公司和 Solar World 公司合作研发了一个虚拟的联合电厂，示范性地将 3 个风电场、4 个沼气发电装置、20 个太阳能发电装置和一个虚拟泵存储厂通过 IWES 的控制中心连接在了一起。在模拟试验中，这个联合电厂中心可以在任何天气条件下实时地满足德国 1/1000 的电力需求。它像传统的大电厂一样可靠和高效。通过该项目，德国科学家不仅研发出了控制所需的软/硬件，还展示了如何通过集中调节小且分散的装置来计算需求并提供可靠的电力供应。

第二节　微电网技术

分布式电源尽管优点突出，但大规模发展也存在诸多问题，例如，分布式电源单机接入成本高、控制困难等。同时由于分布式电源的不可控性及随机波动性，其渗透率的提高也增加了对电力系统稳定性的负面影响。分布式电源相对大电网来说是一个不可控源，因此目前的国际规范和标准对分布式电源大多采取限制、隔离的方式来处理，以期减小其对大电网的冲击。应用广泛的 IEEE P1547 标准做了规定：当电力系统发生故障时，分布式电源必须马上退出运行。这就大大限制了分布式能源效能的充分发挥。为协调大电网与分布式电源间的矛盾，最大程度地发掘分布式发电技术在经济、能源和环境中的优势，在本世纪初学者们提出了微电网（Microgrid）的概念。

微电网将发电机、负荷、储能装置及控制装置等结合，形成一个单一可控的独立供电系统。它采用了大量的现代电力电子技术，将微型电源（distributed energy resource，DER）和储能设备并在一起，直接接在用户侧。对于大电网来说，微电网可被视为电网中的一个可控单元，可以在数秒内动作以满足外部输配电网络的需求；对用户来说，微电网可以满足其特定的需求，如降低馈电能损耗、增加本地可靠性、保持本地电压稳定、通过利用余热提高能量利用的效率等。此外，紧紧围绕全系统能量需求的设计理念和向用户提供多样化电能质量的供电理念是微电网的两个重要特征。在接入问题上，微电网的入网标准只针对微电网与大电网的公共连接点（public connection point，PCC），而不针对各个具体的微电源。

微电网解决了分布式电源的并网问题，并且由于所采用的先进的电力电子技术是灵活可控的，因此微电网可以利用微电源对微电网的潮流流动进行有效调节。微电网作为对大电网的有益补充，其广泛应用的潜力巨大。目前，世界上一些主要发达国家和地区，如美国、欧盟、日本和加拿大等，都开展了对微电网的研究。

一、微电网的定义

微电网自提出以来受到了各国的关注，并展开了相应的研究。其中一些主要发达国家和地区，都针对本国电力系统的实际问题和国家的可持续发展能源目标给出了微电网的定义。虽然国际上对微电网的定义各不相同，但也不失一般性。

1. 美国对微电网的定义

美国电气可靠性技术解决方案联合会（consortium for electric reliability，CERTS）最早提出微电网概念，其对微电网的定义为：微电网是一种由负荷和微电源共同组成的系统，它可同时提供电能和热量。微电网内部的电源主要由电力电子器件负责能量的转换，并提供必要的控制。微电网相对于主电网表现为单一的受控单元，并可同时满足用户对电能质量和供电安全方面的需求。

2. 欧洲对微电网的定义

欧盟微电网项目（european commission project microgrids，ECPM）对微电网的定义为：利用一次能源，使用微型电源，分为不可控、部分可控和全控三种，并可冷、热、电三联供。配有储能装置，使用电力电子装置进行能量调节。

3. 日本对微电网的定义

日本微电网发展立足于国内能源日益紧缺、负荷日益增长的问题。日本政府十分希望可再生能源能够在日本的能源结构中发挥重要作用。所以，在微电网建设中，定位于能源供给多样化、减少污染、满足用户的个性化电力需求。

日本新能源产业技术综合开发机构（new energy and industrial technology development organization，NEDO）对微电网的定义为：微电网是指在一定区域内利用可控的 DR，根据用户需求提供电能的小型系统。

东京大学的定义为：微电网是一种由 DR 组成的独立系统，一般通过联络线与大系统相连，由于供电与需求的不平衡关系，微电网可以选择与主网之间互供或者离网模式运行。

结合国外对微电网的定义可知，微电网必须具备以下关键元素：

（1）以分布式发电为基础，融合储能、控制和保护的一体化单元。

（2）靠近终端用户、适应用户电压等级。

（3）能工作在并网和离网两种运行模式，具有可控性。

立足于中国电力系统的发展和基本国情，我国对微电网的定义为：微电网是一种由负荷、分布式电源和储能共同组成的系统。微电网内部的电源主要由电力电子器件负责能量的转换，并提供必需的控制。微电网相对于外部电网表现为单一的自治受控单元，可同时满足用户对电能质量和供电安全方面的需求。

我国对微电网的定义是在美国 CERTS 定义的基础之上，结合其他国家的定义和我国国情提出的。由于分布式电源（如风能、光伏等）具有间歇性的特征，时刻保证负荷供电是微电网的独立运行基本条件。国外许多微电网试点工程中，采用燃气轮机弥补分布式电源供电间歇性的不足。我国燃气管道发展还不是很完善，其主要分布在城市的各街道，在需要发展微电网区域煤气管道安装少，同时煤气管道的安装也会带来安全隐患。所以，我国微电网建设应配有储能设施，主要的储能方式有蓄电池储能、超级电容储能、飞轮储能等。

分布式储能装置是由电力电子器件连接到电网的，电能变换、传递和储能等功能都需要电力电子器件和控制系统实现。微电网的建设目的是为了提高供电可靠性，所以，微电网在并网和离网运行模式下都应保证良好的供电质量和可靠性，且保证两种运行模式的平滑切换，响应主电网的调度，实现能源优化利用。

二、微电网发展现状

为协调电网和分布式发电的矛盾，解决分布式发电简单并网运行对电网和用户造成的冲击，充分挖掘分布式发电为电网和用户带来的价值和效益，2001年美国威斯康辛大学 Bob Lasster 等学者正式提出了更好地发挥分布式发电潜能的结构形式——微电网。此后，微电网引起了世界各国专家们的关注，国内外的电力公司、高校、科研院所对分布式发电及微电网技术进行了广泛、深入地研究。其中，美国、欧洲、日本这三个国家和地区在该技术领域内处于领先地位。

美国对微电网的研究着重于利用微电网提高电能质量和可靠性；欧洲微电网的研究主要围绕可靠性、可接入性、灵活性来考虑；日本在微电网方面的研究更强调控制与储能技术；对中国，由于电力系统的发展有与国外不同的特点，微电网的研究和发展也应具有自己的特点。由于目前各国微电网技术均不成熟，运营与交易机制也未建立和健全，至今世界上还没有成熟的商业化运行的微电网。

我国关于微电网的研究起步相对较晚，但经过"十二五"期间的科研投入，目前已经取得很多成果。清华大学、天津大学、合肥工业大学、华北电力大学、上海交通大学、西南交通大学等高校及中国电力科学研究院、国网电力科学研究院等科研机构都在积极地参与微电网技术的研究，构建了微电网技术体系架构，在微电网优化规划设计、协调控制、能量优化等方面获得突破。国家电网公司研制了微电网保护、微电网安全稳定控制装置、智能运行控制装置等成套装备，开发了微电网优化配置平台、微电网监控保护智能运行一体化平台、微电网运营管理监测信息平台三类平台，建成了一批百千瓦级和兆瓦级微电网示范工程。研究成果使我国在微电网技术领域获得飞速发展，解决了微电网规划设计、微电网协调控制、微电网并/离网无缝切换、微电网多源能量优化调度等问题。

三、微电网的基本结构与功能

微电网可以满足一片电力负荷聚集区的能量需要,这种聚集区可以是重要的办公区和厂区,或者传统电力系统的供电成本太高的远郊居民区等。因此,相对于传统的输配电网,微电网的结构比较灵活。

图 6-8 是美国电力可靠性技术解决方案协会(consortium for electric reliability technology solutions,CERTS)提出的微电网基本结构。图中所示的 CERTS 微电网有三条馈线及负荷,网络呈辐射状结构。该微电网内的微电源可以为光伏发电、微型燃气轮机和燃料电池等微电源形式,靠近热力用户的微电源还可以为本地用户提供热源,从而保证了能量的充分利用。当负荷变化时,该微电网的本地微电源自行调节功率输出。微电网中还配备了能量管理器和潮流控制器,能实现对整个微电网的综合控制和优化。

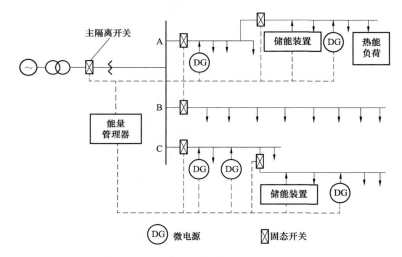

图 6-8　CERTS 提出的微电网示意图

从图 6-8 可以看出,该微电网有三类对供电质量有不同要求的负荷,即敏感负荷、可调节负荷、可中断负荷。馈线 C 和主网有直接联系,当主网的供电质量出现如电压跌落等问题时,静态开关将跳开,线路 A 和线路 B 形成独立运行的系统,直到主网恢复到正常状态。CERTS 微电网是一个分散的即插即用系统(plug and play system),整个系统的灵活性很好,发电机组可以安置在能够使能量得到充分利用的地方,进而提高了能量的利用率。

该结构初步体现了微电网的基本特征，也揭示出微电网中的关键单元：① 每个微电源的接口、控制器；② 整个微电网的能量管理器，解决电压控制、潮流控制和解列时的负荷分配、稳定及所有运行问题；③ 继电保护，包括各个微电源及整个微电网的保护控制。

微电网的基本功能如下。

1. 并、离网下自治运行

微电网的并网运行是指微电网与主电网并列运行，即与常规配电网在主回路上存在电气连接点，即公共连接点（PCC）。并网运行时微电网电量不足部分由主电网补充，微电网电量富余时可以送往主电网，实现微电网内功率的动态平衡，并且不影响微电网的稳定可靠运行。当主电网故障或有特殊需求时，微电网离网运行，此时由分布式电源独立供电，而当分布式电源不能满足微电网内的负荷需求时，也可配合相应容量的储能设施通过协调控制实现微电网内的功率平衡，从而保证重要用户的供电，并为电网崩溃后的快速恢复提供电源支持，最终实现微电网并、离网下自治运行。

2. 平滑切换

微电网从并网转离网或离网转并网时，由于微电网对于主电网表现为一个自治受控单元，因此微电网运行模式的转变对主电网的运行不会产生影响，减少了切换过程中对主电网的冲击和影响，实现了微电网的平滑切换。

3. 能源优化利用

为了提高分布式电源的利用效率，减少高渗透率下分布式电源接入对电网的冲击和影响，通过微电网技术将分布式电源、负荷和储能装置进行有机整合，并网运行时作为可灵活调度单元，既可从电网中吸取电能，又可将多余电能供给电网，与主网协调运行；离网运行时，可通过储能及控制环节维持自身稳定运行。所以微电网在发挥分布式电源高效性与灵活性的同时，又能有效克服其随机性、间歇性的缺点，是电网接纳分布式电源的最有效途径（可灵活实现电量的就地消纳）。

4. 友好接入主电网

微电网具有双重角色，对于主电网，微电网可视为一个简单的可调度负荷，可以在数秒内做出响应以满足电网的需要；而对于用户，微电网可以作为一个可定制的电源，以满足用户多样化的需求。微电网作为一个单一的自治受控单元，其并网和离网运行对电网不会产生冲击和影响，并可适时向大电网提供有力支撑，学者形象地称为电力系统的"好市民"和"模范市民"。

四、微电网关键技术

微电网作为一个小而全的发供用电系统，存在许多关键技术问题需要研究，例如，微电网的建模与仿真技术，微电网的运行控制技术，微电网能量管理与调度技术，微信息通信技术，微电网保护技术等。下面将对智能电网密切相关的微电网仿真、控制、保护、信息通信、能量管理调度等几个关键技术进行介绍。

（一）微电网的建模与仿真技术

建立在微电网计算理论上的微电网仿真技术是分析微电网复杂电磁和机电暂态过程、优化规划与运行、稳定性分析与控制等各项技术研究和测试的必需手段，是对微电网进行研究的基础。对微电网的正确建模与仿真，能为微电网的运行控制、发电调度、保护整定等提供参考，是对微电网进行合理规划和正确运行控制的保障。

1. 微电网建模

微电网的建模包括两个层次的内容：微电源单元及相关单元级控制器的建模和微电网系统级控制器、系统整体运行控制及能量优化管理系统的建模。

（1）微电网单元级控制器建模。首先需要对微电网系统中的各种供热、供电、储能单元及相关单元级控制器进行单元级建模，包括系统各组成单元的数学模型、以可再生能源为初始能源的微电源单元输出功率的随机模型、储能单元的充放电控制模型等。对以可再生能源为初始能源的微电源单元的能量预测是其中的一个重要方面。准确预测长期、短期甚至超短期太阳能、风能发电单元的发电能力，是合理规划微电网系统的基础，也是保证微电网系统可靠运行的关键之一。

（2）微电网系统级控制器及能量优化管理系统建模。微电网系统存在多种微电源单元，需要为各微电源单元间的协调、系统的集成运行开发相应的微电网系统级运行控制及能量优化管理软件，如短期甚至超短期的可再生能源的能量预测和负荷需求预测、机组组合、经济调度、实时管理等应用软件。电力电子变换器的控制也是微电网系统运行控制尤其是动态运行过程中需要重点考虑的一个问题。

2. 微电网仿真

由于微电网中电力电子技术的应用、微网接入对原有配电系统特性的改变、微电网运行方式的不确定性等因素，微电网的计算仿真技术与目前的电网计算和仿真技术相比，需要考虑更多因素。具体来说，包括以下几点：

（1）当在配电系统中引入分布式电源形成分布式发电系统后，配电线路中传输的有功功率和无功功率的数量和方向发生了改变，配电系统成为一个多电源系统，X/R 值较低，计算变得更加复杂，收敛难度更大。

（2）由于分布式电源的接入，网络结构发生改变，无法维持严格的辐射状结构。

（3）为应对微电网并网和孤岛两种运行模式，微电网中分布式电源的控制系统可能具有多种控制方式，计算模型需要综合考虑，并根据其控制系统确定相互转化的方式。

（4）电力电子装置的短路计算模型不确定，与分布式电源的控制方式有很大关系。

（5）微电网系统的电源、负荷可以是单相也可以是三相的，电路可以是三线制、四线制甚至五线制的，系统可以是单点接地也可以是多点接地，这些导致系统不对称、不均衡，使得现有针对互联电力系统的分析方法不完全适用于微电网系统。

（6）在微电网中，既有同步发电机等具有较大时间常数的旋转设备，也有响应快速的电力电子装置。在系统发生扰动时，既有在微秒级快速变化的电磁暂态过程，也有毫秒级变化的机电暂态过程和以秒级变化的慢动态过程。需要综合考虑它们之间的相互影响，以实现动态全过程的数字仿真。

需要针对以上变化，研究相应的计算方法，形成完整的微电网计算和仿真理论，开发一些系统稳态和动态工具，以适应微电网这种全新的电网运行方式。具体来说，需要解决的关键技术包括：

（1）微电网元件的稳态与动态建模方法，包括微型燃气轮机、内燃机、燃料电池、光伏电池等分布式电源以及储能装置的计算模型及其相互转化。

（2）微电网及含电网的配电网潮流计算及最优潮流方法。

（3）微电网及含微网的配电网状态估计方法。

（4）微电网及含微网的配电网短路电流计算方法。

（5）微电网及含微网的配电网稳定性定义与分析方法。

（6）微电网全过程数字仿真理论与方法。

（二）微电网的运行控制技术

由微电网的结构可以看到，微电网能实现灵活的运行方式与高质量的供电服务，关键在于其完善的控制系统。微电网的控制技术是目前微电网研究的热点课题之一。基于微电网即插即用的特点，微电网中微电源的数目是不确定的，新的微电源接入的不确定性将使采用中央控制的方法变得难以实现，而且一旦中央控制系统中某一控制单元发生故障，就可能导致整个系统瘫痪。因此，微电网的控制应能基于本地信息对电网中的事件做出自主反应，例如，对于电压跌落、故障、停电等，发电机应当利用本地信息自动转到独立运行方式，而不是像传统方式中由电网调度统一协调。具体来说，微电网控制应当满足以下技术要求：

（1）选择合适的可控点。微电网内各个分布式电源一方面可控程度不同，如对于可再生能源来说，其有功功率取决于天气条件等因素，无法人为控制和调节；对部分电源来说，其控制权可能归属于用户，无法纳入统一的自动控制系统。另一方面动态响应不同，逆变型分布式电源和同步机型分布式电源动态响应差异较大；对各类控制策略都需要选择合适的可控点。

（2）无缝切换。微电网具有联网运行和独立运行两种运行模式。当检测到微电网发生孤岛效应，或根据情况需要微电网独立运行时，应迅速断开与公共电网的连接转入独立运行模式。当公共电网供电恢复正常时，或根据情况需要微电网联网运行时，将处于独立运行模式的微电网重新联入公共电网。在这两者之间转换的过程中，需要采用相应的运行控制，以保证电网的平稳切换和过渡。

（3）自动发电/频率控制。在微电网中，并网运行时由于主网的作用，微电网的频率变化不大。但在孤岛运行时，由于系统惯性小，在扰动期间频率变化迅速，必须采取相应的自动频率控制以保证微电网系统频率在允许范围内。尤其在参与主控频率的分布式电源数量和容量相对较少时，微电网的频率更加不易控制。

（4）自动电压控制。在微电网中，可再生能源的波动、异步风力发电机的并网等都会造成微电网电压波动。而且微电网内包括感应电动机等在内的各类负荷与分布式电源相距极近，电压波动等问题更加复杂，需要采取相应的自动频率控制以保证微电网系统电压在允许范围内。

（5）快速稳定系统。微电网内关键电气设备停运、故障、负荷大变化等，将可能会导致系统频率、电压等大幅度超越允许范围、分布式电源等系统元件负荷超出其定额、分布式电源间产生环流和功率振荡等现象，需要采用相应的稳定控制快速稳定系统，通过切除分布式电源或负荷等手段，维持系统频率和电压稳定。

（6）黑启动。在一些极端情况发生时，如出现主动孤岛过渡失败或是微电网失稳而完全停电等情况时，需要利用分布式电源的自启动和独立供电特点，对微电网进行黑启动，以保证对重要负荷供电。

目前，国内外研究的微电网控制方法主要集中在以下三类：

（1）基于电力电子技术的即插即用控制和对等控制方法。该方法根据微电网的控制目标，灵活选择与传统发电机相似的下垂特性曲线作为微型电源的控制方式，利用频率有功下垂曲线将系统不平衡的功率动态分配给各机组，保证孤网下微网内的电力供需平衡和频率统一，具有简单、可靠的特点。但是，该方法还没有考虑到系统电压与频率的恢复问题，即传统发电机的二次调频问题。因此，当微电网遭受到严重的破坏或干扰时，系统很难保证频率质量。另外，该方法基于电力电子技术对微型分布式发电系统进行控制，没有考虑传统发电机（如小型燃气轮机、柴油机）与微电网的协调控制。

（2）基于功率管理系统的控制方法。该方法采用不同控制模块对有功功率、无功功率分别进行控制，很好地满足了微电网多种控制要求，尤其在调节功率平衡时，加入了频率恢复算法，能够很好地满足频率质量要求。另外，针对微电网中对无功功率的不同需求，功率管理系统采用了多种控制方法，从而大大增加了控制的灵活性并提高了控制性能。但与第一种方法类似，这种方法只讨论了基于电力电子技术机组间的协调控制，并未综合考虑它们与含调速器的常规发电机间的协调控制。

（3）基于多代理技术的微电网控制方法。该方法将传统电力系统中的多代理技术应用于微电网控制系统。代理的自治性、反应能力、自发行为等特点，正好满足微电网分散控制的需要，提供了一个能够嵌入各种控制性能但又无需管理者经常出现的系统。但目前多代理技术在微电网中的应用多集中于协调市场交易、对能量进行管理方面，还未深入到对微电网中的频率、电压等进行控制的层面。要使多代理技术在微电网控制系统中发挥更大的作用，仍有大量研究工作需要进行。

（三）微电网保护技术

目前，分布式发电大多数都执行反孤岛策略，即在故障发生后简单切除分布式发电。而微电网必须甄别故障，尽量实现分布式发电在故障期间内在线并提供支撑以减小损失，甚至能够在灾变事故下生存。因此微电网保护体系与传统保护有着极大的不同，典型表现在潮流双向流通、具有并网/独立两种运行工况、故障过渡的需求、不允许微电网无选择性退出主网等方面，这使得短路电流流向和大小在不同情况下差异很大，外部配电网保护也需要根据微电网运行做出协调。同时，也需要建立相应的紧急保护和控制策略，保证灾变事故下生存。

微电网保护主要有两方面的问题：① 如何提取故障特征；② 对不同模式，不同故障点情况下如何给微电网提供充分的保护。

对于①，微电网中多个分布式电源及储能装置的接入，彻底地改变了配电系统故障的特征，使故障后电气量的变化变得十分复杂，传统的保护原理和故障检测方法将受到巨大的影响，可能导致无法准确地判断出故障的位置，主要体现在以下几方面：

（1）双向潮流，微电网的负荷附近可能存在两个甚至更多微电源，功率可以从来自相反方向的微电源流向负荷。

（2）电力电子逆变器的控制使得逆变型分布式电源输出的短路电流通常被限制到 1.5～2 倍额定电流以下，导致微电网孤岛运行时，逆变器的故障电流不够大，难以采用传统的电流保护技术。

（3）微电网通常包含单相负荷或三相不平衡负荷，正常运行时电流零序和负序分量，使得基于对称电流分量的保护在正常情况下也可能跳闸。

对于②微电网具有联网运行和独立运行两种运行模式，且需要能够处理对微电网内和微电网外故障。主要技术需求体现在以下几方面：

（1）在微电网外部的配电系统发生故障时，需要快速地将微电网转入独立运行，同时确保微电网在与主网解列后继续可靠运行，并确保解列后的微电网系统再故障时仍能够可靠切除故障元件。

（2）在微电网正常并网运行的系统中，微电网内部的电气设备发生故障时，需要确保故障设备切除后微电网系统继续安全稳定地并网运行。

（3）在微电网独立运行的系统中，微电网内部的电气设备发生故障时，需要尽量维持微电网稳定运行前提下，快速切除故障设备。

需要针对以上技术需求，研究新型的保护技术，以适应微电网这种全新的电网运行方式。微电网保护系统除了必须具备灵敏性、可靠性、快速性、选择性的特点外，还应具有以下特征：

1）能够同时对微电网内和微电网外故障响应。

2）出现在大电网中的故障，快速将微电网进入独立运行。

3）微电网内部的电气设备发生故障时，应确保故障设备切除后或是隔离尽量小的区域微电网系统继续安全稳定地并网运行。

微电网主要保护包括：

1. 分布式发电和储能保护

用于保护微电网内分布式发电和储能装置。要求在微电网各种运行状态和三相不平衡条件下，能够准确检测同步机型、异步机型、逆变型的各种故障和包括被动孤岛在内不正常运行状态，并装设相应的过电流、过电压、过负荷、接地、反孤岛等保护装置保证发电机的安全。

2. 自动重合闸

用于切除暂时性故障并恢复供电。要求能够与静态快速分离开关等其他保护装置协调工作。

3. 纵联保护

考虑到微网内多电源、多分支，含微电网的配电系统多分段、多微网等特点，采用多端信息的纵联比较式保护或纵联差动保护，达到区分微电网内部任意点短路与外部短路，有选择、快速地切除全线路任意点短路的目的。

4. 静态快速分离开关

用于将微电网和外部电网分离。为了最大限度地保护微电网内部的敏感负荷，降低电网电能质量问题对其的负面影响，对从并网切换到独立运行模式的时间要求静态快速分离开关在 1/4～1/2 工频周期以内完成分离。

5. 其他保护

与目前保护基本一致的保护装置，如变压器保护等。

（四）微电网信息通信技术

双向的通信架构是微网的基础支撑，微电网的运行控制、能量优化、需求侧响应以及配网的经济调度等高级应用都需要依赖双向通信架构。微电网信息与通信为供电系统的安全运行和合理调度提供科学依据，通过设置在分布式电源、负荷以及变压器等地的监测设备读取分布于配电网中的各用户、各配电变压器台区及变电站各出口的电网数据，将其传输至控制处理中心进行统计和分析，并发出相应的控制与调度指令，监控微电网运行情况。微电网信息与通信的主要技术需求如下。

（1）开放。基于开放技术的网络架构提供可实现即插即用的平台，安全地连接各类网络装置，允许相互间互通和协作。

（2）标准。通信架构的主要组成部分以及之间的交互方式必须明确规范。

（3）充裕。通信架构必须有足够的带宽以支持当前和未来的微电网功能。

（4）强健。由于微电网控制与管理通常高度自动化，不带人反馈，因此微电网的通信架构具备极高的可管理性和可靠性。

（5）集成。集成各类实时数据，为微电网分析系统提供可靠、及时的微电网运行和用电需求信息。

需要针对以上技术需求，研究新型的保护技术，以适应微电网这种全新的电网运行方式。集成的微电网信息通信系统主要包括计量与测控装置和通信网络。

1. 计量与测控装置

在计量与测控方面，主要包括以下装备：

（1）用户表计终端。电量输入—输出计量，并且数据应可以远程读取；能够根据用户合同，对用户电力需求进行合理地引导和控制。

（2）发电与储能表计终端。需要对发电单元进行实时控制，从而需要能够反映设备运行模式的多功能计量仪表，并且需要发送控制信号到发电单元的设备，以保证整个微电网系统的电力供需平衡。

（3）含分布式发电与储能的重要用户表计终端。计量方面就需要电量输入—输出计量和发电单元计量，包括发送控制信号给分布式电源的设备、能让用户获取日电价时间的信息设备等。

（4）微电网表计终端。包括对微电网和外部电网的电量交换进行计量，发送控制信号给微电网与配电网接口等。

2. 通信网络

实时性和可靠性高的微电网监控系统需要快速的现场数据信息采集和安全性高、传输速度快的通信网络以实现上行数据和下达指令的交互。主要可分为以下两部分：

（1）设备层网络。支持微电网内表计和采集器之间信息的汇集和指令的发布。

（2）控制管理层网络。是微电网双向通信网络架构中各个本地控制器、终端与微电网运行控制及能量管理的通信主干，也包括微电网与配电网 DMS 之间的通信主干。

（五）微电网能量管理与调度技术

微电网中不仅包含发电单元，也包含用户负荷，甚至可能包含供热等多种供能网络。由于可再生能源的随机性和不可控性，使得微电网的能量具有时变性、不确定性和非对称性等特点。因此，对微电网进行有效地运行调度与能量优化管理是需要微电网技术的重要内容。

目前，国内对微电网能量管理和调度技术的研究还不多，国外对该技术的研究已经有了一定的进展。例如，美国橡树岭国家实验室和劳伦斯伯克利国家实验室就开展了微电网能量管理系统（EMS）的研究，研究内容集中在 MGEMS 的需求、热电匹配与建筑暖通空调系统（HVAC）管理、微电网与公共电网能量交换、内部分布式电源效率最优化、最小化环境污染等方面；通用公司正在开发和检验微型电网的能量管理系统，以提供联合控制、保护和能量管理平台；日本 Hachinohe 微电网示范工程既考虑了储能等变化周期较长的因素，也考虑了能量的实时供需平衡等短周期变化的因素，并开发了相关的能量管理系统。

能量管理系统使用信息来满足当地的电、热需求，电能质量的要求，电和天然气的消耗、批发或零售服务需求，电网的特殊要求，需求侧管理要求，拥塞度等，以决定微电网需要从配电网系统吸收的能量总和。其主要组成模块包括：SCADA 系统、实时状态估计、超短期负荷预测与发电预测、AGC/AVC/ASC、经济调度/无功优化、安全分析、对策校正等部分。具体来说，微电网的能量管理与调度系统的技术要点主要有以下几方面：

（1）微电网内可能的分布式能源系统组合较多，且热电冷能量间有较强的耦合，因此需要建立能够反应热电冷等多元能量组合的建模方法，进行多元能量的协调管理。

（2）微电网的优化约束条件与松弛条件较多，包括可再生能源的随机性、微电网运行稳定性、储能在其中的作用等，需要将其提取为数学形式的条件约束表达式。

（3）微电网内的负荷可控，结合智能电网的要求，在一些条件下可以将需求侧管理与能量管理相结合。

（4）在微电网并网运行时，尤其是在微电源高渗透的情况下，配电系统需要根据网络情况，如损耗等对微电网的运行进行调整，需要微电网与配电网的联合调度。

（5）微电网中的可调节变量将更加丰富，如分布式电源的有功和无功输出功率、分布式电源并网母线的电压、储能系统的有功功率输出、可调电容器组投入的无功补偿量、热/电联供机组的热负荷和电负荷的比例等，需要选择合适的可控量进行控制。

微电网能量管理系统，由于微电网内分布式电源的即插即用、惯性小、可扩充等特点，使得微电网能量管理系统也有相应的特殊要求。其功能必须满足：

（1）微电网可扩充和即插即用。新的发电单元添加进现有系统时，不需要软件开发人员重新升级系统。

（2）互联。具有开放、灵活的数据接口，系统能提供各种方式给其他程序和自动化系统以从其获取数据。

（3）高度自动化与代理。电力系统 EMS 中的 PAS 模块往往是调度员、分析师人工调用进行分析和处理的。而微电网系统主要是自动运行，即必须将控制权交由计算机，除部分必须人为操作功能外大部分控制不进行带人反馈，不需要调度人员干预。并且在与 DMS 等其他系统交互时，能够按照代表微电网用户的最大利益方式工作。

（4）智能。能够由计算机自动形成、分配和完成任务，具有学习能力，能够在线形成控制和管理规则。

（5）实时性。要求超短期负荷预测和发电预测，并且相应运行控制和优化计算都需要在 1～2 个工频周期内完成。

第七章

智能配用电实践与展望

近年来，世界各国结合配用电领域发展的实际需求，开展了不同程度的智能配电及用电工程实践活动。本章简要介绍了国内外智能配用电系统、微电网等类型智能配用电典型工程案例的基本情况，概述了直流配电、能源互联网、大数据技术等未来配用电关键技术。

第一节　国外智能配用电系统建设典型案例

一、试点工程概述

2008 年，全球启动了以美国电力科学研究院（Electric Power Research Institute，EPRI）为首的智能电网国际合作试点项目群。该项目群持续 7 年，耗资数百万美元，分别在 23 个电力公司的不同规模配用电试点区域内建设以分布式能源（Distributed Energy Resources，DER）接入为主的智能电网，提升智能配用电系统功能、性能和用户体验。经过近 5 年的技术储备和试验积累，大部分试点项目已经进入实质工程建设阶段，其中配电管理系统（Distribution Management System，DMS）的高级应用模块、DMS 的系统集成和终端装置的信息安全成为所有项目最优先关注的三个重要方面。

参与项目的美国电力公司（American Electric Power，AEP）、美国联合爱迪生电力公司（Consolidated Edison，Con Ed）、美国杜克能源公司（Duke Energy，DE）、法国电力公司（Electricité de France，EDF）、美国第一能源公司（First Energy，FE）、美国南加州爱迪生电力公司（Southern California Edison，SCE）和 ESB 网络公司（ESB Networks）等都运用了大量相似技术，但又根据自身电网的现状、政策和用户需求有的放矢。表 7-1 是其中部分试点项目所用技术的对照。

表 7–1　　　　　　　　**EPRI 智能电网国际合作试点项目群**
　　　　　　　　　　部分试点项目所用技术对照

应用技术		智能电网试点项目区域						
		美国电力公司	美国联合爱迪生电力公司	美国杜克能源公司	法国电力公司	美国第一能源公司	美国南加州爱迪生电力公司	ESB 网络公司
分布式能源	需求侧响应							
	电动汽车							
	热储能							
	电储能≤100kWh							
	电储能＞100kWh							
	光伏发电							
	风能发电							
	节能降压（CVR）							
	分布式发电							
通信协议	用户（SEP，WiFi）							
	配电装置（DNP3，IEC 61850）							
	配电主站（CIM，MultiSpeak）							
	信息安全							
	高级量测（AMI 或 AMR）							
	RF Mesh							
	3G（GPRS，CDMA）							
	4G（WiMAX，LTE）							
调节	电价信号							
	激励协议							
系统	系统运行集成							
	系统规划集成							
	建模和仿真工具							

　注　灰色表示有"符合"项，空白表示"无符合"项。

从表 7-1 中可以看出,这些智能电网项目并不是按照统一的模式来建设的,其所运用的技术手段和配置方式存在较大差异。例如,分布式能源的种类和容量选取、配电自动化与用电终端的通信方式等;但也同时存在共性,例如,城市电网绝大部分采用光伏发电并网、对系统的集成度要求较高、均实现需求侧响应的动态调节等。不难看出,虽然各试点工程的起点和技术基础不同,但最终目标均是全面实现分布式能源的广域覆盖和用户与配电网的协调互动。

以下分别介绍试点工程中几个典型的智能电网的建设情况。

二、AEP 试点项目

本项目以建立从用户终端到配电区域调度中心涵盖多种分布式能源并网的智能电网为目标,涵盖 10 000 个用户、多套 MW 级钠硫电池、2 套 70kW 屋顶光伏发电系统、1 套 5.7kW 集中太阳能热电系统(包括 1.2kW 电能和 4.5kW 热能输出)、3 套 60kW 天然气往复式电机(CHP)、2 辆混合动力汽车、2 套 10kW 风机和若干 25kW 的社区储能系统(CES),在原有配电自动化基础上,配备智能电能表和相关通信链路,通过电价信号调节机制,实现基于鲁棒建模和仿真的无功电压控制、分布式能源调节和负荷控制。

AEP 虚拟发电仿真模型如图 7-1 所示,通过虚拟发电仿真技术和系统平台,采用分布式计算和终端通信技术,集成生产实时数据和虚拟并网的分布式能源数据,在实际电网和模拟平台两方面同步仿真和验证电网运行行为和设备动态模型,为并入宾夕法尼亚—新泽西—马里兰州(Pennsylvania–New Jersey–

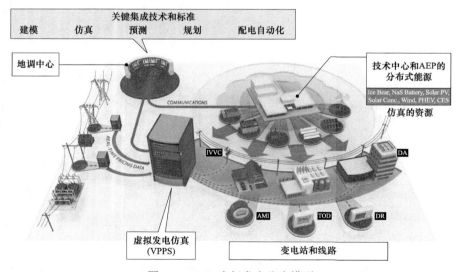

图 7-1　AEP 虚拟发电仿真模型

Maryland）电力市场提供可靠依据。由此，可归纳出以下特点：

（1）集成多种分布式能源。不同容量、不同种类。

（2）通过动态电价与用户互动。

（3）虚拟发电仿真。对系统规划和运行进行评估和验证。

三、Con Ed 试点项目

本项目主要解决多种用户分布式发电和集中间歇性可再生能源并网且通过制定协议和开发软件来满足需求侧响应的互操作问题。由于 Con Ed 不拥有主动控制需求响应的资源，且过去 10 年的电能需求提高了 20%，加之未来 10 年仍将增长 10%，针对高密度、大容量负荷扩容改造难度大的特点，急需通过需求侧响应来维护和增强电网的可靠性和协调能力。Con Ed 需求侧响应互操作如图 7–2 所示。

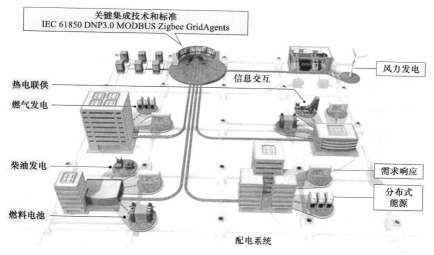

图 7–2　Con Ed 需求侧响应互操作

由于 Con Ed 需求侧的分布式能源不完全受电网控制，因此本项目着重于用户与配电网互动的简洁、安全和高效接口，来实现负荷高峰时的电能注入和维持电网可靠性的协调控制。由此，其具有以下特点：

（1）用户拥有分布式能源，电网无完全控制权。

（2）多通信协议转换和融合：IEC 61850、DNP3.0、MODBUS、IEEE 1547、IEEE 1451、ZigBee、IEEE 802.11、Web Service。

（3）动态需求侧响应：用户与电网的信息互操作。

（4）楼宇和家庭智能用电设备：与电网的集成。

四、EDF 试点项目

本项目位于法国东南部的 PACA 区域，由一条 400kV 的输电线路供电，其本地发电量仅占负荷的一半不到，呈现出远离电源的电气岛特征。在用电高峰，由于线路容量的限制，易出现阻塞情况，特别是在极端条件下，很难确保用电需求与电力供应的平衡。EDF 分布区能源集中控制示意图如图 7-3 所示。

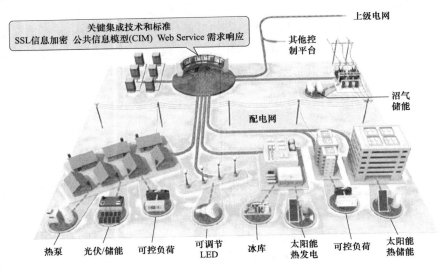

图 7-3　EDF 分布式能源集中控制示意图

在本区域内集成了分布式发电、储能装置、可再生电力资源等 9 种分布式能源，通过集总控制平台和协调控制系统，在 PACA 区域内形成统一的分布式能源与配电网的互动模式，并可作为整体向上一级或相邻电网提供能源支持。可见，EDF 的智能配电网建设已经具备了主动配电网与微电网集成互动的特征。

（1）公共信息模型（CIM）为统一信息模型：扩展分布式能源模型。

（2）SSL 加密的 Web Service：标准化的安全信息交互平台。

（3）动态电价信号：刷新间隔 10min。

（4）与全局电网优化运行：解决阻塞问题。

（5）需求响应：减少损耗和二氧化碳排放量。

五、FE 试点项目

本项目通过集成分布式能源管理系统（Integrated DER，IDER）和集中控制平台（Integrated Control Platform，ICP）来实现需求侧响应的优化控制，如图 7-4 所示。试点工程区域内包含 10 000 个家庭用户和 100 个商业与工业用户，总计

23MW 的直接负荷控制（Direct Load Control，DLC）装置，借助双向信息交互架构，为电网提供监测和控制用户的手段。

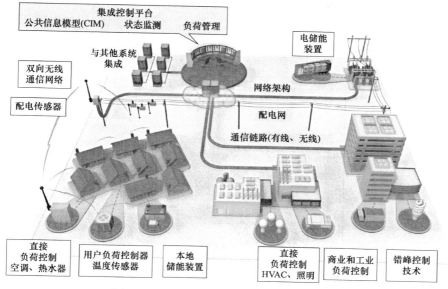

图 7-4　FE（First Energy）负荷控制集成系统

在预先制定的调控策略下，集成智能电能表和监控装置，集中控制中心通过对所辖区域内的多种负荷以及所能管理的分布式能源的实时数据收集，实现了 5MW 错峰和 3MW 变电站电能的存储。因此，本试点工程可视为较为完整的微电网系统，具备以下特点。

（1）信息集成。IEC 61968/IEC 61970 的主站系统、IEC 61850 的智能装置。

（2）统一建模。CIM 的 DER 扩展模型。

（3）集中控制。分布式能源集中控制、多种负荷的集中控制。

（4）需求响应：本地能源与负荷的协调控制。

第二节　国内智能配用电系统建设实践

一、智能配用电系统建设典型案例

（一）35kV 智能变电站建设典型案例

2012 年 6 月，中国电力科学研究院联合安徽省电力公司在安徽地区建成并投运两座农网 35kV 智能变电站试点工程。这两座变电站均采用了全集成的智能变电站建设模式，下面以其中一座35kV变电站为例进行介绍。

1. 35kV智能变电站的规模

采用35/10kV两个电压等级，终期规模设计2×10MVA变压器，35kV两条进线，内桥接线；10kV单母线分段，8条出线，补偿电容器2×2000kvar。根据实际负荷情况，本期仅上1台变压器及4条出线，其中A变电站电气主接线图如图7-5所示，自动化系统的站控层按照远景设计配置，间隔层与过程层按照本期规模设计。

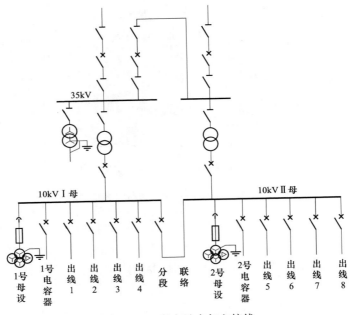

图7-5　A变电站电气主接线

2. 35kV智能变电站的系统结构

该变电站采用集成化、智能化的建设思路，全站的保护与自动化功能由1台集成站域主机和相应的智能组件完成，站域主机和过程层网络冗余配置，智能组件就地安装。主控室设备紧凑布置，自动化系统仅包括1面监控屏和1面保护与系统屏。变电站系统结构如图7-6所示。

变电站层设备主要包括监控主机、对时系统、远动服务器等设备，其中监控主机完成变电站运行信息的显示、控制、历史信息记录、报表管理等功能外实现了一体化"五防"（防止带负荷合/断隔离开关；防止误分/合断路器；防止带电挂接地线；防止带接地线合隔离开关；防止误入带电间隔）管理、故障波

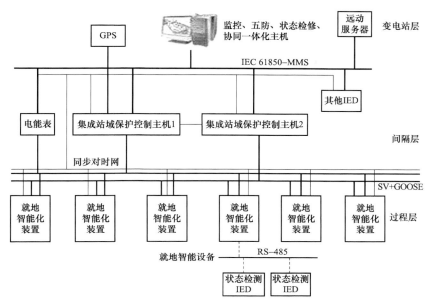

图 7-6 变电站系统结构

形分析、电能质量分析、设备检修管理等功能；对时系统、远动服务器可以根据情况集成在集成站域保护主机内部，完成全站的时钟管理维护、站内非 IEC 61850 设备的接入及与调度信息交互。

间隔层设备包括集成站域保护控制主机和按间隔布置的数字式电能表。集成保护主机在完成全站各间隔保护的同时实现部分站域智能后备保护、VQC 等系统优化控制、全站故障录波、电能质量监测等功能，是全站控制设备的核心，采用双机冗余配置，两台主机同时并列运行，数据互不干扰，确保运行的独立性；数字式电能表直接接收网络的 IEC 61850-9-2 的数据进行电量累积，并以 IEC 61850-8-1 的 MMS 映射实现与变电站层设备的信息交换。

过程层设备包括就地智能化装置及状态监测的智能设备或传感器，其中状态监测设备实现一次设备的实时在线健康监测；就地智能化装置实现智能终端、合并单元及状态监测的主 IED 功能。过程层网络可以采用采样值和 GOOSE 合并组网方式，也可以采用独立组网方式；同步对时网络采用光纤点到点方式，时钟异常后不影响全系统的保护功能。

3. 35kV 集成型智能变电站的配置及造价分析

该变电站采用集成化、智能化的建设思路，全站的保护与自动化功能由 1 台集成站域主机和相应的智能组件完成，站域主机和过程层网络冗余配置，智能组件就地安装。主控室设备紧凑布置，自动化系统仅包括 1 面监控屏和 1 面保护与系统屏。

该智能变电站与同规模常规变电站相比，在设备费用方面，一次设备两者投资相当，二次设备投资智能变电站高出约 15%，其中智能保护测控设备及一体化信息平台系统较常规变电站的保护测控装置及监控系统投资高出部分占设备费用差额的 9%～11%，数字化计量系统投资高出部分占设备费用差额的 3%～4%；在电缆材料和安装费用方面，因智能变电站大幅度降低电缆用量及复杂接线工作，费用明显降低；在占地面积方面，智能变电站占地面积较小；总体而言，智能变电站综合投资高出常规变电站部分可控制在 10% 以内。集成型智能变电站与相同规模和一次设备配置的分布分散式智能变电站建设模式相比，自动化部分造价低约 50%，占地面积少约 30%，运行维护工作量降低约 40%。

（二）配电自动化系统建设典型案例

1. 总体架构

以我国某地配电自动化建设为例，系统采用主站+配电终端的两层结构，总体架构如图 7-7 所示。

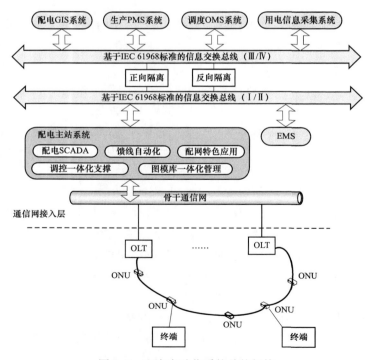

图 7-7　配电自动化系统总体架构

2. 建设目标

（1）实现配调 SCADA 功能。通过对配电一次设备实现遥控、遥信、遥测等应用，重点解决配电调度"盲调"问题，通过逐步提高配电自动化覆盖率，不断深化配电应用功能。

（2）实现建设区内 10kV 中压配电线路的馈线自动化功能，减少故障查找、故障排除时间，缩短停电范围，快速恢复受故障影响的健全区域供电，提高配电运维人员的整体工作效率。

（3）实现配电网优化运行。通过遥控实现配电网络重构，通过均衡负荷扩大供电能力，通过经济运行降低损耗，通过对分散无功和调压资源的协调控制提高供电电压质量，对配电网进行在线分析和优化计算。

（4）实现企业相关系统集成。采取规范的接口方式，通过信息交互总线，实现配电自动化系统与调度自动化系统（EMS）、配电 GIS 系统、生产管理系统（PMS）、调度 OMS 系统、用电信息采集系统互联，大幅度提高电网企业信息集成度。

3. 主站建设方案

配电自动化系统是配电网可靠供电的技术支持和保障，而配电主站系统是整个配电自动化系统的核心，其应具有性能稳定、安全可靠等特点，系统建设以标准性、可靠性、可用性、扩展性、安全性、先进性为目标，采用标准化和开放式设计，为智能配电网建设奠定基础。

（1）软件结构。系统软件结构设计采用分层、分布式架构模式，遵循全开放式的统一平台系统解决方案。面向配电网需求，以实现配电网能量流、信息流、业务流的双向运作与高度整合为目标，充分考虑系统的功能和接入容量的扩展要求。配电主站系统软件体系结构如图 7-8 所示。

（2）硬件架构。硬件采用开放式、分布式体系结构，以满足配电自动化系统的维护、扩容和升级等方面的要求，保证系统信息容量满足中型配电自动化系统的要求，并具有扩张性，可以根据当地配电网自动化发展要求，不断扩张系统规模而不需要对系统进行大规模改造。系统硬件升级和增加机器不需要修改应用软件，软件升级不影响系统的稳定性并兼容原有硬件设备。

主站系统采用双网冗余配置，服务器包括前置采集/SCADA 服务器、历史数据服务器、应用服务器、Web 服务器；工作站包括调度员工作站、维护工作站、报表工作站等，以及物理隔离装置、防火墙、局域网络设备、对时装置及相关外设等构成。配电自动化主站系统硬件体系结构如图 7-9 所示。

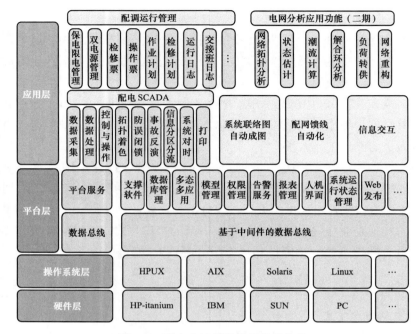

图 7-8　配电主站系统软件体系结构

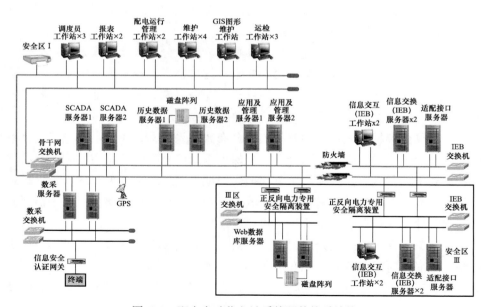

图 7-9　配电自动化主站系统硬件体系结构

4. 终端建设方案

配电自动化终端采用网络型，经过通信终端接入主站，实现对配电设备及线路的信息采集，实现遥控、遥信、遥测（简称"三遥"）功能，同时还具有故障检测等功能。

配电终端的建设与配电网通信系统、一次网架以及一次设备的建设与改造等系统相结合，并充分考虑配电网规模扩展的需要。具体实施时根据应用需求，因地制宜地选择通信方式和通信速率。配电终端具有高可靠性，环境适应性强，选用模块化设计产品，便于功能扩展和现场升级。

（1）环网柜实现"三遥"（遥信、遥测、遥控），应加装一台配电终端（Distribution Terminal Unit，DTU），每台 DTU 接入断路器位置接点，并预留足量遥信节点（故障指示器信号），加装三相 TV 与三相 TA，采集电缆头温度，必要时需对开关设备加装电动操动机构等"三遥"功能改造，以满足配电自动化的需求。

（2）柱上断路器实现"三遥"，应加装一台馈线终端（Feeder Terminal Unit，FTU），同步每台 FTU 配套加装两相 TV（采集线路两边线电压同时提供装置电源），三相 TA 或两相 TA 加零序 TA，必要时需对开关设备加装电动操动机构等"三遥"功能改造。

（3）分支箱实现遥信、遥测，应加装一台 DTU 或与相邻环网柜共享 DTU，每台 DTU 接入断路器位置接点，并预留足量遥信节点接入故障指示器信号，并根据现场情况加装独立柜，放置 TV、通信设备及 DTU，用 TV 取电，必要时需对分支箱进行遥信、遥测功能改造。

（4）为满足网络安全防护相关要求，需要为实现"三遥"功能的柱上断路器、环网柜等终端配置终端加密软件密匙。

（5）终端应具有遥信、遥测、遥控（终端必备）、对时、事件顺序记录、定值远方或当地召唤及修改、设备自诊断及自恢复、故障检测及故障判别、故障隔离、分支线保护、交/直流切换、电源监视、通信、当地调试、多种电压等级的电源供电、蓄电池运行管理等功能。

5. 信息交互总线建设方案

项目建设通过信息交换总线实现配电自动化系统、电网调度 EMS 系统、电网 GIS、生产管理系统 PMS、调度 OMS 系统、用电信息采集系统的数据集成，同时预留与其他信息系统的标准集成接口，最终实现实时信息和管理信息的共享，完成信息系统的集成整合，尽可能扩大配电信息采集的覆盖面，为今后的综合分析和辅助决策创造条件。信息交换总线系统交互关系如图 7-10 所示，信息交换总线系统典型硬件架构如图 7-11 所示。

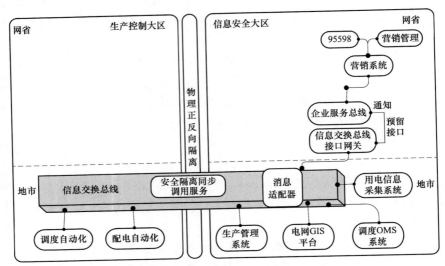

图 7-10　信息交换总线系统交互关系

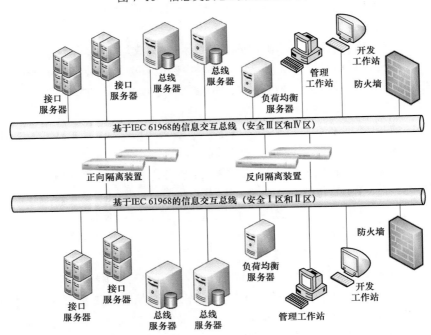

图 7-11　信息交换总线典型硬件架构

6. 通信系统建设方案

配电通信系统建设以满足配电信息交互可靠性、安全性、实时性为目的，以建设高速、双向、实时、集成的，便于管理、具有良好扩展性的配电通信系统为总体目标。配电通信网及系统设备均应具有标准的通信接口并支持 101、104、循环式远动规约（Central Daylight Time，CDT）等多种标准通信规约，可以与各种配电成套设备、通信设备实现无缝连接。通信系统能随配电自动化系统功能变更、电力线路调整而方便地扩充和升级，并能适应以后配电自动化系统大规模扩展及与其他网络的互联。

配电自动化数据信息网由骨干层和接入层组成，骨干层借助电网通信系统的同步数字系列（Synchronous Digital Hierarchy，SDH）自愈环网提供可靠的数据通道，接入层分布在各终端场所，采取 EPON 与无线公网相结合的方式，实现配电自动化终端设备的接入，并建立配电通信网一体化管理平台，用于实现配电通信网集中接入和管理。配电通信系统结构如图 7-12 所示。

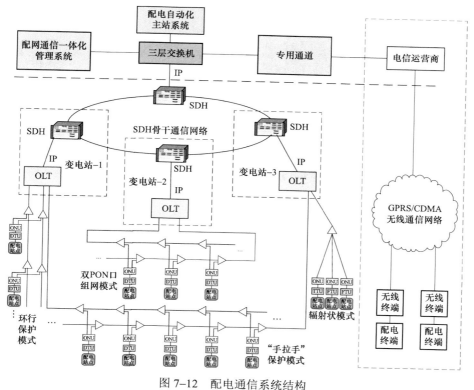

图 7-12　配电通信系统结构

（1）骨干网建设。主站至变电站的骨干数据通信网络采用基于SDH光纤自愈传输网的专用调度数据网络构架，利用已建成的城区通信传输网设备，配备专用数据网络设备，提供专线IP通道实现变电站配电自动化专用路由器接入。

（2）接入网建设。变电站至配电终端的接入通信网络以光纤通信EPON技术为主，无线公网接入技术为辅，实现各个配电终端信息的实时采集。

1）EPON。ONU（Optical Network Unit）终端设备选用双PON端口设备实现全保护自愈图，采用工业级设备，满足较恶劣的现场运行环境；设备配置在环网柜、柱上开关上，实现相关设备信息上传至变电站。OLT（Optical Line Terminal）设备配置在变电站内，实现变电站信息汇集上传至主站。

2）无线公网。采用无线GPRS模块，所有无线通信站点形成一个子站，通过电信运营商与电力公司的光纤路由将数据经防火墙和隔离装置后传入配网自动化主站。配电自动化主站通过一条APN（Access Point Name，接入点名称）专线接入运营商GPRS网络，双方互联路由器之间采用私有固定IP地址进行广域连接，并用防火墙进行隔离，在防火墙上进行IP地址和端口过滤。

（3）配电通信网一体化管理平台建设。用于实现配电通信网集中接入和管理，以"统一通信接口、统一通信规范、统一通信网管"为建设目标。建立配电通信网综合网管支撑平台，实现对配电通信网中各配电通信终端、光缆电缆、通信通道等通信资源以及配电通信终端的运行环境等的统一监控和管理，还包括故障管理、性能管理、配置管理、安全管理等基本功能。

7. 安全防护网建设方案

（1）总体目标。防止智能电网业务系统瘫痪、防止应用系统破坏、防止业务数据丢失、防止篡改网络数据、保证数据远程传输的加密性、保证数据的安全性、防止企业信息泄密、防止终端病毒感染、防止有害信息传播、防止恶意渗透攻击，以确保配电自动化系统稳定运行，确保业务数据安全。

（2）总体方案。生产控制大区与信息内外网间部署正、反向隔离装置；信息内外网间采用逻辑强隔离设备进行隔离；生产控制大区系统间和信息系统间的纵向传输采用网络加密系统保证远程数据传输的安全性和防止对数据的篡改；对信息系统的终端设备和用户身份进行严格的认证，保证用户身份的唯一性和安全性；对信息外网与外部公共外网间设置访问控制策略，对用户的权限进行控制。

（三）高可靠性示范区

1. 建设背景

城市配电网是城市建设和经济发展的基础，随着城市建设的发展，城市配电网结构日趋复杂，影响其供电安全的因素日益增多。电网风险的根源在于其行为的概率特性，电网中设备的随机故障、负荷的不确定性、外部自然和人为等因素的影响都难以准确预测，而这些因素可能会导致系统发生局部直至大面积的停电。另外，未来大量分布式电源、储能系统以及电动汽车充电装置接入配电网，都会对配电网的供电安全及稳定运行带来风险。

合理的可靠性水平是保证供电质量、实现电力工业现代化的重要手段，对促进和改善电力工业技术和管理水平，提高经济和社会效益具有重要作用。而建立高可靠性示范区，则是进一步加强和改进电网整体运行管理水平、完善可靠性管理体系的具体实践。不但能为示范单位可靠性的改善提供借鉴，更重要的是，还能为配电网可靠性管理水平的全面提升积累丰富的实践经验，并在终端用户层面充分体现公司的社会责任，意义重大。

为进一步提升城市配电网规划、建设和管理水平，体现配电网整体建设效果，积累供电可靠性管理经验，以点带面，促进城市配电网供电可靠性和管理水平的提高，首批 6 个城市开展了高可靠性示范区建设工作。高可靠性示范区建设的核心内容是可靠性，因此，势必涉及对可靠性相关理论和技术手段的应用，如可靠性现状分析、可靠性影响因素及评估指标分析、可靠性目标设定、可靠性评估、基于可靠性的网络规划及目标网架建设、供电可靠性成本效益分析、风险分析与预警，甚至包括分布式电源与微网建设对可靠性的影响分析等内容。因此，具有实用化特征和可操作性的可靠性评估分析与优化、风险分析与预警等相关技术将为高可靠性示范区建设提供有力的支撑，并将为示范区建设成果在今后的推广应用发挥重要的推动作用。

2. 示范区建设目标及思路

高可靠性示范区建设是通过完善网架结构、提升装备水平，依托配网自动化平台为基础，充分应用成熟的电网和设备监控手段，配合智能设备的应用，建设面向运行的在线风险评估及预警系统，主动分析配电网的运行状态，在线评估配网安全运行水平和供电能力，及早发现电网的不安全运行状态并及时采取措施，预防停电故障的发生，进一步提高电网的可靠性。

城市高可靠性示范区建设的主要思路：以可靠性指标为引导，以全面提升供电可靠性水平和服务质量为目标，以全面提升管理水平为重点，按照"预防为主"的理念，综合运用电网风险管控、状态评估、生产管理流程优化、网络结构优化与智能电网建设等手段，有效集成可靠性、安全、生产、调度和营销管理等信息资源，转变现有安全生产管理理念，建设具备国际先进水平的供电高可靠性示范区，为电网整体管理水平提升积累经验、提供示范。

建设城市高可靠性示范区的基本原则：

（1）评估先行，明确目标。以全面提升供电可靠性水平和服务质量为目标，以配电网发展整体规划为指导，以全面开展对现有配电网结构和主要设备可靠性指标的统计、分析和评价为基础，明确建设目标，深化、细化电网规划方案，综合协调，开展高可靠性示范区建设。

（2）管、建兼顾，管理为重。在完善网架结构、提升装备水平的同时，特别注重管理水平的提升。通过规划、设计、建设、生产、营销等多管理部门的充分协调和配合，综合运用电网风险管控、状态评估、生产管理流程优化、网络结构优化智能电网建设等成熟手段，有效整合相关信息资源，通过管理水平的提升弥补网架结构的不足，实现配网运行水平的提升。

（3）预防为主，超前防控。转变传统的、以被动式抢修管理为主的配电网管理模式，充分应用成熟的电网和设备监控手段，配合智能设备的应用，建设面向运行的在线风险评估系统，主动分析配电网的运行状态，在线评估配网安全运行水平和供电能力，及早发现电网的不安全运行状态并及时采取措施，预防停电故障的发生。

（4）科技引领，标准先行。特别注重科技成果的应用，在已取得科技成果的基础上，进一步加大综合风险预控、配电网自动化、智能电网设备等先进技术的应用，以高科技智能电网技术支撑高可靠性示范区建设和运行管理。特别注重标准体系建设，形成适应高可靠性城市配电网要求的完整的技术标准、管理标准和工作标准体系。

3. 建设内容

城市高可靠性示范区从配电网网架、装备水平、技术手段和管理措施四方面开展了提高配电网供电可靠性的工作，除建立相应的规章制度外，还进行了网架设备改造，并开展了配电自动化建设、不停电作业以及配电网设备状态检修。

各试点城市在电源点布局调整，增强网络的互供能力和负荷转移能力，加强备用电源和应急电源建设等方面做了大量的工作。此外，还开展了重要用户典型接线模式、适用于高可靠性示范区的微电网供电模式的研究和应用工作。

城市高可靠性示范区建设充分发挥新技术、新方法、新设备的支撑作用，提高配电管理水平和工作效率。深化配电自动化应用，有效缩短用户非计划停电时间。全面开展设备状态监测和评估，采用在线、离线状态监测技术手段，提高设备运行维护水平，及时发现和防范设备隐患。提高不停电作业水平，拓展带电作业项目，开展不停电作业，加大发电车、移动箱式变压器等应急设备的实际操作培训,保证设备检修状态下对用户持续供电,实现作业方式的变革。整合信息系统,实现配电自动化、状态监测、调度、生产、营销、95598系统等多系统的数据集成,综合运用文字、图像、视频等手段,优化工作流程,提高风险防范、设备管理、故障抢修和客户服务能力。部分城市还同时部署了配电网在线风险评估系统,变被动抢修为主动预防。部分城市采用超级电容作为储能元件为配电终端、开关设备提供可靠的备用电源,有效地减少了维护工作量。各试点城市高可靠性示范区建设主要技术措施见表7-2。

表7-2　　　　　各试点城市高可靠性示范区建设主要技术措施

示范区	主要技术措施
城市1	(1)配电自动化建设:按"三遥"(遥控、遥测、遥信)原则进行了双环网配电自动化改造; (2)配电设备状态检测和检修:增加设备故障检测仪器的配置,设备检修由定期检修逐步向状态检修过渡; (3)配网带电作业:推行配网带电作业,减少线路停电时间和次数
城市2	(1)配电自动化省级改造:完成了多个10kV配电站点的自动化技术升级改造工作,实现"两遥"覆盖率100%,"三遥"覆盖率73.48%; (2)配电设备状态检测和检修:进行配电设备PMS系统数据普查、配电台账核对和健全工作,成立了专业队伍,指定了相关技术和管理标准,配电自动化改造过程中累计节省6669时户数; (3)停电计划管理:初步建立了一套适用于高可靠性配电网运行维护的停电计划管理体系和管理流程; (4)信息系统整合:实现调度和营配电信息与业务的一体化
城市3	(1)配电自动化建设:确定建设原则,梳理配电自动化和通信现状; (2)配电设备状态检测和检修:成立专业化队伍,量化配电设备状态等级,编制相关实施细则,通过不停电作业,节省时户数约682; (3)故障抢修:TCM统一抢修平台下,统一高低压故障抢修指挥,统一故障抢修资源的"三统一"抢修模式; (4)低压用户可靠性评估:提出低压用户供电可靠性评价指标体系及其统计方法,对示范区内低压用户供电可靠性进行评估
城市4	(1)中压配电网可靠性评估软件:开发评估软件,将可靠性评估结果作为建设改造的依据; (2)配电网生产指挥平台:接入配电自动化、95598的故障信息,同时将在线监测、状态检修、风险评估等信息系统进行全面整合,实现各类生产信息集约管理; (3)配电自动化建设:实现示范区内开闭所、环网柜、配电房"三遥"覆盖率100%; (4)配网可靠性在线风险评估与预警:主动分析配电网运行状态,在线评估配电网安全运行水平,实时监控配电网运行风险,给出风险预警提示; (5)配电设备在线监测:在12座配电房试点建设配电设备在线监测系统; (6)配电网旁路作业:购置了高压旁路电缆车、移动箱式变电车、移动负荷开关车等相关工具,编制了不停电作业操作规范和技术标准,开展人员培训36学时,试点完成不停电检修作业2次
城市5	(1)建设配电网在线风险评估与预警系统:主动分析配电网运行状态,在线评估配电网安全运行水平,实时监控配电网运行风险,给出风险预警提示; (2)提升配电自动化水平:"三遥"自动化终端覆盖率由55.94%提升至68.53%,实现了示范区站房自动化覆盖率100%; (3)各应用系统实现数据源端统一:开发GPMS系统与供电可靠性管理信息系统的接口,实现从配电GPMS系统中导出可靠性管理系统所需的基础数据,确保数据源端唯一;

示范区	主要技术措施
城市 5	（4）全面开展设备状态监测及检修：对高可靠性示范区内断路器、变压器、架空线路、电缆等分类开展状态监测； （5）采用用户端故障快速隔离技术：在 10kV 公共网络的专用变压器用户接入点安装分界快速隔离开关，实现用户内部故障的快速隔离，避免故障影响范围扩大化； （6）配电带电作业：形成集架空线路不停电综合检修、配网带电作业和 10kV 架空线路旁路作业等技术平台； （7）设备轮换检修和开关轮换：对可疑异常且具备条件的环网柜、箱式变压器、变压器等设备开展轮换检修工作，对具备合环转电断路器采用自动化手段进行定期轮换操作
城市 6	（1）配电网生产管理指挥系统，对配电自动化、PMS、EMS、营销管理、需求侧管理、95598 等系统进行信息集成、整合，实现设备从报装到生产运行的全流程、全过程闭环管理； （2）配电网在线风险评估系统：进行配电网运行可靠性的在线评估及预警； （3）配电网状态检修系统：对配电设备进行状态评估，对各类异常进行预警性提示，变事故被动抢修为主动式预防检修； （4）三维空间地理信息系统：实现重点架空及电缆线路的三维全景可视化展现和对危险区域、隐患区域、重要设备的实时直观监测

　　各试点城市以提高供电可靠性水平和服务质量为中心，充分发挥整合管理资源，理顺管理流程，挖掘管理潜力，严抓管理细节，从停电计划管理、故障抢修机制建设、运行维护管理、用户需求管理等方面开展工作，普遍形成了"一停多用，能转不停，能带不停"的停电管理模式，注重采购、施工、巡视、检修、服务等关键环节的细节管理和质量监督。例如，某城市通过整合抢修资源，实施抢修工作的扁平化、专业化管理，建立了"统一抢修平台下，统一高低压故障抢修，统一故障抢修资源"模式。各试点城市高可靠性示范区建设主要管理措施见表 7-3。

表 7-3　　　　　各试点城市高可靠性示范区建设主要管理措施

示范区	主要管理措施
城市 1	以"抓典型、少维护、重质量、抓数据、多监测、不停电"的原则抓配电网管理
城市 2	（1）组织机构保障。 （2）建设基于精益化、信息化、标准化的配电网抢修机制。 （3）管理制度与技术标准建设
城市 3	（1）建立常态工作机制，制订高可靠性管理工作办法。 （2）用户监管：一是加强高可靠性示范区用户的检查工作；二是建立常态联络机制；三是编制用户事故应急预案。 （3）作业方式创新：应用箱式变电站应急电源接入便携式分支箱；开发出带电作业新工具、新工艺
城市 4	（1）建设以可靠性为核心的生产管理体系。 （2）加强配电设备运维管理。 （3）开展配电网状态检修。

示范区	主要管理措施
城市 4	（4）管理制度及标准建设。 （5）以客户为导向的生产管理
城市 5	（1）分类到户制订应急保电预案：对每一用户制订了翔实的应急保电子预案。 （2）依托停电管理系统加强停电计划管理：有机结合主网停电、配网工程、业扩停电、配网检修、停电消缺，确保"一停多用"，"能转不停"。 （3）停电抢修全天候快速响应：突出以客户为导向，纵向发挥上接 95598 供电服务中心、下联业务执行部门（班组）的承上启下功能，横向发挥集中调配营销、配电、调度等服务资源的调度指挥功能。 （4）精益停电作业管理：实现故障停电、报修、抢修、恢复送电等过程的可视化管理。 （5）提高施工作业技能和管理水平：对施工人员实行资格认定并参照"驾驶证"计分制进行管理。 （6）重视配电设备产品质量跟踪：到货产品质量抽测，形成中标厂家的约束机制。 （7）配电工程开展"首检式"竣工验收：可有效提高入网设备健康水平，从设备层面保障示范区高可靠性目标的实现
城市 6	（1）成立"一个中心"，即配网生产管理指挥中心，统一调控配网日常生产及中、低压设备事故抢修。 （2）完善"两套体系"，即配电网标准化管理体系和标准化抢修体系。 （3）实现"一种变革"，即由配网被动管理向主动管理的变革

4. 运行效果

截止到 2011 年年底，6 个城市通过高可靠性示范区的建设，示范区供电可靠率均实现 99.999% 的预期建设目标，总体情况见表 7-4。

表 7-4　　　　　　　　　高可靠性示范区建设总体情况

城　　市		城市 1	城市 2	城市 3	城市 4	城市 5	城市 6
示范区概况	面积（km²）	2.42	6.512	15	6	5.9	5.7
	负荷密度（MW/km²）	37	12	42.6	36.8	22	10
供电可靠率（%）	改造前	99.993 8	99.989 0	99.988 6	99.958 3	99.996 5	99.964 0
	改造后	99.999 4	99.999 0	99.999 6	99.999 1	99.999 4	99.999 5
平均停电时间（min/户）	改造前	32.6	57.816	59.918 4	219.175 2	18.396	189.216
	改造后	3.153 6	5.256	2.102 4	4.730 4	3.153 6	2.628

（四）综合示范工程

1. 中新天津生态城智能电网综合示范工程

（1）建设背景。2007 年 11 月 18 日，中国、新加坡两国总理共同签署了《中华人民共和国政府与新加坡共和国政府关于在中华人民共和国建设一个生态城的框架协议》，中华人民共和国建设部与新加坡国家发展部签署了《中华人民共和国政府与新加坡共和国政府关于在中华人民共和国建设一个生态城的框架协议的补充协议》，确定中国和新加坡政府合作建设中新天津生态城（简称生态城）。生态城建设提出了生态城市"生态环保、节能减排、绿色建筑"的建设主题，显示了中新两国政府应对全球气候变化、加强环境保护、节约资源和能源的决心，顺应了当今世界各国高度关注并积极探索城市可持续发展的潮流。

国家电网公司积极致力于推动电网技术的创新与发展，推动能源开发和利用方式的变革。在认真分析世界电网发展新趋势和中国国情的基础上，提出了立足自主创新，以统一规划、统一标准、统一建设为原则，建设以特高压电网为骨干网架、各级电网协调发展的坚强网架为基础，利用先进的通信、信息和控制技术，构建以信息化、自动化、互动化为特征的自主创新、国际领先的坚强智能电网的战略发展目标。推动国家能源战略实施，实现电网发展方式的重大转变，服务"两型"（资源节约型、环境友好型）社会、和谐社会，促进经济与社会可持续发展，并按照"统筹规划、统一标准、试点先行、整体推进"的工作要求分批次提出了智能电网建设试点工程，中新天津生态城智能电网综合示范工程即是国家电网公司智能电网建设第二批试点项目中唯一的综合示范工程。

本工程的实施范围将重点集中在生态城的起步区，起步区范围为由汉塘路以东、慧风溪以南、中央大道以西、永定洲以北围成的区域，面积约 4.0km²，是南部片区的最主要部分。作为生态城前期发展区域，起步区功能定位为"以居住为主，商业、产业为辅的综合片区，是可持续生态技术集中应用的先行综合试验区，是生态城的起步区和门户区，具有国家级生态环保培训推广职能"。生态城起步区区域位置如图 7-13 所示。

根据起步区街道走向和输电走廊规划，将起步区分为 4 个分区。结合各种不同性质用地的负荷密度指标和容积率的设置结果，应用小区负荷密度指标法对起步区进行具体的负荷分布预测，其远景总负荷约为 113.4MW，考虑 0.7 同时率，总负荷约为 79.4MW，负荷密度为 19.85MW/km²。

（2）示范区建设目标及思路。中新天津生态城智能电网综合示范工程的第一期实施范围为生态城起步区。该工程是一项内涵丰富、涉及面广、体现国家电网公司在智能电网众多领域研究成果的综合性工程，向社会各界广泛传播坚强智能电网建设理念，发挥示范作用，成为引领世界智能电网、智能城市发展方向的典范工程。

总体目标是建设与生态城发展定位相匹配，各级电网协调发展，具有信息化、自动化、互动化特征的坚强、自愈、灵活、经济、兼容、集成的智能城市电网。

图 7-13　生态城起步区位置图

主要思路：

1）坚强、灵活、可重构的配电网络拓扑是生态城电网智能化的基础：① 构建坚强的环形配电网络；② 网架要满足分布式电源（DER）的智能集成，包括孤立的安全岛和灵活的微电网。

2）建立规范统一的全覆盖通信信息网，实现高度信息化。组建基于光纤网络的生态城智能电网城市通信网络，实现对分布式发电、输电、变电、配电、用电关键环节运行状况的无盲点的状态监测和控制，实现实时和非实时信息的高度集成、共享与利用。

3）实施智能型配电自动化和调控一体化，实现全局性层面的智能化控制。包括分布式电源、储能装置、微电网、不同特性用户（含电动汽车等移动电力用户）接入和统一监控、配电网自愈控制、输/配电网的协同调度、多能源互补的智能能量管理以及与智能用电系统的互动等。

4）开展双向互动服务，实现电源、电网和用户的良性互动和相互协调，实现资源的优化配置。开展用电信息采集系统建设，构建双向互动的营销体系，全面应用智能电能表、智能用电管理终端等智能化用电设备，推动智能化需求侧管理、智能用电小区/楼宇/家居和电动汽车等领域技术应用等。

5）优化资产的利用，降低投资成本和运行维护成本。注重体系建设，以通信信息平台为支撑，以智能控制为手段，构建贯穿发电、输电、变电、配电、用电和调度全部环节和全电压等级的电网可持续发展体系。做到各环节有效衔接，相互配合，充分体现实现"电力流、信息流、业务流"的高度一体化融合，突出智能电网信息化、自动化和互动化特征。

（3）建设内容。工程遵循"能复制、能实行、能推广"的规划思路，从电力流、信息流、业务流统一融合的角度，按照"6大环节、12个子项"的特点和要求，设计"6个应用系统＋信息交互总线"的总体架构，如图7-14所示。

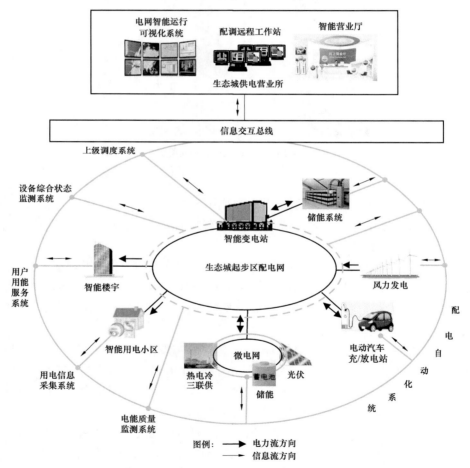

图7-14 生态城智能电网信息流、电力流及应用系统总体架构

6 大环节，包括发电、输电、变电、配电、用电、调度。

12 个子项，包括分布式电源接入、储能系统、智能电网设备综合状态监测系统、智能变电站、配电自动化、电能质量监测和控制、用电信息采集系统、智能用电小区/楼宇、电动汽车充电设施、通信信息网络、电网智能运行可视化平台、智能电力营业厅。

6 个应用系统，包括配电自动化系统（包括 DSCADA，配电网自愈控制，快速仿真与预警分析，分布式电源、储能、微电网接入与监控分析，电动汽车充电站监控分析等功能）；智能电网设备综合状态监测系统；电能质量监测系统；用电信息采集系统；用户用能服务系统；电网智能运行可视化系统。

综合示范工程的构成示意图如图 7-15 所示。

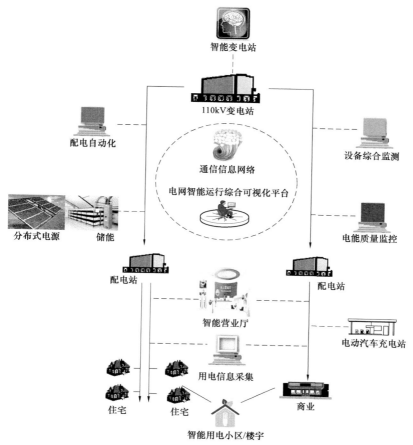

图 7-15　综合示范工程构成示意图

通过应用配电自动化、智能调度、微电网控制等技术实现了清洁能源接入智能电网，可再生能源利用率将达到 20%，为风电、光伏等清洁能源高渗透率接入创造了条件。

通过智能变电站、配电自动化等电网侧技术有效提高了电网的安全性、可靠性。生态城总体供电可靠性达到 99.999%，电压合格率 100%，$N-1$ 通过率 100%，综合电能损耗率降低了 1.18%，为经济社会发展提供了更加安全、可靠和高质量的电力保障。

通过用电信息采集系统、智能小区、营业厅互动化等技术实现了用户与电网之间的双向互动，通过用电策略指导用户合理用电、节约用电，通过电动汽车充电设施推动了电动汽车的应用，进一步降低了终端能源消费的碳排放量，满足了用户差异化用能需求。

2. 上海世博园智能电网综合示范工程

（1）建设背景。上海世界博览会（世博会）于 2010 年 5 月 1 日～10 月 31 日举行，本次世博会的主题是"城市，让生活更美好"，是一场人类文明进步的精彩演绎。作为世博会全球合作伙伴，国家电网公司通过统一坚强智能电网提供安全可靠、清洁高效的电力供应与服务，为 2010 上海世博会提供了更广阔、更赋想象力的展示空间。上海世博园智能电网综合示范工程将向全世界展示统一坚强智能电网的众多研究成果，广泛传播统一坚强智能电网的建设理念，彰显国家电网公司在世界电力科技创新方面的贡献和实力，对进一步推动建设统一坚强智能电网具有重大而深远的意义。

2010 年上海世博会园区用地面积约 6.68km²，分为浦西和浦东会馆区。上海世博会红线范围内共规划建设了蒙自、花园港、都市、群英、荟萃 5 个 110kV 变电站，总变电容量为 48 万 kVA；8 个 35kV 供电用户，包括浦西的南市水厂、最佳实践区和浦东的世博轴、中国馆、主题馆、世博中心、演艺中心、世博村；世博会红线范围内共规划建设了 33 座 10kV 开关站。根据预测负荷，上海世博会红线范围内 10kV 及以下负荷将达到 22 万 kW，平均每座开关站所带负荷约为 6700kW。

示范工程将综合运用信息、通信、控制、管理等领域的先进技术，以上海世博会企业馆建设为核心，按照智能电网"6+1"环节进行研究与试点建设，实现电力流、信息流、业务流的高效协同，初步构建稳定、经济、清洁、安全的现代能源供应体系。通过世博园示范工程建设，推进坚强智能电网各环节关键技术研究，为后续推广建设做好充分的准备。

（2）建设目标与思路。上海世博园区智能电网综合示范工程是一项内涵丰富、涉及面广、体现国家电网公司在智能电网领域的众多研究成果的综合性工程。建设目标是初步建成以信息化、自动化、互动化为特征的智能电网示范工程，向社会各界阐述、宣传、传播"坚强智能电网"理念，同时发挥示范工程试点先行作用，为国家电网公司开展统一坚强智能电网建设积累经验。其总体思路包括：具有电网储能和分布式电源接入的智能发电；具有特高压交、直流线路的智能输电，与国家电网公司企业馆一体化建设的智能变电站；具有自愈功能的跨地区调度及电能质量监测的智能配网；具有智能广域安全稳定预警与控制功能的一体化智能调度；具有与客户信息双向互动式高级计量、智能楼宇、智能家居的智能用电，借助信息平台集中展现智能化应用的可视化展示，以及电动汽车（V2G）等高科技应用展示。世博园智能电网综合示范工程示意图如图 7-16 所示。

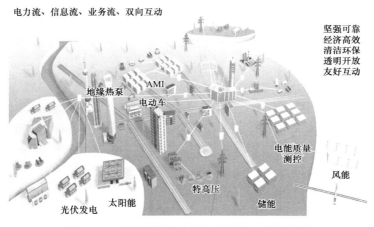

图 7-16　世博园智能电网综合示范工程示意图

（3）建设内容。工程建设内容将分为三类：① 永久工程，包括与国家电网公司企业馆一体化建设的智能变电站，具有自愈功能的跨地区配电自动化和电能质量检测与控制；② 试点工程，包括分布式电源与储能系统接入，钠硫电池为主的储能系统，故障报修管理系统（TCM），具有与客户信息双向互动式高级计量、用电信息采集系统和智能楼宇/智能家居，电动汽车充/放电与入网（V2G）；③ 演示工程，包括以特高压交、直流系统为代表的智能输电，支持"三华"电网一体化运行的智能电网调度技术支持系统，以可视化方式集中展示各方面成果的信息化平台。

1）分布式电源与储能系统接入。对浦东东海大桥海上风电场、崇明前卫村太阳能光伏发电、世博场馆（中国馆、主题馆、演艺中心）太阳能发电，世博中心太阳能发电等新能源接入及控制系统进行改造。开展分布式电源接入试点及关键技术研究，分析其运行规律及综合控制方法，提出分布式电源接入方式和优化控制技术，制定分布式电源接入相关技术标准和功能规范。

开展大容量钠硫电池储能系统集成技术研究；开展大容量钠硫电池储能系统成套化生产工艺研究。结合世博园区场馆高可靠性供电方案，设计建设100kW级钠硫电池柜，经过升压变压器升压至 10kV 后接入蒙自站完成并网。提出基于大容量钠硫电池储能技术的高可靠性供电解决方案；展示100kW钠硫、磷酸铁锂和镍氢电池储能系统的运行状况，并可实现远方/就地控制；控制 1kW 太阳能光伏电池与液流储能电池混合供能系统的运行状态。

2）智能输电展示。在国网企业馆户内布置特高压交流输电立体路径图，等比例特高压直流换流变电站、直流阀厅、交流变压器、交流 GIS 开关设备、铁塔模型（交流或直流）等，通过多面大屏幕显示器展示特高压建设成就。通过四川向家坝—上海±800kV 直流工程和晋东南—南阳—荆门 1000kV 交流工程建设和运行展示特高压交、直流输电技术；利用雷电监测、气象整合、在线监测及线路动态增容等功能展示输电环节的研究成果。

3）智能变电站。建设与国家电网公司企业馆一体化的 110kV 蒙自全地下智能变电站。全面应用数字化变电站技术，实现变电站采集信息数字化，提供实时、可靠、完整的共享信息平台，提升现有设备和功能的技术水平，发展先进自动化功能，提高变电站的技术性和经济性。

4）智能配电。配电自动化工程：在世博园区供电范围全面建设配电自动化，对部分永久开关站及其供电环网实现不依赖配电主站和配电子站的智能分布式馈线自动化功能。

故障抢修管理系统：建立面向世博园区电网及用户的基础故障报修管理系统，支持世博园应急指挥中心进行世博范围的故障报修接入和抢修指挥处理。在现有生产和营销各类信息系统及梳理现有各类抢修流程的基础上，结合世博园区配电自动化系统的实施，为故障抢修信息的透明化和实时化、故障位置的准确定位、抢修资源的最优整合和调度、抢修方案的最合理化等目标的实现提供有效的解决方案，为全面建设 TCM 打下基础。系统具备故障呼叫管理、故障辅助分析、抢修调度和工作管理、评价和优化分析。

电能质量检测与控制：在已建上海电网电能质量监测系统的基础上，建立覆盖世博园区 110kV 和 35kV 变电站的电能质量监测网，对世博园区的稳态和暂态电能质量进行全面的测量、统计分析和治理，实现在应急中心的远程可视化展示。

5）智能用电。用电信息采集系统：采用高级计量、高速通信、高效调控的技术手段，通过双向互动的沟通渠道，实现计量装置的在线运行状态监控、设备参数（时段、费率、电价等）柔性设置、在线电能质量监测和分析、负荷的动态监控和分析、区域电能损耗实时分析、设备动态轮换、计量故障差错快速响应、计量装置在线检定、公用事业计量集成、智能家居管理、分布式能源计量、合同能源管理等高级应用。确保计量准确可靠，满足客户用电管理优化的需要，保证供用电双方有效地平衡调控和优化使用电力能源，为用户提供智能化的高级计量服务，从而实现实时、高效、可靠的互动型新型供用电关系。

智能楼宇/智能家居：国家电网公司企业馆开展了智能楼宇建设；仁恒滨江会所开展了智能家居建设。分别结合中国馆等太阳能接入项目和国家电网公司企业馆的双向储能技术、电动车及充电站项目，开展智能电网双向计量互动等方面的应用。通过用户智能交互终端，提供用户互动信息，指导用户合理用电，实现家居的智能能效管理；开展基于 PLC 四线合一的通信试点建设。实现智能楼宇/智能家居和电网之间信息流、能量流、业务流的双向互动，展现智能电网的互动能力，体现智能电网在节能减排、指导用户科学合理用电等方面的作用。

电动汽车充/放电与入网（V2G）：在世博园区示范充电站建设电动汽车与智能电网互动的 V2G 系统。以 V2G 技术实现车辆与电网之间能量的双向、可控流动，根据电网运行情况和控制指令实现动态响应，展示电动汽车作为未来分布式移动储能的巨大前景。

6）智能调度。建设了智能电网调度技术支持系统演示系统，展示智能电网调度技术支持系统研发与建设成就。侧重于支撑平台、实时监控与预警类应用的展示，重点体现系统一体化支撑能力、预警和辅助决策能力。通过"三华"（华北、华东、华中）电网一体化监视功能，展示国家电网主网架实时负荷数据、特高压实时负荷数据、可再生能源接入数据。

7）信息化平台与可视化展示。围绕构建智能电网通信平台、信息系统集成以及可视化展现三方面，实现信息采集的全面化、业务处理的自动化、电网运营的可视化、管理控制的一体化、综合展现的互动化、决策支持的智能化。全面展示国家电网公司"SG186"和综合通信模式，世博园地区多维地理信息系统展示。

（五）农网智能化典型案例

随着浙江某区年用电量、供电线路、供电用户的增加，以及非线性负荷日益增多，谐波、三相不平衡等现象日益严重，该区的配电网络变得越来越复杂，造成了供用电管理难度加大，人员短缺等问题突出。另外，用户对电能质量和优质服务提出了更高的要求，必须依靠技术创新与管理模式创新，逐步提高用电的互动能力和增值服务水平，满足农村用户多元化需求。试点工程结合浙江农网建设现状及农网智能化发展需求，同时开展农网智能化建设及关键技术应用研究，为我国东部发达地区智能配电网建设提供技术及实践依据。

1. 总体框架

浙江某地农网智能化试点工程总体建设方案框架如图 7-17 所示。

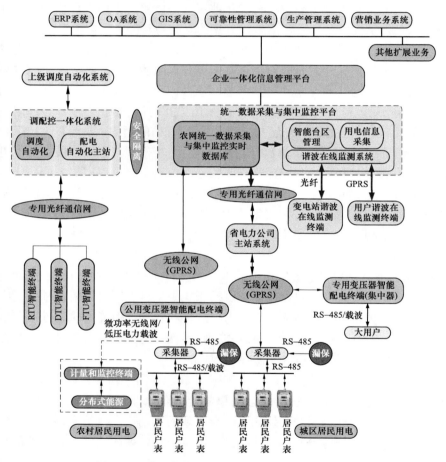

图 7-17　农网智能化试点工程总体建设方案框架

（1）整体技术框架。浙江某地农网智能化试点工程整体技术框架主要由生产控制区和管理应用区组成，生产控制区包括调度自动化、配电自动化等运行监控系统；管理应用区主要包括用电信息采集、智能配电台区、统一数据采集与集中监控平台、企业一体化信息管理平台和其他业务应用系统。基于上述各项支撑技术，构建农电业务综合监控与管理中心，实现农网生产与管理的信息化、自动化、互动化。同时基于多种方式、性能先进的通信体系，实现电力流、信息流、业务流的高度一体化融合，创新管理模式，实现农网营配调管理模式优化目标。

（2）信息共享与交换机制。生产和管理应用系统之间采用标准接口、中间库或标准规约方式实现信息交互，实现跨部门、跨系统、跨安全区的工作流程及信息共享，横向集成各类业务应用系统，构成综合数据库，实现资源共享、应用集成、统一管理等功能；基于实时数据库技术，遵循 IEC 61970 CIM/CIS 的公共信息交换机制，进行各模块之间数据交换共享，并在统一数据采集与集中监控平台上实现数据的综合分析和展示。采用物理安全隔离设备，解决不同生产大区之间信息安全防护问题。

（3）通信系统搭建方式。通信系统建设综合考虑智能配电台区、配电自动化、用电信息采集等系统的多种应用需求，因地制宜，统一规划设计。配网自动化统一采用 EPON 光纤通信方式；配电台区和用电信息系统结合浙江省电力公司统一规划，采用了多种通信技术，包括无线公网、微功率无线网络、电力线载波，城区部分采用无线公网通信方式，农村采用无线公网、微功率无线网络和低压电力线载波等多种通信方式。

2. 技术解决方案

（1）用户用电信息采集。试点地区拥有 50 多万低压电力用户，试点前仅有 2 万户安装载波集抄装置，但未实现自动化抄表，仍需人工干预，其余低压用户全部使用人工抄表机抄表，不仅效率低下，费时费力，而且易出错，不能与现有信息系统实现数据共享，不适应电力企业信息快速化发展。电费的收取仍未实现预付费收费方式，大部分抄核工作是抄表机抄表和人工抄表，还没有与营销管理系统的信息全部实现自动化共享。不能实现台区实际电能损耗的计算、考核和管理。更不能实现计量异常和电能质量监测、用电分析和管理、电网信息发布、智能用电设备的信息交互等功能。

根据 Q/GDW 373—2009《电力用户用电信息采集系统功能规范》，结合地区实际情况，用户信息采集系统试点建设模式分为城区和农村两大类，主站与智能采集终端的通信方式为无线公网（GPRS）模式。根据户表与台区通信方式、缴费方式、互动内容不同分为城区用户和农村用户两类。

城区低压用户用电信息采集系统建设模式如图 7–18 所示。

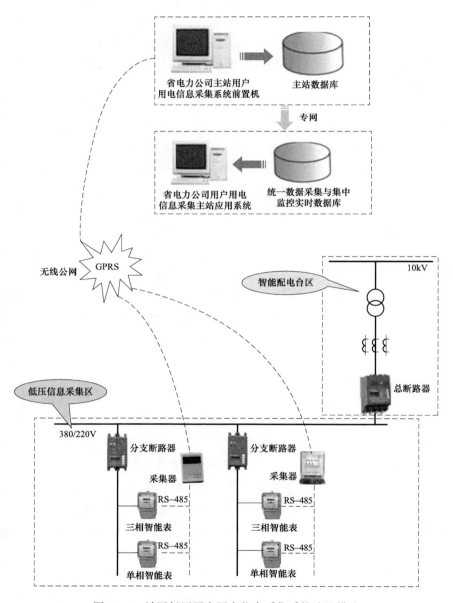

图 7–18　城区低压用户用电信息采集系统建设模式

农村用户用电信息采集系统建设模式如图 7-19 所示。

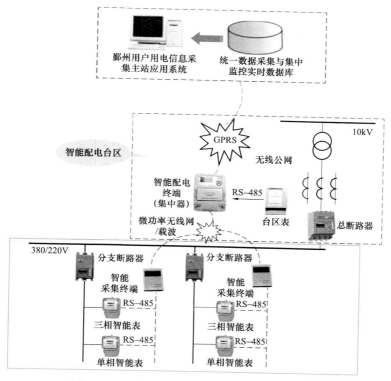

图 7-19　农村用户用电信息采集系统建设模式

（2）智能配电台区。浙江某配电台区的相关设备配置智能化水平较低、功能单一，并且仅实现了配电和计量的简单功能，这种状况已不能适应农网智能化建设的需要，亟需采用统一规范的标准对配电台区进行改造建设。试点选取城区和农村 254 座配电台区进行智能配电台区建设,其中城区配电台区 165 座,农村配电台区 89 座。试点台区负荷类型涵盖城镇居民生活、工商业、农村照明、农业灌溉等。

试点地区的智能配电台区分别按照简洁型（Ⅰ型、Ⅱ型、Ⅲ型）和标准型（Ⅰ型、Ⅱ型、Ⅲ型）智能台区标准进行建设。智能配电台区建设模式如图 7-20 所示。

智能配电台区具备计量管理、负荷管理、无功补偿控制、三相不平衡治理、用电信息管理和互动化管理等高级应用功能以及配电台区状态监测、保护和通信功能。智能配电变压器终端留有硬件接口，可以进行智能配电台区功能扩展。

智能配电台区与省电力公司主站的通信采用无线公网（GPRS）通信方式，省电力公司主站经专网将台区数据转发至该区局统一数据采集与集中监控平台。

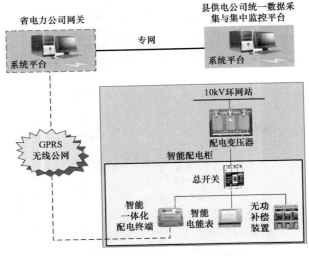

图 7-20　智能配电台区建设模式

（3）配电自动化。配电自动化试点工程按照相关技术标准，对试点范围内的 16 条 10kV 线路、38 座环网站和 12 台柱上断路器进行配电自动化改造建设。配电自动化对象主要是试点范围内的环网站所有断路器，采用"主站+网络型配电终端"的两层结构，采用 EPON 光纤通信，建设集中型馈线自动化，实现配网监控分析（SCADA）、负荷转供、馈线自动化（FA）等功能。

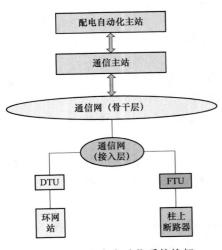

图 7-21　配电自动化系统构架

试点地区配电自动化系统建设采用"主站+网络型配电终端"的两层结构，配电自动化系统构架图如图 7-21 所示。

配电自动化系统由主站、通信、终端设备构成。主站为分布式体系结构，由若干台服务器、工作站及配套设备构成，遵循 CIM 标准建立统一的电网模型，实现配网 SCADA、电网分析、FA、集控、管理功能。通信采用 EPON 光纤通信方式，联通主站与配电终端。为满足数据交互的二次安全防护要求，生产管理位于Ⅲ区，通过正、反向物理隔离和Ⅰ区进行数据交互（见图 7-22）；配电自动化系统主要由柱上断路器、环网站断路器、配电终端、通信网络及后台监控软件等组成。当线路发生故障时，能自动进行故障识别、故障隔离和恢复供电及网络重构等功能；新建配电自动化系统与统一数据采集与集中监控平台之间通过双向安全隔离装置实现数据交互。

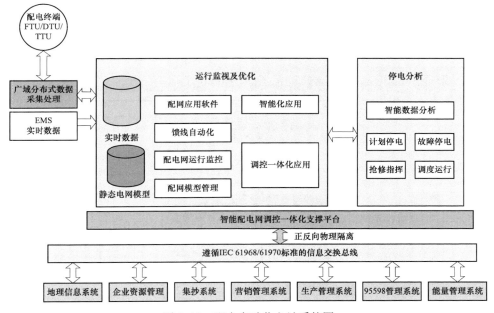

图 7-22　配电自动化主站系统图

配电自动化采用 EPON 光纤通信，充分利用现有该区电力通信资源，构建了一套配网通信系统，以变电站或供电所为汇聚点，根据环网站的地理分布形态，结合 10kV 电力线出线的电气接线结构，各环网站串接成链状两点接入变电站或供电所，覆盖了变电站至 10kV 环网站或柱上开关。配网通信系统具有组网灵活、抗多点失效能力强、运行可靠性高等特点，适合配电自动化系统的通信应用。

（4）农网营销配电调度（简称营配调）管理模式优化。试点工程在完成智能配电台区、配电自动化、用电信息采集等前端系统建设任务的同时，同步开展农网营配调管理模式优化有关工作。主要是通过建立统一数据采集与集中监控平台，实现监控一体化和管理一体化，将调度自动化系统、配电自动化系统、智能台区监控系统、用电信息采集系统等实时系统的资源整合和数据集中处理。实施企业信息资源整合，建立企业一体化信息管理平台，平台与实时系统数据和安全生产、营销系统、地理信息、绩效管理等管理信息系统进行网络互联，进行深度全面的信息集成，解决信息孤岛现象，实现信息流的交互，共同集成为一个适应电网现代化管理要求的综合信息系统，以实现农电业务的集中监控、安全管理、高效运行的目标。

1）统一数据采集与集中监控平台建设。营配调管理模式优化系统架构同图 7–23 所示。统一采集与集中监控平台与企业一体化信息管理平台间的数据交换模式如图 7–23 所示。

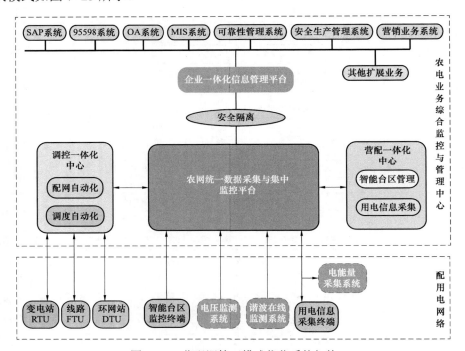

图 7–23　营配调管理模式优化系统架构

统一数据采集与集中监控平台由前置机、实时数据库服务器、网络设备及数据接口构成。利用供电局至供电所光纤网络构建分布式数据服务体系。统一数据采集与集中监控平台在生产大区网络安装实时/历史数据库服务器，在管理大区网络安装实时/历史数据库镜像服务器，实现各终端用户等应用系统进行数据访问、分析等功能。

通过建立统一数据采集和集中监控平台，将已有和新建实时/准实时监测系统的数据用统一的平台进行采集、存储，覆盖县级调度自动化、配电自动化、智能配电台区监控、用电信息采集等系统，形成实时数据综合数据库。综合实现调度、配网自动化监控管理、配电设备监控和用电信息管理功能。

2）企业一体化信息管理平台。企业一体化平台以计算机网络为依托，借助光纤、载波、GPRS、微功率无线等多种通信方式，采用纵向贯通、横向集成的思路，整合该区供电局内部的信息资源孤岛。目标是针对该区供电局的企业应用，向上服务上级系统应用，向下整合农电各业务应用。其总体架构如图 7-24 所示。

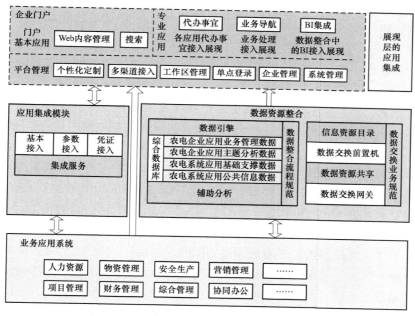

图 7-24　企业一体化信息管理平台总体架构

试点地区的各种业务应用系统的数据通过一体化信息管理平台建立县级企业综合数据库，可将上级部门需要的数据递到地市公司、网省公司，供农电归口管理及相关专业管理部门使用。能够方便快捷地查询分析本企业的生产、经营、服务及日常管理等环节的各种明细及统计数据，并可通过平台的辅助决策功能模块对这些数据进行分析，为指导日常工作和管理决策提供科学依据。通过与省公司企业门户的合作建设，将企业一体化平台纳入浙江省公司企业门户，实现应用系统的统一入口和内容、应用整合展现，进行单点登录和安全集成等功能。在技术层面上实现农电业务综合监控与管理中心构架，结合管理组织机构优化调整，创新管理模式，实现营配调管理模式优化目标。

3. 运行效果

浙江某地的农网智能化试点工程，在配电自动化、智能配电台区、用电信息采集系统等项目建设中应用了大量的先进技术和设备，达到了试点工程的安全性、可靠性、先进性、互动性的建设要求。通过数据统一采集与集中监控平台和企业一体化信息管理平台建设，提供了企业数据综合集成、共享应用的解决方案，解决了信息孤岛和业务数据源不唯一的问题，为生产、经营管理决策提供了有效支撑，为创新管理模式创造了条件。项目充分结合了东部发达地区农村的典型特点，针对区域不同特点采用不同的建设方案，形成了农网智能化两种典型建设模式。

（1）通过在试点区域推广应用农网"四新"（新技术、新材料、新设备、新工艺）成果，提高了变配电装备的智能化水平。应用了智能配电变压器终端、智能配电箱、调容调压变压器、非晶合金变压器等新技术、新设备。用电信息采集系统采用了智能电能表、低压电力载波以及微功率无线（WSN）采集设备。

（2）在试点区域建成了多种通信方式有机互补的配电网坚强通信网络。应用电力线载波、微功率无线、无线公网、光纤等多种通信方式，组建了配电网坚强可靠的通信网络，实现了各种通信方式的有机融合。配电自动化 EPON 通信系统采用"手拉手"类环形组网结构，将 PON 技术的优势和配电系统稳定安全性的要求有机结合。

（3）在试点区域建成了集调度、配网功能于一体的调配控一体化监控系统。调配控一体化系统实现了对电网调度、配网设备运行集控功能实施集约融合、统一管理，促进了调配控一体化运作，完善了相应的工作制度、业务流程、标准体系和技术手段，实现了调度系统、配网系统主配网合一的建设模式，提高了工作效率，增加了运行的灵活性。

（4）建设完成了农网统一数据采集与集中监控平台和企业一体化信息管理平台，采用柔性接入技术和多种技术手段，全面整合了中低压配电网的信息资源，实现了中低压配电线路/台区/用户运行数据的一体化采集与集中监控、营配一体化分析与管理和企业级业务集成与主题分析等功能，消除了信息孤岛，保证了数据的唯一性和准确性，提高了配用电集成控制能力与运行管理水平，为实现数据综合集成、共享应用提供了有效途径，为企业生产、经营管理决策提供有效支撑。

（5）供电局成立了调控中心、营配监管中心，开展了农网优化管理创新。按照营配一体化、调配控一体化和信息管理一体化的思路，进行业务机构和人力资源优化配置，整合了调控中心，对现有电网调度和设备运行集控功能实施集约融合、统一管理，促进各级调度一体化运作；成立了营配监管中心，负责两个平台的监管和运维工作，实现营销服务和配网管理之间的信息共享，保证营配横向业务协同作业。

（6）基于农网智能化试点工程建设与实践，形成了一套满足东部沿海发达地区建设需求的农网智能化典型建设模式。配电自动化采用"主站+网络型配电终端"两层结构，实现集中型馈线自动化典型建设模式，并与调度自动化系统进行有机融合，实现调控一体化。根据不同负荷特征与需求，建设简洁型、标准型两类智能配电台区，实现配电台区配置标准化、结构规范化和功能智能化。采用 GPRS、载波、微功率无线等通信方式，建成了城区和农村两类用户用电信息采集建设模式，同时按照省公司用户用电信息采集系统的建设要求，采用了统一的通信规约。

（7）在农网智能化试点工程建设中推行多渠道自助缴费方式，开展新能源接入试点应用。全面推行一卡通代扣缴费、金融机构特约委托代扣缴费、网上银行缴费、支付宝网上缴费、充值卡缴费、自助缴费终端缴费等 10 余种缴费方式，提高了企业服务质量和水平。开展了小型风光互补发电、垃圾发电等应用试点，对农村智能用电服务和新能源利用进行了有益的尝试。

二、微电网典型案例

美国、欧盟、日本等发达国家将微电网的技术从理论层面提升到应用层面，取得了大量实用性技术成果并在实际工程中应用。目前，我国的微电网技术在理论层面和实用技术研究方面存在一定的差距。随着各类新能源和可再生能源的快速发展，微电网的电源将越来越趋于复杂。同时，可再生能源发电及分散性小电源的大量引入，将形成交流、直流、交/直流混合系统等多样化的微电网网络拓扑结构。根据新时期负荷的特定要求，未来微电网还要能满足负荷个性化的能源需求。随着微电网的发展，信息处理能力不断增强，微电网的容量和规模有逐渐增大的趋势，并与智能化的大电网日益相融。微电网未来的市场化发展，也是一个不可忽视的重要趋势。

（一）西部某农村微电网示范工程

西部某农村地处草原深处，远离主网电源点，是我国中西部无电地区的典型代表，为保证长距离输电末端电能质量和工程技术经济性，经充分论证，确定建设 35kV 配电化示范工程，实现 35kV 高压电网延伸至负荷中心，分布式电源/微电网与主供电网并网运行，实施电力光纤到户工程，共享通信资源，实现电话、互联网和有线电视多业务信息同步服务。

西部某农村分布式发电/储能及微电网接入控制示范工程，根据农村的用电特性，结合当地风光可再生能源分布情况，考虑分布式电源/微电网并网运行控制关键技术研究的需求，从配电网、分布式电源和微电网三部分进行电气结构设计，构建设计了灵活的电气网络拓扑结构，其系统接线图如图7-25所示。

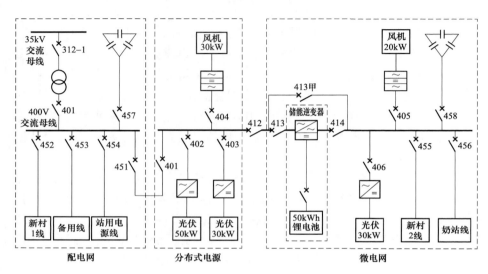

图7-25　分布式发电/储能及微电网接入控制示范工程系统接线图

具体配置如下：

（1）35kV/400V 箱式变压器。包括四路馈线，其中一路负荷（76 户民用负荷）、一路备用、一路站用线、一路分布式电源/微电网系统。

（2）分布式电源。储能逆变器左侧部分为分布式电源系统，由 30kW 风机、50kW 光伏、30kW 光伏组成。

（3）微电网系统。储能逆变器及其右侧部分为微电网系统，由 50kWh 储能、20kW 风机、30kW 光伏、负荷（24 户民用负荷、1 个奶站负荷、站用直流）及无功补偿装置组成。

工程设计过程中，合理配置分布式电源与储能，提出了分布式电源/微电网的科学分组方法，优化了系统架构设计，构建了灵活的电气拓扑结构，降低了投资成本，探索了经济适用的典型建设模式。

工程建设过程中，考虑各种分布式电源和储能系统、多种能源流动并满足用户需求的微电网电源多元能量优化管理策略；实现了融合能量管理和需求侧管理的微电网管理策略；构建了灵活、智能、实时的微电网管理系统，构建了含微电网配电系统的综合能量管理支持平台。

工程试运行过程中，提供的微电网系统软/硬件，包括各种分布式储能装置经过严格检测均满足要求，具备设备层、控制器层、主站层的三级故障防反送电功能，合理配置了双向潮流保护/欠电压脱扣保护装置，并在控制器与主站分别配置了保护控制策略，最大限度地降低配电网和作业人员的安全风险。

（二）东部某城市光储互补微电网示范工程

东部某城市光储互补微电网示范工程利用可再生清洁能源太阳能来进行发电，并运用储能装置和控制保护装置实时调节以平滑系统的功率波动，维持网络内部的发电和负荷平衡，保证电压和频率的稳定，能够有效克服分布式电源随机性和间歇性的缺点，解决可再生清洁能源的利用和分布式电源的大规模接入问题，同时也为智能配电网中微电网的建设及接入提供理论、技术及实践依据。

在微电网中央运行监控平台和能量管理系统，可实现微电网在不同运行模式下的安全稳定运行，并保证微电网各项电能质量指标均满足相关国家标准；同时，建设光储互补微电网试点工程，整合一期 B 区商务楼 60kW 屋顶光伏和小区庭园灯、草坪灯和地下停车场等部分公共照明负荷，配套建设 50kWh 储能系统，构成智能小区低压微电网。在充分利用分布式可再生能源的同时，保障小区内部供电可靠性和电能质量满足国家标准，可实现并网/孤网运行模式的无缝切换。

东部某城市光储互补微电网示范工程主要包含光伏分布式发电系统、储能系统、微电网中央运行监控平台、能量管理系统等。集成了自动化、信息化、互动化等多种新技术，综合了计算机技术、综合布线技术、通信技术、控制技术、测量技术等多学科技术领域，是一种跨技术领域、多系统协调集成的综合应用，实现小区的智能化用电服务。

该示范工程包含了由小区配电室低压母线至户内用电末端的供电结构，利用太阳能可再生能源发电，采用智能优化配置与管理，提高供电可靠性和能源利用效率，应用先进的通信技术为电力客户提供智能化、多样化、互动化的用电服务，体现出智能电网对于提高供电可靠性和能源利用效率所提供的技术支持，倡导节能、环保、低碳的生产生活模式。

整体建设方案：五缘湾微电网由光伏发电系统、储能系统、测控保护系统、主控系统四部分组成，在原有 60kW 光伏发电基础上，配置储能及控制系统，实现微电网并离网模式下系统的安全稳定运行，提高了突发情况下的应对能力，提高了系统的供电可靠性。其系统结构示意图如图 7-26 所示。

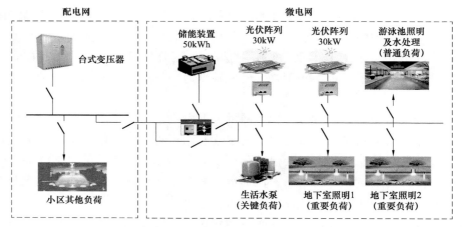

图 7-26　东部某城市光储互补微电网示范工程系统结构示意图

（三）海岛微电网示范工程

由于与陆地隔离，海岛的开发深受电力、饮用水紧缺和交通困难的制约。已建的海岛电力系统往往采用柴油发电机作为主电源，柴油的供应增加了交通运输的费用和压力，而且在重视旅游业的海岛地区，柴油发电机会产生大量的污染和噪声，严重破坏了海岛脆弱的生态环境。此外，使用单一柴油发电机的系统供电可靠性较低，经常出现供电短时甚至较长时间的中断，给当地居民生产、生活造成极大的不便。

海岛地区虽电力紧缺，但风能、太阳能、海洋能等可再生能源十分丰富，有效开发可再生能源以解决岛上电力不足，对海岛可持续发展具有明显的实际意义。近年来，分布式可再生能源发电技术发展迅速，在这种背景下，使用可再生能源加柴油发电机的海岛独立型微电网模式应运而生。但由于风光资源的间歇性及波动性，仅包含可再生能源和柴油发电机的系统的可再生能源渗透率非常低，其实质仍然是以柴油发电机为主的供电模式。因此，海岛独立型微电网通常需要配置储能系统来调节发电与负荷之间的平衡，从而最大化地利用可再生能源，减少柴油发电机运行时间，提高供电可靠性，减少柴油使用量与环境污染。

目前，很多单位致力于海岛微电网的研究与示范工程建设，多个海岛风光柴油储能微电网工程已稳定运行一年以上，可再生能源发电比例已达到50%以上，储能系统的运行达到设计要求。海岛微电网未来的主要研究内容和技术难点包括：

（1）研究并网型微电网的优化设计与运行优化参数配置，力争海岛微网工程做到全寿命周期的最优化。

（2）研究微电网内功率型与能量型储能系统互补优化控制技术，并研制混合储能用变流器。

（3）开发集分布式电源/储能/负荷协调控制、保护及电能质量监控于一体的中央运行监控系统；研究微电网优化运行技术，并开发微电网能量管理系统。

（4）研究微电网无缝切换技术，并研制快速解并列设备。

（5）风力发电机组控制系统改造。

第三节 智能配用电技术发展展望

一、直流配电
（一）直流配电功能和优越性
1. 直流配电的功能

直流配电是直流供电系统的枢纽，它将整流输出的直流和蓄电池组输出直流汇接成不间断的直流输出母线，再分接为各种容量的负载供电支路，串入相应熔断器或负荷开关后向负荷供电。直流配电一次电路如图 7–27 所示。

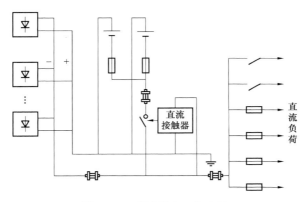

图 7–27 直流配电一次电路

直流配电作用和功能的实现一般需要专用的直流配电屏（或配电单元）完成。直流配电屏除了需要完成图 7–27 所示的一次电路的直流汇接和分配作用以外，还具有以下一些功能：

（1）测量。测量系统输出总电压，系统总电流；各负荷回路用电电流；整流器输出电压电流；各蓄电池组充（放）电电压、电流等，并能将测量所得的值通过一定的方式显示。

（2）告警。提供系统输出电压过高、过低告警；整流器输出电压过高、过低告警；蓄电池组充（放）电电压过高、过低告警；负荷回路熔断器熔断告警等。

（3）保护。在整流器的输出线路上，各蓄电池组的输出线路上，以及各负荷输出回路上都接有相应的熔断器短路保护装置。此外，各蓄电池组线路上还接有低压脱离保护装置等。

2. 直流配电的优越性

与交流相比，直流配电的优越性主要有：

（1）输电线路的电感对直流电流无阻碍作用，直流配电可提高电能传送能力。

（2）直流配电电压要高于交流配电电压，这使得电能传输距离以及电能质量得到了保证。目前，鉴于国内尚无成熟的中低压直流配电运行经验，缺乏相关的统计数据。据国外相关研究资料及统计数据显示，在输送功率和输送距离方面，直流配电系统比传统的 20/0.4kV 交流系统均具有较大的优越性。以截面积为 120mm^2 的电缆线路为例，采用不同拓扑结构的直流配电系统供电与采用传统的 20/0.4kV 交流系统供电时电力输送功率、输送距离的对比结果见表 7–5 和图 7–28 所示。

（3）可以直接给用户的数字设备提供电源。

表 7–5　交流系统与直流配电系统电力输送功率、输送距离对比
（以交流系统数据为基准）

配电系统类型	传统的 400V 交流系统	单极 900V 直流系统	双极±750V 直流系统
输送功率倍数	1.0	2.6	2.2
输送距离倍数	1.0	5.1	7.0

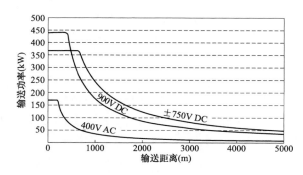

图 7–28　交流系统与直流配电系统电力输送功率、输送距离变化趋势图
（以 120mm^2 电缆线路为例）

（4）不需要交流/直流（AC/DC）换流器就能将分布式发电系统与主网并网连接。

（5）减少了单个用户的扰动扩散到其他用户的机会，增加了服务的可靠性。

（6）利用分布式发电和储能技术就能使各个用户的设备独立运行。

（7）由于没有交流感应，直流电缆可像煤气和水管一样放置在同一管道中。

（8）直流电缆价格低于相同功率的交流电缆价格，因为直流电缆对电力绝缘要求低，电阻损耗小且无介质损耗。

（9）直流只需要 2 根导线，如果换流器是双极方式，在单线故障时，另一线路可通过大地做回路运行。

（二）直流配电系统的网络结构

1. 直流连接型

这种结构的显著特点就是，两个交流系统依靠一条直流线路相连，用户与交流系统相连，多个中低压用户均从一个直流/交流变流器上获取交流供电电源。直流连接型中压直流配电系统网络接线示意图如图 7-29 所示，它类似交流输电网络。

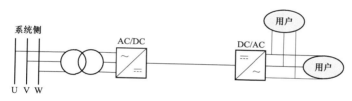

图 7-29　直流连接型中压直流配电系统网络接线示意图

2. 辐射型

这种结构类似于交流多分支线拓扑结构，用户不直接与直流系统相连，每一个用户仅对应一个直流/交流变流器，用户仍从变流器上获取交流供电电源。辐射型中压直流配电系统网络接线示意图如图 7-30 所示。

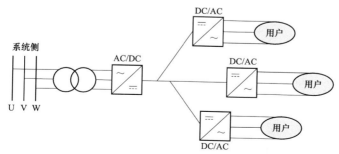

图 7-30　辐射型中压直流配电系统网络接线示意图

3. 直馈型

这种结构的显著特点是用户直接与直流系统相连,并直接从交流/直流变流器上获取直流供电电源。

这种型式需要用户侧的用电设备均为直流供电设备。直馈型中压直流配电系统网络接线示意图如图 7-31 所示。

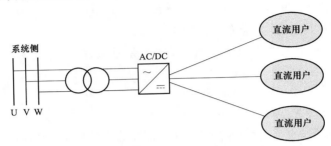

图 7-31　直馈型中压直流配电系统网络接线示意图

4. 多端型

多端型结构下,一个用户仅对应一个直流/交流变流器,可从多个电源点获得电源。多端型中压直流配电系统网络接线示意图如图 7-32 所示。

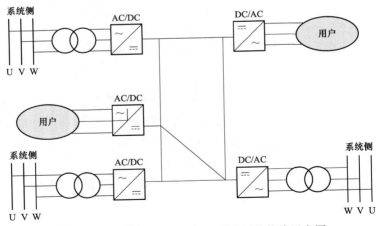

图 7-32　多端型中压直流配电系统网络接线示意图

5. 混合型

这种结构的显著特点是用户可分别通过直流/交流变换器和斩波器从系统获得交流电源和直流电源,同时满足不同类型负荷的需求。混合型中压直流配电系统网络接线示意图如图 7-33 所示。

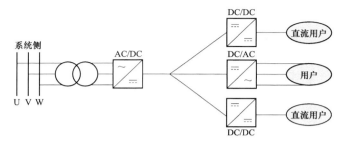

图 7-33　混合型中压直流配电系统网络接线示意图

二、能源互联网

（一）概念

关于未来能源网络的发展问题，专业研究人员早已进行相关研究，但将能源互联网作为一个正式的未来能源发展模式和解决方案，并引起广泛关注，是在《第三次工业革命》一书出版之后。该书作者杰里米·里夫金是美国著名经济学家、未来学家、政治顾问、经济趋势基金会创始人和总裁。他认为"在即将到来的时代，我们将需要创建一个能源互联网，让亿万人能够在自己的家中、办公室和工厂里生产绿色可再生能源。多余的能源则可以与他人分享，就像我们现在在网络上分享信息一样"，并在书中指出，"第三次工业革命"的标志是互联网和可再生能源的结合而形成的新能源互联网。

有研究认为，将来的能源会像现在的社交网络一样，可以互相分享，人人都是能源生产者，人人也都是能源消费者。现在的电网还是呈现集中式的分布、单向传输，而互联网则是多向的、交互的，是分散的结构和拓扑。未来能源会变成分布式，就像互联网一样。通过信息技术把各种能源集中起来，用不同的形式存储并分布出去。每一个建筑都是智能住宅，都可以吸收能量、消耗能量、分布和存储能量。

总体来说，能源互联网就是在现有能源供给系统基础上，通过新能源技术与互联网技术深入融合，将大量分布式能量采集装置和分布式能量储存装置互联起来，通过智能化管理，实现能量和信息双向流动的能源对等交换和共享网络。

（二）特征

能源互联网，目前并没有一个标准的定义。但研究者对其满足未来发展要求的特征却意见相同。能源互联网具有五大特征：

1. 分布式

由于可再生能源的分散特性，为了最大效率的收集和使用可再生能源，需要建立就地收集、存储和使用能源的网络，这些能源网络单个规模小，分布范围广，每个微型能源网络构成能源互联网的一个节点。

2. 联起来

大范围分布式的微型能源网络并不能全部保证自给自足，需要联起来进行能量交换才能平衡能量的供给与需求。能源互联网关注将分布式发电装置、储能装置和负荷组成的微型能源网络互联起来，而传统电网更关注如何将这些要素"接进来"。

3. 开放性

能源互联网应该是一个对等、扁平和能量双向流动的能源共享网络，发电装置、储能装置和负荷能够即插即用，只要符合互操作标准，这种接入是自主的，从能量交换角度看，没有一个网络节点比其他节点更重要。

4. 融进去

能源互联网的基础设施建设不能完全摒弃已有的传统电网，特别是传统电网中已有的骨干网络投资大，在能源互联网的结构中应该考虑对传统电网的基础网络设施进行改造，并将微型能源网络融入改造后的大电网中，形成新型的大范围分布式能源共享互联网络。

（三）系统功能构成

能源互联网系统功能构成主要包括智能能量管理系统（Intelligent Energy Management System，IEMS）、分布式可再生能源装置、储能装置、能源输变路由装置和智能终端五大功能结构。

1. 智能能量管理系统

智能能量管理系统可以基于本地信息对能源网中的事件做出快速独立的响应。当网内发生故障时，能源互联网的各分布子系统可以自动实现孤岛运行与并网运行之间的平滑切换。智能能量管理系统的控制功能可以监视系统各功能模块，实现实时、高速、双向的能源供需数据读取，显示故障位置、装置运行状态等信息，接收运行人员指令进行调控；可以为分布式可再生能源发生装置、用能装置和储能装置提供接入管理，并可实现实时实地的即插即用。

2. 分布式可再生能源装置

除了传统能源发生装置外，分布式可再生能源装置是能源互联网的重要能源供应部分。目前的分布式可再生能源发电主要包括风力发电、水力发电、太阳能发电、生物质能发电、潮汐发电等多种方式，其中水力发电、生物质能发电属于比较成熟的技术，而风力发电、光伏发电、太阳热发电、地热及潮汐发电等都属于新兴的发电技术，当前研究的热点方向主要是风力发电和光伏发电。

3. 储能装置

储能装置是能源互联网系统中的重要组成部分，在以下三方面发挥重要作用：① 储能装置对于能源正常有效的持续供应起到保障作用。在部分供能装置不能正常工作时，储能装置能够起到过渡作用，持续向用户稳定供应能源。② 储能装置能够改善能源质量，维持系统稳定。③ 储能装置能源合理调度的必要支持部分，根据需求提供调峰和紧急功率支持等服务。

到目前为止，已经开发了多种形式的储能方式，主要分为化学储能、物理储能。化学储能主要有蓄电池储能和电容器储能，物理储能方式主要有飞轮储能、抽水蓄能、超导储能和压缩空气储能。在电力系统中应用较多的储能方式还有超级电容器储能、压缩空气储能等。在《第三次工业革命》一书中，氢能储能被描述为未来的重要储能方式。

4. 能源输变路由装置

能源输变路由装置是智能管理系统的具体实施装置，在实际应用中智能管理系统的调控指令，包括能源的高效传输装置、低损耗转换装置、高度能源自由路由装置等。通过这些装置实现能源远距离、高功率、低消耗的传输和调配，完成不同地区上传能源的全网优化分配，实现不同地区用能需求的全网调配。优化的能源路由方式与低功耗能量传输装置的结合是实现能源互联互通，共享能源生产与分配的核心环节。目前，研究中的电力电子变压器、超导传输方式等均属于此类装置。

5. 智能终端

智能终端能够实现客户、客户用能设备、智能家居设备的信息交互，满足高效需求侧管理的要求。智能终端连接形成的智能用能网络能够对信息加以整合分析，合理配置能源资源，能够实现市场需求响应迅速、计量公正准确、数据实时采集、多途径收缴费用等功能。

从功能上，智能终端可以分为用电信息采集终端、智能交互终端、智能家居交互终端、能源接入终端以及汽车充放电智能终端五大类。

（四）技术体系

能源互联网具体功能的实现需要相应的技术支撑。能源互联网支撑技术体系可以分为系统规划技术体系、能源技术体系、信息通信技术体系、管理与调度技术体系和安全防护技术体系五个子技术体系。每个技术体系衍生分支出不同门类的技术升级创新要求。五大技术体系关系如图 7-34 所示。

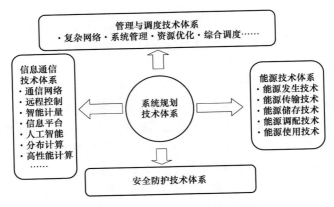

图 7-34　五个子技术体系关系图

1. 系统规划技术体系

能源互联网是由多个复杂系统组成的复杂体系，需要用系统和体系的思想进行顶层谋划。因此，综合与规划技术体系是能源互联网的核心，主要包括体系架构设计、方法学与接口设计、发展规划设计、相关协议标准等。

2. 能源技术体系

主要包括从能源发生到传输、储存、调配、使用等关键环节的支撑技术。其中能源发生技术中以分布式可再生能源为主，辅以清洁高效的传统能源技术，探索未来新兴能源技术。降低传输损耗、延长传输距离是保障能源互联网未来运行稳定的关键传输技术。能源储存技术为能源稳定供应提供保障。能源调配技术是实现能源互联的核心环节，实现能源高效合理地自由流动。能源使用技术则将实现用能信息收集、分析、反馈与预判断，对稳定能源传输提供必要的信息支持。

3. 信息通信技术体系

在能源互联网中，信息通信技术充当中枢神经系统，对社会用能进行监管、协调和处理，是能源合理调配的前提和实现保障。信息通信技术体系主要包括通信网络、远程控制、智能计量、信息平台、人工智能、分布计算，以及高性能计算等相关技术。

4. 管理与调度技术体系

主要对能源互联网复杂网络进行系统管理、资源优化与综合调度。管理的目标主要包括能源利用率管理、需求响应管理、费用效用价格管理以及排放管理等。管理的方法与工具包括优化方法、机器学习、博弈论、拍卖等。

5. 安全防护技术体系

从网络性质看，有能源网络的安全防护和信息网络的安全防护；从攻击或故障性质看，有针对蓄意攻击（网络黑客、恐怖分子等）的安全防护和非蓄意攻击（自然灾害、设备自然故障、用户操作故障等）的安全防护；从安全防护问题本身的内容看，可以分为网络攻防、故障诊断、自保护、可靠性、安全性等技术。

三、大数据

1. 概述

2011 年 5 月，麦肯锡公司发布了关于大数据的调研报告《大数据：下一个前沿，竞争力、创新力和生产力》，首先提出"大数据时代"的到来。麦肯锡公司的报告中给出了大数据的基本定义："大数据是指无法在一定时间内用传统数据库软件工具对其内容进行抓取、管理和处理的数据集合"。中国工程院李国杰院士提出，一般意义上，大数据是指无法在可容忍的时间内用传统 IT 技术和软/硬件工具对其进行感知、获取、管理、处理和服务的数据集合。大数据的特点可以总结为 4 个 V，即 volume（体量大）、variety（模态繁多）、velocity（快速性）和 value（价值巨大但密度很低）。尽管业内对于大数据尚无完全统一的定义，但是在很多领域，大数据已经开始为推动社会进步和经济发展发挥作用。

大数据的精髓在于分析信息时的三大转变：① 在大数据时代，可以分析更多的数据，有时甚至可以处理和某个现象特别相关的所有数据，不再依赖于随机采样，即"样本=总体"；② 数据如此之多，造成无法实现精确性，进而承认数据的混杂性；③ 数据之间不是因果关系，而是关联关系，建立在相关关系分析法上的预测是大数据的核心。

2. 智能配电网大数据的来源与特征

目前，智能配电网中的大数据主要源于以下几方面：

（1）为了准确实时地获取设备的运行状态信息，采集点越来越多。需要监测的设备数量巨大，每个设备都装有若干传感器，监测装置通过适当的通信通道把这些传感器连接在一起，由数据收集服务器按照统一的通信标准上传到数据中心，这实际上构成了一个物联网。而物联网的后端采用云计算平台已被认为是未来的发展趋势。智能电网设备物联网同云计算平台的基础设施层互联，进行数据交换。

（2）为了捕获各种状态信息，满足上层应用系统的需求，设备的采样频率越来越高。比如在设备状态监测系统中，为了能对绝缘放电等状态进行诊断，信号的采样频率必须在 200 kHz 以上，特高频检测需要吉赫兹的采样率。这样，对于一个智能电网设备监测平台来说，需存储的监测或检测的数据量十分庞大。

（3）为真实完整地记录生产运行的每个细节，完整反映生产运行过程，要求达到实时变化采样。

配电网数据具有大数据的"4V"特征，即数据量大（volume）、数据类型多（variety）、快速性（velocity）及价值密度低（value）的特征。

（1）数据量大。目前，中大型城市中压馈线已达到千条馈线，对于历史数据，以 1000 条馈线为例，平均计 200 节点 3 相线路，采集周期为 5min，采集的物理电气量为有功功率、无功功率、电压幅值、电流幅值、功率因数，则一年时间产生的数据量约为 2.3 TB。对于实时数据，针对单相上的单一测点，假设一个周波 24 个测点，采集的物理电气量为电压、电流瞬时值，则一年时间产生的数据量为 70.5GB；若有 1000 条馈线，平均每条馈线 5 个测点，线路为三相线路，则产生的数据量将达到 1PB。

（2）数据类型多。配电网数据广域分布、种类众多，包括实时数据、历史数据、文本数据、多媒体数据、时间序列数据等各类结构化和非结构化数据，各类数据查询与处理的频度和性能要求也不尽相同。

（3）快速性。配电网各系统数据读写的速度快，需要相应的快速数据识别、存储与分析处理技术。配电网在线实时运行控制中，需要在几分之一秒内对大量数据进行分析，以支持决策制定。这种在线的海量数据分析与挖掘同传统数据挖掘技术有本质的不同。

（4）价值密度低。在配电网运行状态监测中，所采集的绝大部分数据都是正常数据，只有极少量的异常数据，而异常数据是配电网故障诊断与状态检修的最重要依据，需要从海量数据中挖掘极少量的有用信息。

3. 大数据在智能配电网中的应用

（1）基于配电网大数据的负荷预测。随着配电网信息化的快速发展和电力需求影响因素的逐渐增多，用电预测的大数据特征日益凸显，传统的用电预测方法已经不再适用。由于智能预测具备良好的非线性拟合能力，因此近年来用电预测领域出现了大量的研究成果，遗传算法、粒子群算法、支持向量机和人工神经网络等智能预测算法开始广泛地应用于用电预测中。传统的负荷预测受限于较窄的数据采集渠道或较低的数据集成、存储和处理能力，使得研究人员难以从其中挖掘出更有价值的信息。通过将体量更大、类型更多的电力大数据作为分析样本可以实现对电力负荷的时间分布和空间分布预测，为规划设计、电网运行调度提供依据，提升决策的准确性和有效性。

（2）配电网运行状态评估与预警。传统的配电网运行状态评估中，受限于较低的数据集成和处理能力，使得研究人员难以从其中挖掘出更有价值的信息。通过将体量更大、类型更多的配电网大数据作为分析样本可以实现有效的配电网运行状态水平评估及风险评估，开发配电网风险预警模块，为配电网运行调度提供依据，提升决策的准确性和有效性。

基于大数据技术的配电网运行状态评估可包括：配电网安全性评价、配电网供电能力进行评价、配电网可靠性和供电质量评价、配电网经济性评价。通过计算风险指标，判断出所面临风险的类型；预测从现在起未来一段时间内配电网所面临的风险情况；根据风险类型辨识结果，生成相应的预防控制方案，供配电网调度决策人员参考。

（3）智能配电网电能质量诊断与治理。分布式电源可以看作一种向配电馈线注入谐波的非线性负荷，而分布式电源的投切也会引起电压波动，分布式电源的接入无疑会在一定程度上加重对电能质量的扰动。传统的电能质量扰动定位方法都存在一定的适用环境与限制条件，且仅仅考虑一种定位方法得出的定位结果可信度往往不高。通过将体量更大、类型更多的电力大数据作为分析样本，为电能质量扰动定位提供信息的研究思路，提高电能质量扰动定位的准确性，寻找出网架结构中的薄弱环节，制订精细化的配电网网架和无功电源调节方案，改善电能质量，对电网的经济运行具有重要意义。

（4）基于配电网数据融合的停电优化。配电网停电优化是建立在配电网调度自动化系统、配电自动化系统、用电信息采集系统、配网设备管理系统、配电设备检修管理系统、电网图形和地理图形信息及营销管理系统等的基础上，综合分析配电网运行的实时信息、设备检修信息等，提出最优的停电方案。计划停电管理采用传统技术，在处理时存在计算速度慢、计算周期长、扩展性差等缺点。为更加准确地计算配电网停电损失，降低停电影响，需要利用多个业务系统的海量数据进行联合分析和数据挖掘。基于大数据技术的配电网停电优化包括停电信息分类、停电预警和配电网停电计划制订。采用大数据技术来制订合理的停电计划，有利于完善配电网停电优化分析系统。

随着大数据时代的到来及大数据应用技术的发展，为充分利用现有电网运行数据和气象环境数据为设备故障预测成为可能。通过集成各分散系统的信息，规范数据类型，形成丰富的、同质的大数据样本，对不同类型、不同型号、不同状态的设备进行故障发生可能性预测，为电网运行检修采取有针对性的防护措施提供支撑，为电网安全运行、智能电网自愈提供保障。

4. 大数据在智能配电网中的展望

通过对大数据在智能配电网的应用分析可知，大数据将在智能配电网中有以下体现：

（1）支持决策。传统上所做出的决策往往是在少量数据基础上进行精确计算，在此基础上做出判断和决策；不依赖精确计算而是在大数据基础上做概率、风险评估或依据大数据中的关键数据做出智能化判断。

（2）减少数据获取和数据存储。依据大数据理论，确定需要获取的最小数量，减少数据获取和存储。

（3）大数据的挖掘和处理。从海量数据中找到关键数据，剔除坏数据，依据关键数据认识事物的本质。

大数据理论的引入和应用，将激发智能配电网领域新技术、新标准、新商业模式的产生，开启智能配电网的新时代，将改变人们对电网的认识和管理方式，需要对大数据理论及其在智能配电网的应用进行体系化研究，构建合理的大数据智能电网应用技术体系，把握核心基础性、前瞻性和共性理论和技术问题。能实现配电网不同时空、不同业务、不同场景的数据资源的统一管理，提高企业的运维管理水平，减少重复投资，降低运维成本，具有可观的经济效益。

参 考 文 献

[1] 刘振亚. 智能电网技术 [M]. 北京：中国电力出版社，2010.

[2] 王成山，罗凤章. 配电系统综合评价理论与方法 [M]. 北京：科学出版社，2012.

[3] 中国科学院咨询工作组. 中国智能电网的技术与发展 [M]. 北京：科学出版社，2013.

[4] 国网能源研究院. 2012-国内外智能电网发展分析报告 [M]. 北京：中国电力出版社，2012.

[5] 卢强，何光宇，陈颖. 现代电力系统丛书：智能电力系统与智能电网 [M]. 北京：清华大学出版社，2013.

[6] 秦立军，马其燕. 智能配电网及其关键技术 [M]. 北京：中国电力出版社，2010.

[7] 范明天，张祖平，岳宗斌，译. 配电网络规划与设计 [M]. 北京：中国电力出版社，1999.

[8] 蓝毓俊. 现代城市电网规划设计与建设改造 [M]. 北京：中国电力出版社，2004.

[9] 范明天，张祖平. 中国配电网发展战略相关问题研究 [M]. 北京：中国电力出版社，2008.

[10] J. Carr, L. V. McCall. Divergent evolution and resulting characteristics among the world's distribution systems. IEEE Transations on Power Delivery, 1992, 7(3): 1601–1609.

[11] James D. Bouford, Cheryl A. Warren. Many states of distribution. IEEE power & energy magazine, July/August 2007: 24–32.

[12] J. A. Smith. Economics of primary distribution voltage of 4.16 through 34.5kV. AIEE Transactions on Power Apparatus and Systems, 1961(10): 670–675.

[13] N. Ozay, A. N. Guven, A. Tureli, et al. Technical and economic feasibility of conversion to a higher voltage distribution. IEE Proc. –Gener. Transm. Distrib., 2008, 142(5): 468–472.

[14] 范明天，苗竹梅，王敏. 赴意大利、法国考察供电技术管理的报告 [J]. 电力设备，2004，5（6）：72–75.

[15] 陈章潮，唐德光. 城市电网规划与改造 [M]. 北京：中国电力出版社，1998.

[16] 孙西骈，樊祥荣. 城市中压配电网改造应首选 20kV 电压等级 [J]. 浙江电力，1996，6：8.

[17] 孙西骈，许颖. 关于城市电网改造与推广 20kV 中压配电的问题 [J]. 电网技术，1996，20（3）：60.

[18] 王改云. 实施 20kV 电压制中的主、配变压器改造 [J]. 变压器，1994（6）：24，30.

[19] 姜祥生. 苏州工业园 20kV 配电工程 [J]. 电网技术，21（2）：56–58.

[20] 丁毓山. 城乡电网建设与改造概算编审指南 [M]. 北京：中国水利水电出版社，2001.

[21] 范明天，张祖平. 探讨国内实现配电自动化的一些基本问题 [J]. 中国电力，1999，3：41–45.

[22] 范明天，张祖平，王天华. 配电管理系统（DMS）技术的现状和发展趋势 [J]. 国际电力，2000，3：40–44；2000，4：43–47.

[23] 范明天，张祖平. 配电自动化规划的基本思路和步骤 [J]. 中国电力，2004，37（3）：65–67.

[24] 周孝信. 研究开发面向 21 世纪的电力系统技术 [J]. 电网技术，1997，21（11）：11–15.

[25] Y. F. Leung, S. C. Chan, T. F. Chan. The chanllenges, constraints and solutions for electricity distribution in Hong KongIsland. The Nineteenth Annual Symposium of the Hong Kong Institution of Engineers–Electrical Division, Oct. 23, 2001.

[26] 国家电力公司农电代表团. 俄罗斯农村电力考察报告 [J]. 农村电气化，2001（2）：5–8.

[27] 李涛，隋永刚. 35kV 直配供电技术及节能效果 [J]. 石油规划设计，1992，4（4）：23–24.

[28] 刘振伶，35kV 直配电网的供电稳定问题 [J]. 中国电力，1995，28（9）：31–32，36.

[29] 尚德彬，张思厚，张峰，等. 35kV 直配供电系统存在的问题及对策 [J]. 大众用电，2005（5）：33.

[30] Lee K. K., Wong K. K.. Design, operation and maintainance of 22kV closed ring system [J]. The International Conference on Electrical Engineering 2007, 2007(7): 8–12.

[31] 姜祥生，汪洪业，姚国平. 苏州工业园区 20kV 电压等级的实践 [J]. 供用电，2002，19（6）：9–11.

[32] 姜祥生，秦峰，胡大健，等. 20kV 配电电压等级供电范围的延伸 [J]. 供用电，2006，23（3）：42–43.

[33] 王世阁，崔广富，鲍利，等. 20kV 供电系统在电网改造中的应用 [J]. 电力设备，2004，5（9）：47–49.

[34] 云南省电机工程学会供用电专委会. 关于在新区加大20kV直接配电力度的意见 [J]. 供用电，2006，23（3）：44–45.

[35] 周小波，李建平，陈金平，等. 上海金山工业园区 20kV 配电网经济性分析 [J]. 上海电力，2007，20（2）：172–175.

[36] 乔炎平，王俊威. 南海电网 20kV 电压试点项目可行性研究 [J]. 水利电力机械，2007，29（4）：45–47，68.

[37] 马苏龙. 20kV 电压等级在配电网中的应用 [J]. 电网技术，32（19）：98–100.

[38] 要焕年，曹梅月. 电力系统谐振接地 [M]. 北京：中国电力出版社，2000.

[39] 电力工程电气设计手册（第一册：电气一次部分）[M]. 北京：中国电力出版社，2005.

[40] 20kV 电压等级配电技术论文集，江苏省电机工程协会，2008.

[41] 孙西骅，许颖. 关于城市电网改造与推广 20 kV 中压配电的问题[J]. 电网技术，1996，20（3）：58–60.

[42] 徐博文. 关于 20 kV 电压等级的应用问题［J］. 电网技术，1995，19（14）：1.

[43] 刘明岩. 配电网中性点接地方式的选择［J］. 电网技术，2004，28（16）：86–89.

[44] 戴克铭. 配电系统中性点接地方式的分析［J］. 电网技术，2000，24（10）：52–55.

[45] 要焕年，曹梅月. 电缆网络的中性点接地方式问题［J］. 电网技术，2003，27（2）：84–89.

[46] 余培岩，马卫平，界金星. 变压器 5 次谐波的产生及其对负序电压继电器的影响［J］. 电力设备，2004，5（8）：27–30.

[47] 朱怀真，刘方，张德水. 法国电网 20kV 电压等级的确定、过渡与发展［J］. 电世界，1987.9.

[48] 王秉钧. 王金属氧化物避雷器［M］. 北京：水利电力出版社，1993.

[49] 张纬钹，何金良，高玉明. 过电压防护及绝缘配合［M］. 北京：清华大学出版社，2002.

[50] 徐颖，徐士珩. 交流电力系统过电压防护及绝缘配合［M］. 北京：中国电力出版社，2006.

[51] 配电网新设备与新技术［M］. 北京：中国水利水电出版社，2006.

[52] 王明俊. 自愈电网与分布能源［J］. 电网技术，2007，31（6）：1–7.

[53] 何光宇，孙英云. 智能电网基础［M］. 北京：中国电力出版社，2010.

[54] 许晓慧. 智能电网导论［M］. 北京：中国电力出版社，2009.

[55] 郭志忠. 电网自愈控制方案［J］. 电力系统自动化，2005，29（10）：85–91.

[56] 陈星莺，顾欣欣，余昆，等. 城市电网自愈控制体系结构[J]. 电力系统自动化，2009，33（24）：38–42.

[57] 顾欣欣，姜宁，季侃，等. 智能配电网自愈控制技术的实践与展望[J]. 电力建设，2009，30（7）：4–6.

[58] 陈树勇，宋书芳，李兰欣，等. 智能电网技术综述［J］. 电网技术，2009，33（8）：1–7.

[59] 林宇锋，钟金，吴复立. 智能电网技术体系探讨［J］. 电网技术，2009，33（12）：8–14.

[60] 肖立业. 智能电网的技术体系［J］. 电气技术，2010（3）：1–3.

[61] 安天瑜，王震宇，金学蛀，等. 电力系统风险研究现状［J］. 电网与清洁能源，2009，25（9）：4–10.

[62] 吴文传，宁辽逸，张伯明，等. 电力系统在线运行风险评估与决策［J］. 电力科学与技术学报，2009，24（2）：28–34.

[63] 吴子关，刘东，周韩. 基于风险的电力系统安全预警的预防性控制决策分析［J］. 电力自动化设备，2009，29（9）：105–109.

[64] 侯勇，郑伟华. 华东电网运行状态认知和控制系统体系结构及其实现[J]. 华东电力，

2010, 38 (5): 608-611.

[65] 杨丽徙, 包毅, 张丹. 配电网综合评估体系的研究 [J]. 郑州大学学报, 2005, 26 (3): 106-108.

[66] 万卫, 王淳, 程虹, 等. 电网评价指标体系的初步框架[J]. 电力系统保护与控制, 2008, 36 (24): 14-18.

[67] 罗东, 胡良焕, 邢玉珍. 电网评价指标体系研究 [J]. 安徽电力, 2009, 26 (3): 75-78.

[68] 董仕镇. 电网故障诊断研究方法 [J]. 广东电力, 2009, 22 (5): 32-36.

[69] 陈玥云, 覃剑, 王欣, 等. 配电网故障测距综述 [J]. 电网技术, 2006, 30 (18): 89-93.

[70] 马士聪, 高厚磊, 徐丙垠, 等. 配电网故障定位技术综述 [J]. 电力系统保护与控制, 2009, 37 (11): 119-124.

[71] 程路, 陈乔夫. 小电流接地系统单相接地选线技术综述[J]. 电网技术, 2009, 33 (18): 219-224.

[72] 钱科军, 袁越. 分布式发电技术及其对电力系统的影响 [J]. 继电器, 2007, 35 (13): 25-29.

[73] 郑海峰. 计及分布式发电的配电系统随机潮流计算 [D]. 济南: 山东大学, 2006.

[74] Billinton R., Guang Bai. Generating capacity adequacy associated with wind energy[J]. IEEE Transactions on Energy Conversion, 2004, 19(3): 641-646.

[75] Seung-Tea Cha, Dong-Hoon Jeon. Reliability Evaluation of Distribution System Connected Photovoltaic Generation Considering Weather Effects [C]. Probabilistic Methods Applied to Power Systems, 2004: 451-456.

[76] 刘杨华, 吴政球, 涂有庆, 等. 分布式发电及其并网技术综述 [J]. 2008, 32 (15): 71-76.

[77] 鲁宗相, 王彩霞, 闵勇, 等. 微电网研究综述 [J]. 电力系统自动化, 2007, 31 (19): 100-105.

[78] 盛鹍, 孔力, 齐智平, 等. 新型电网——微电网（Microgrid）研究综述 [J]. 继电器, 2007, 35 (12): 75-81.

[79] 丁明, 张颖媛, 茆美琴. 微电网研究中的关键技术 [J]. 电网技术, 2009, 33 (11): 6-11.

[80] 刘晓光. 风力发电系统风力机输出特性的模拟与控制 [D]. 青岛: 青岛大学, 2009.

[81] Chen, J. and C. Chu. Combination voltage-controlled and current-controlled PWM inverters for parallel operation of UPS. in Proceedings of the 19th International Conference on Industrial Electronics, Control and Instrumentation, 1993(11): 15-18.

[82] 徐丙垠, 李天友, 薛永端, 等. 智能配电网讲座第二讲 分布式电源并网技术 [J]. 供

用电，2009，26（4）.

[83] 高强. 电力通信技术发展趋势 [J]. 电力系统通信，2010（28）：1-9.

[84] 吴新平. 新一代电力通信网规划的思考 [J]. 电力系统通信，2010（31）：17-19.

[85] 余贻鑫，栾文鹏. 智能电网评述 [J]. 中国电机工程学报，2009（34）：1-7.

[86] 彦明，张树彬. 智能电网通信技术的研究 [J]. 应用能源技术，2011（6）：43-47.

[87] 寇凌峰，盛万兴，王金宇. 中国县域电力通信网的特点和发展方向[J]. 电力系统通信，2013（2）：1-6.

[88] 杨兴，冯力娜，赵元珍. EPON 技术在配电系统中的应用研究[J]. 电力系统通信，2011（9）：42-46.

[89] 吴文博. 基于 SDH 技术网络数据传输的设计与实现 [D]. 上海：复旦大学，2008.

[90] 赵宇. SDH 技术在电力通信网中的应用分析 [J]. 通信技术，2012（4）：23-24.

[91] 史常凯，张波，盛万兴，等. 灵活互动智能用电的技术架构探讨[J]. 电网技术，2013，37（10）：2868-2874.

[92] 史常凯，盛万兴，孙军平，等. 智能用电中自动需求响应的特征及研究框架 [J]. 电力系统自动化，2013，37（23）：1-7.

[93] 李同智. 灵活互动智能用电的技术内涵及发展方向[J]. 电力系统自动化，2012，36（2）：11-17.

[94] 王广辉. 中国智能用电的实践与未来展望 [J]. 中国电力，2012，45（1）：1-5.

[95] 栾文鹏. 高级量测体系 [J]. 南方电网技术，2009，3（2）：6-10.

[96] 赵鸿图，周京阳，于尔铿. 支撑高效需求响应的高级量测体系 [J]. 电网技术，2010，34（9）：13-20.

[97] 张景超，陈卓娅. AMI 对未来电力系统的影响 [J]. 电力系统自动化，2010，34（2）：20-23.

[98] 林弘宇，田世明. 智能电网条件下的智能小区关键技术[J]. 电网技术，2011，35（12）：1-7.

[99] 王思彤，周晖，袁瑞铭，等. 智能电表的概念及应用 [J]. 电网技术，2010，34（4）：17-23.

[100] 牟龙华，朱国锋，朱吉然. 基于智能电网的智能用户端设计 [J]. 电力系统保护与控制，2010，38（21）：53-56.

[101] 李天阳，董炜，杨宇峰，等. 互动化营业厅服务管理系统设计 [J]. 电力系统自动化，2011，35（24）：68-72.

[102] 赵鸿图，朱治中，于尔铿. 电力市场中需求响应市场与需求响应项目研究 [J]. 电网技术，2010，34（5）：146-153.

[103] 张钦，王锡凡，王建学，等. 电力市场下需求响应研究综述 [J]. 电力系统自动化，2008，32（3）：97-106.

[104] 张钦，王锡凡，付敏，等. 需求响应视角下的智能电网 [J]. 电力系统自动化，2009，33（17）：49-55.

[105] 殷树刚，张宇，拜克明. 基于实时电价的智能用电系统 [J]. 电网技术，2009，33（19）：11-16.

[106] 赵鸿图，朱治中，于尔铿. 电力市场中用户基本负荷计算方法与需求响应性能评价 [J]. 电网技术，2009，33（19）：72-78.

[107] 高赐威，梁甜甜，李惠星，等. 开放式自动需求响应通信规范的发展与应用综述 [J]. 电网技术，2013，37（3）：692-698.

[108] Wang Sitong, Zhou Hui, Yuan Ruiming, et al. Concept and application of smart meter [J]. Power System Technology, 2010.

[109] 黄新波，贺霞，王霄宽，等. 电站的关键技术及应用实例 [J]. 电力建设，2012，33（10）：29-33.

[110] 宋璇冲，李敬如，肖智宏，等. 新一代智能变电站整体设计方案 [J]. 电力建设，2012，33（11）：1-6.

[111] 赵江河，陈新，林涛，等. 基于智能电网的配电自动化建设 [J]. 电力系统自动化，2012，36（18）：33-36.

[112] 刘健，赵树仁，张小庆. 中国配电自动化的进展及若干建议 [J]. 电力系统自动化，2012，36（19）：6-21.

[113] 沈兵兵，吴琳，王鹏. 配电自动化试点工程技术特点及应用成效分析 [J]. 电力系统自动化，2012，36（18）：27-32.

[114] 任雁铭，操丰梅，唐喜，等. 智能电网的通信技术标准化建议 [J]. 电力系统自动化，2011，35（3）：1-4.

[115] 韩国政，徐丙垠. 基于 IEC 61850 的高级配电自动化开放式通信体系 [J]. 电网技术，2011，35（4）：183-186.

[116] 盛万兴，孟晓丽，宋晓辉. 智能配电网自愈控制基础 [M]. 北京：中国电力出版社，2012.

[117] 贾东梨，孟晓丽，宋晓辉. 智能配电网自愈控制技术体系框架 [J]. 电网与清洁能源，2011，27（2）：14-18.

[118] 李建芳，盛万兴，孟晓丽，等. 智能配电网技术框架研究 [J]. 能源技术经济，2011，23（3）：31-34.

[119] 李雅洁，孟晓丽，史常凯. 基于零序量采集值的配电网故障定位 [J]. 中国电力，2011，

44（5）：10-14.

[120] 张瑜，孟晓丽，方恒福. 分布式电源接入对配电网线损的影响分析［J］. 电力建设，2011，32（5）：67-71.

[121] 徐丙垠，李天友，薛永端. 智能配电网与配电自动化［J］. 电力系统自动化，2009，33（17）：38-41.

[122] 盛万兴，杨旭升. 多 Agent 系统及其在电力系统中的应用［M］. 北京：中国电力出版社，2007.

[123] 刘健，赵树仁，负保记，等. 分布智能型馈线自动化系统快速自愈技术及可靠性保障措施［J］. 电力系统自动化，2011，35（17）：67-71.

[124] 李文沅. 电力系统风险评估模型、方法和应用［M］. 周家启，卢继平，胡小正，等译. 北京：科学出版社，2006.

[125] 余志国，陈为化，王超，等. 基于电压风险的电力系统预防控制［J］. 安徽电力，2009，26（1）：48-53.

[126] 黄志龙，曹路，李建华. 华东电网风险防控体系的研究和建设［J］. 华东电力，2010，38（5）：597-601.

[127] 王博，游大海，尹项根，等. 基于多因素分析的复杂电力系统安全风险评估体系［J］. 电网技术，2011，35（1）：40-45.

[128] 高厚磊，庞清乐，李尚振，等. 基于 Multi-agent 的智能馈线自动化自愈控制［J］. 高电压技术，2013，39（5）：1218-1224.

索　引